包装工程实验

主　编　吴　敏
主　审　和克智
编　著　范丽娟　田　靓
　　　　孙　博　宋　卫

印刷工业出版社

内容提要

本书共分九章，分别从纸和纸板包装材料性能检测、瓦楞纸板性能检测、塑料包装材料性能检测、包装容器性能检测、运输包装件性能检测、包装工艺实验、包装结构设计实验、包装装潢印刷品质量检测等几个方面指导读者进行包装相关实验操作。可作为本科院校包装工程专业学生实验参考书，也可以作为高职院校学生包装工程实验指导书，以及毕业设计和毕业论文的参考书，也可供从事包装、食品、轻工、外贸的科研人员、设计人员、质量检测人员及高等院校其他相关专业的师生参考。

图书在版编目（CIP）数据

包装工程实验 / 吴敏主编. —北京：印刷工业出版社，2009.8
ISBN 978-7-80000-873-3

Ⅰ. 包… Ⅱ. 吴… Ⅲ. 包装－实验－高等学校－教材 Ⅳ. TB48-33

中国版本图书馆CIP数据核字（2009）第127524号

包装工程实验

主　编：吴　敏
主　审：和克智
编　著：范丽娟　田　靓　孙　博　宋　卫

策划编辑：陈媛媛		责任编辑：郭　平	
责任印制：张利君		责任设计：张　羽	

出版发行：印刷工业出版社（北京市翠微路2号 邮编：100036）
网　　址：www.keyin.cn　　www.pprint.cn
网　　店：//shop36885379.taobao.com
经　　销：各地新华书店
印　　刷：河北省高碑店市鑫宏源印刷包装有限公司
开　　本：787mm×1092mm　1/16
字　　数：270千字
印　　张：13
印　　数：1～2000
印　　次：2009年9月第1版　2009年9月第1次印刷
定　　价：29.00元
ISBN：978-7-80000-873-3

◆ 如发现印装质量问题请与我社发行部联系　发行部电话：010-88275707　88275602

前　言

　　实验是学科教育中的一个重要环节，有助于培养学生动手分析问题和解决问题的能力。本实验指导书共九章内容，第一章绪论、第二章纸和纸板包装材料性能检测、第三章瓦楞纸板性能检测、第四章塑料包装材料性能检测、第五章包装容器性能检测、第六章运输包装件性能检测、第七章包装工艺实验、第八章包装结构设计实验、第九章包装装潢印刷品质量检测。该书实验内容精挑细选，包括了实验原理、试样的制作与状态调解、实验仪器、实验条件、实验步骤和影响实验结果因素分析等，内容严格按照国家标准，增强了实验结果的准确性和数据的可比性。同时本书增加了习题和实训题目供学生课后巩固知识，方便学生自己动手进行试验。

　　本书包括了各门包装专业课课程实验内容。它可作为本科院校包装工程专业学生实验参考书，也可以作为高职院校学生包装工程实验指导书，以及毕业设计和毕业论文的参考书，也可供从事包装、食品、轻工、外贸的科研人员、设计人员、质量检测人员及高等院校其他相关专业的师生参考。

编　者

2009 年 5 月

目录 Contents

第一章 绪论 …………………………………………………………………………（ 1 ）

 第一节 包装工程实验目的 ………………………………………………………（ 1 ）

 第二节 包装工程实验课设置和实验类型 ………………………………………（ 2 ）

  一、包装工程实验课的设置 ……………………………………………………（ 2 ）

  二、包装工程实验类型 …………………………………………………………（ 2 ）

 第三节 包装试验方法标准 ………………………………………………………（ 3 ）

  一、国际包装试验标准 …………………………………………………………（ 3 ）

  二、美国包装试验标准 …………………………………………………………（ 4 ）

  三、中国包装试验标准 …………………………………………………………（ 4 ）

 第四节 包装实验报告和考核 ……………………………………………………（ 5 ）

第二章 纸和纸板包装材料性能检测 ………………………………………………（ 7 ）

 第一节 纸和纸板试样的准备 ……………………………………………………（ 7 ）

  一、纸和纸板试样的采取 ………………………………………………………（ 7 ）

  二、试样的处理 …………………………………………………………………（ 8 ）

 第二节 纸和纸板纵横向和正反面测定 …………………………………………（ 9 ）

  一、纸和纸板纵横向的测定 ……………………………………………………（ 9 ）

  二、纸和纸板正反面的测定 ……………………………………………………（ 10 ）

 第三节 纸和纸板定量和厚度测定 ………………………………………………（ 11 ）

  一、纸和纸板定量的测定 ………………………………………………………（ 11 ）

  二、纸和纸板厚度的测定 ………………………………………………………（ 13 ）

  三、纸和纸板紧度和松厚度的测定 ……………………………………………（ 15 ）

 第四节 纸和纸板抗张强度和伸长率的测定 ……………………………………（ 16 ）

  一、恒速加荷法测定纸和纸板的抗张强度 ……………………………………（ 17 ）

  二、恒速拉伸法测定纸和纸板的抗张强度 ……………………………………（ 21 ）

 第五节 纸和纸板撕裂强度测定 …………………………………………………（ 25 ）

一、仪器的结构与工作原理 …………………………………………（26）
　　二、仪器的检查及校准 ………………………………………………（27）
　　三、试验步骤 …………………………………………………………（28）
　　四、数据处理及结果计算 ……………………………………………（29）
　第六节　纸和纸板耐破度的测定 …………………………………………（29）
　　一、测定仪器 …………………………………………………………（30）
　　二、测定步骤 …………………………………………………………（33）
　　三、数据处理及结果计算 ……………………………………………（33）
　　四、测定结果主要误差来源分析 ……………………………………（34）
　第七节　纸和纸板耐折度的测定 …………………………………………（34）
　　一、肖伯尔耐折度仪法测定纸和纸板的耐折度 ……………………（35）
　　二、MIT耐折度仪法测定纸和纸板的耐折度 ………………………（37）
　第八节　纸板戳穿强度测定 ………………………………………………（40）
　　一、测定仪器 …………………………………………………………（40）
　　二、测定步骤 …………………………………………………………（42）
　　三、数据处理及结果计算 ……………………………………………（43）
　第九节　纸和纸板挺度的测定 ……………………………………………（43）
　　一、泰伯式挺度仪测定法 ……………………………………………（44）
　　二、L&W卧式挺度仪测定法 ………………………………………（47）
　第十节　纸和纸板环压强度测定 …………………………………………（48）
　　一、测定仪器 …………………………………………………………（49）
　　二、测试步骤 …………………………………………………………（51）
　　三、数据处理及结果计算 ……………………………………………（52）

第三章　瓦楞纸板性能检测 ……………………………………………（54）

　第一节　瓦楞原纸平压强度测定 …………………………………………（54）
　　一、试验原理 …………………………………………………………（54）
　　二、测定仪器 …………………………………………………………（55）
　　三、仪器校准 …………………………………………………………（55）
　　四、测试步骤 …………………………………………………………（56）
　　五、数据处理及结果计算 ……………………………………………（56）
　　六、影响因素分析 ……………………………………………………（56）
　第二节　瓦楞纸板边压强度测定 …………………………………………（57）
　　一、试验原理 …………………………………………………………（58）
　　二、测试仪器 …………………………………………………………（58）
　　三、试验步骤 …………………………………………………………（59）
　　四、数据处理及结果计算 ……………………………………………（59）

　　　　五、影响因素分析 …………………………………………………………（60）
　　第三节　瓦楞纸板耐破强度测定 …………………………………………………（60）
　　　　一、试验原理 ……………………………………………………………（60）
　　　　二、测试仪器 ……………………………………………………………（60）
　　　　三、试验步骤 ……………………………………………………………（62）
　　　　四、影响因素分析 …………………………………………………………（63）
　　第四节　瓦楞纸板黏合强度测定 …………………………………………………（64）
　　　　一、试验原理 ……………………………………………………………（64）
　　　　二、测试仪器 ……………………………………………………………（64）
　　　　三、试验步骤 ……………………………………………………………（64）
　　　　四、数据处理及结果计算 …………………………………………………（65）
　　　　五、瓦楞纸板黏合强度的判定 ……………………………………………（66）
　　　　六、影响因素分析 …………………………………………………………（66）

第四章　塑料包装材料性能检测 …………………………………………………（69）

　　第一节　塑料包装材料试样的状态调节 …………………………………………（69）
　　　　一、标准环境 ……………………………………………………………（70）
　　　　二、标准温度和室温 ………………………………………………………（70）
　　　　三、状态调节 ……………………………………………………………（70）
　　第二节　塑料包装材料厚度测量 …………………………………………………（71）
　　　　一、测量仪器 ……………………………………………………………（71）
　　　　二、试样制作与状态调节 …………………………………………………（71）
　　　　三、试验步骤 ……………………………………………………………（72）
　　第三节　塑料包装材料长度和宽度测量 …………………………………………（72）
　　　　一、塑料包装材料长度测量 ………………………………………………（72）
　　　　二、塑料包装材料宽度测量 ………………………………………………（72）
　　第四节　塑料包装材料拉伸性能测定 ……………………………………………（73）
　　　　一、术语 …………………………………………………………………（74）
　　　　二、试验原理 ……………………………………………………………（74）
　　　　三、试验仪器 ……………………………………………………………（75）
　　　　四、试样制作与状态调解 …………………………………………………（75）
　　　　五、试验步骤 ……………………………………………………………（75）
　　　　六、影响因素分析 …………………………………………………………（76）
　　第五节　塑料包装材料抗冲击性能测定 …………………………………………（78）
　　　　一、塑料薄膜抗摆锤冲击性能测定 ………………………………………（78）
　　　　二、塑料包装材料落镖冲击性能测定 ……………………………………（80）
　　第六节　塑料包装材料耐撕裂性能测定 …………………………………………（83）

一、埃莱门多夫法撕裂性能测定 …………………………………………（84）
　　二、裤形法撕裂性能测定 …………………………………………………（85）
第七节　塑料包装材料透气性能测定 ……………………………………………（87）
　　一、压差法塑料薄膜气体透过性能测定 …………………………………（88）
　　二、等压法塑料薄膜气体透过性能测定 …………………………………（90）
第八节　塑料包装材料透湿性能测定 ……………………………………………（92）
　　一、试验原理 ………………………………………………………………（93）
　　二、试验仪器及校验 ………………………………………………………（93）
　　三、试样制作与状态调节 …………………………………………………（94）
　　四、试验步骤 ………………………………………………………………（94）
　　五、数据计算 ………………………………………………………………（96）
　　六、影响因素分析 …………………………………………………………（96）

第五章　包装容器性能检测 ……………………………………………（98）

第一节　瓦楞纸箱空箱抗压强度测定 ……………………………………………（98）
　　一、瓦楞纸箱抗压强度计算 ………………………………………………（98）
　　二、瓦楞纸箱空箱抗压强度试验 …………………………………………（101）
　　三、瓦楞纸箱抗压强度的影响因素分析 …………………………………（104）
第二节　塑料薄膜包装袋热封强度测定 …………………………………………（106）
　　一、试验原理 ………………………………………………………………（107）
　　二、试验仪器 ………………………………………………………………（107）
　　三、试验制作与状态调节 …………………………………………………（108）
　　四、试验步骤 ………………………………………………………………（109）
　　五、数据处理及结果计算 …………………………………………………（110）
　　六、试验注意事项 …………………………………………………………（110）
　　七、塑料薄膜包装袋热封强度的影响因素 ………………………………（110）
第三节　塑料薄膜包装袋密封性能测定 …………………………………………（112）
　　一、常用的密封性检验方法 ………………………………………………（112）
　　二、塑料薄膜包装袋密封性能测定 ………………………………………（113）

第六章　运输包装件性能检测 …………………………………………（116）

第一节　运输包装件部位标示和调节处理 ………………………………………（116）
　　一、运输包装件部位标示 …………………………………………………（116）
　　二、温湿度调节处理 ………………………………………………………（117）
第二节　运输包装件压力试验 ……………………………………………………（119）
　　一、试验原理 ………………………………………………………………（119）

二、试验仪器 ……………………………………………………… (119)
　　三、试验样品准备 ………………………………………………… (119)
　　四、试验步骤 ……………………………………………………… (119)
　　五、试验报告 ……………………………………………………… (120)
第三节　运输包装件冲击试验 ………………………………………… (120)
　　一、垂直冲击试验 ………………………………………………… (121)
　　二、水平冲击试验 ………………………………………………… (123)
第三节　运输包装件振动试验 ………………………………………… (125)
　　一、试验原理 ……………………………………………………… (126)
　　二、试验样品准备 ………………………………………………… (126)
　　三、试验仪器 ……………………………………………………… (127)
　　四、试验步骤 ……………………………………………………… (127)
　　五、试验报告 ……………………………………………………… (127)
第四节　运输包装件堆码试验 ………………………………………… (128)
　　一、静态堆码试验 ………………………………………………… (128)
　　二、采用压力试验机堆码试验 …………………………………… (130)
第五节　运输包装件耐候试验 ………………………………………… (132)
　　一、喷淋试验 ……………………………………………………… (132)
　　二、浸水试验 ……………………………………………………… (133)
　　三、低气压试验 …………………………………………………… (134)

第七章　包装工艺实验 …………………………………………… (137)

第一节　收缩和拉伸包装工艺实验 …………………………………… (137)
　　一、收缩包装工艺实验 …………………………………………… (137)
　　二、拉伸包装工艺实验 …………………………………………… (143)
第二节　真空包装工艺实验 …………………………………………… (147)
　　一、真空包装的概念及作用机理 ………………………………… (147)
　　二、真空包装机的工作模式 ……………………………………… (148)
　　三、真空包装机的主要零部件 …………………………………… (148)
　　四、真空包装材料 ………………………………………………… (150)
　　五、真空包装实验 ………………………………………………… (150)
第三节　产品包装货架寿命测定 ……………………………………… (152)
　　一、对货架寿命的影响因素 ……………………………………… (153)
　　二、货架寿命（包装有效期）的确定方法 ……………………… (154)
　　三、延长食品货架寿命的措施 …………………………………… (155)

第八章 包装结构设计实验 (158)

第一节 纸包装容器的制造 (158)
一、盒片 (158)
二、刀版 (158)
三、压痕线与让刀位 (159)
四、工作图纸 (160)
五、管式折叠纸盒设计实验 (161)

第二节 粘贴纸盒结构设计 (165)
一、粘贴纸盒成型 (165)
二、设计实验 (166)

第三节 瓦楞纸箱结构设计 (169)
一、箱坯 (169)
二、封口方式 (170)
三、国际标准箱型 (170)
四、设计实验 (171)

第九章 包装装潢印刷品质量检测 (175)

第一节 印刷测试样张质量综合评价实验 (175)
一、实验目的与要求 (175)
二、实验基本内容 (175)
三、实验设备、工具及材料 (175)
四、实验原理 (175)
五、实验步骤 (176)
六、实验注意事项 (176)
七、对实验报告的要求 (176)

第二节 印刷质量综合分析实验 (176)
一、实验目的与要求 (176)
二、实验基本内容 (177)
三、实验设备、工具及材料 (177)
四、实验原理 (177)
五、实验步骤 (177)
六、实验注意事项 (177)
七、对实验报告的要求 (177)

第三节 印版质量的检测与控制实验 (178)
一、实验目的 (178)

二、实验仪器、工具和材料 ……………………………………………… (178)
　　三、检查印刷、晒版用原版质量（连续调） ……………………………… (178)
　　四、晒版实验步骤 ………………………………………………………… (178)
第四节　印刷过程的质量和控制实验 ………………………………………… (181)
　　一、实验目的 ……………………………………………………………… (181)
　　二、实验仪器、工具和材料 ……………………………………………… (181)
　　三、彩色图像复制印刷过程产品质量密度的检测与控制 ……………… (181)
　　四、彩色图像复制印刷过程产品质量色度的测量与控制 ……………… (183)
　　五、用分光密度计进行密度和色度测量时应注意的事项 ……………… (185)
第五节　印刷质量综合分析 …………………………………………………… (185)
　　一、实验目的 ……………………………………………………………… (185)
　　二、仪器、设备和材料 …………………………………………………… (185)
　　三、实验步骤 ……………………………………………………………… (185)
第六节　包装装潢印刷品耐磨性测定 ………………………………………… (190)
　　一、抗磨性实验方法 ……………………………………………………… (190)
　　二、耐磨检测实验 ………………………………………………………… (191)

参考文献 …………………………………………………………………………… (193)

后　记 ……………………………………………………………………………… (195)

第一章 绪 论

实验教学是许多专业基础课和专业课教学的重要组成部分，是指学生通过做各种实验而获得知识和能力的教学，有验证性实验、综合性实验和设计性实验之分。实验教学的基本教学功能是使学生在学习相关理论知识时，通过实验取得验证，并巩固理论知识，同时它围绕专业职业能力，注重培养学生的动手能力、应变能力和创新能力及科学态度和探索精神。

本章内容主要对进行包装工程实验的目的、包装工程实验的类型、包装工程实验所涉及的国际和国家标准与包装工程实验报告结果评定内容进行叙述。

第一节 包装工程实验目的

包装工程实验所包括的内容主要有：纸质包装材料性能检测、塑料包装材料性能检测、瓦楞纸板材料性能检测、包装容器材料性能检测、运输包装件材料性能检测、包装工艺实验、包装结构设计实验和包装装潢印刷品质量检测等内容。内容较多，几乎涉及了每门包装工程专业课内容，且以验证性实验项目居多。

包装工程实验目的主要有以下几方面：

一、对于学生来说开设实验课程，给学生提供了一个自己动手把所学理论内容与实践相结合的机会，对所学知识融会贯通，加深了对理论知识的理解和掌握；同时也增加了学生独立分析、解决问题的能力，培养了学生的职业技能。

二、对于包装材料和容器的生产加工企业，对包装材料和容器进行性能检测实验，可以帮助企业发现产品存在的质量问题，研发新的包装材料和包装容器，增强企业的竞争能力。

三、对于包装设计者进行包装设计时，在充分了解内装物的物理、化学等性能和产品流通环境的基础上，提出了产品对包装的功能要求，之后需要根据包装所要实现的功能合理选择包装材料，然后进行包装结构、包装造型设计以及包装工艺的设计。

四、通过包装实验，可以对包装方案进行性能评价和优化，对众多包装方案进行各种性能（包装容器密封性能、对产品保护能力等）检测，从而评价出各方案的优劣，帮助选择最优的方案，同时根据实验过程中获得的信息对较差方案的不足之处进行优化设计。

随着科学技术的不断发展和人们的生活水平的提高，产品的包装也越来越多的受到消费者的重视，众多的包装新材料和包装新工艺技术等也不断的出现，这些新材料和新工艺技术等的出现和包装实验是密不可分的。

第二节 包装工程实验课设置和实验类型

一、包装工程实验课的设置

在目前的包装工程专业实验教学中，实验课都是针对某门专业课而开设，由课程教师指导学生完成。这种传统的实验课程设置，存在着诸多问题，不利于学生系统地学习和掌握包装工程实验的理论和技能，不利于学生独立分析和解决问题及创新能力的培养和提高。

本书打破以课程实验形式开展实验教学的旧模式，按照学科相近及实验内容的内在联系，将包装工程专业各课程实验内容进行整合，独立设置《包装工程实验》课程。独立设置实验课程，各门专业课程理论部分仍由原来的学科教师任教，实验部分脱离并入实验教学一个系统中进行优化组合独立设课，由专任实验教师指导。实验课独立设置不是和理论分开，而是一种教学理念的转变：由原来的实验从属于理论教学模式转化为现在在国外广为推行的理论、讨论和实验结合为一体的教学模式。

二、包装工程实验类型

1. 验证性实验

包装工程专业验证性实验项目很多，主要是纸、塑料包装材料性能测试，包装容器及运输包装件性能测试，内容有纸张及纸板定量、厚度、抗张强度、伸长率、裂断长、撕裂强度、耐破度、耐折度、戳穿强度等的测试；塑料材料的透气性、透湿性、拉伸强度、抗冲击强度等的测试；瓦楞纸箱抗压实验等。

2. 综合性实验

综合性实验是指实验内容涉及课程的综合知识或与课程相关的系统性实验。综合性实验的实验内容要求突出综合的特点，这类实验由指导教师下达实验目的和要求，实验室提供仪器设备，由学生自己确定实验方案、设计实验过程、选择实验设备，师生共同研究确定方案可行性。具体做法是将教学大纲要求的某些基本的实验方法和实验手段有机地综合在某一实验中，达到完整的、综合的实验目的。可以开设"包装用纸与纸板性能综合实验"，完成常用包装纸与纸板的抗张强度、伸长率、耐折度、耐破度测定；"塑料包装袋热封强度测试综合实验"，对各种不同种类的塑料包装材料及复合包装材料进行热封，测试不同热封温度下的热封强度、拉伸强度、伸长率。

3. 设计性实验

设计性实验是指针对具体的测试或设计对象，自行确定测试或设计方案，并分析处理结果的实验。设计性实验在实验内容上要突出实践性和实用性，这类实验由指导教师向学生下达设计技术指标和性能要求，设计题目不必过大，学生根据技术指标和性能要求进行设计，然后进行实验操作。可以开设的设计性实验，如"产品纸盒包装结构设计"，主要是依据产品特性、设计要求及产品流通环境特点，对某一具体产品的外包装纸盒及运输包装瓦楞纸箱结构进行设计，学生在具体选择纸板及瓦楞纸板包装材料时，则需要对选择的包装材料的挺度、撕裂度、环压强度、戳穿强度、瓦楞纸板的边压强度有所了解，才能正确选择材料及进行纸盒、纸箱强度的校核；"运输包装件性能设计实验"，将产品装入上一设计性实验项目设计好的纸盒或者瓦楞纸箱中成为包装件，对该包装件的冲击、振动、堆码性能进行测试，根据测试结果对其防震包装方法进行设计和改进，并选择合适的运输装载工具；"产品防潮包装设计"，根据产品特性及其货架寿命要求，为产品选择合适的塑料包装材料，其中所要了解的有塑料材料的厚度、透湿性等参数，学生可以在开放实验室独立完成测试实验，在这些实验数据基础上，选择合适的塑料包装材料及干燥剂。

4. 自主性实验

包装工程专业中一些难度小、时间短的验证性项目可以作为综合性和设计性实验项目的预习内容留给学生作为自主性实验。利用开放实验室让学生独立完成，在开始实验前学生要提交对实验目的、实验方案等进行较为充分论证的实验项目申请报告，由有关专业的教师审核通过，并请专门的教师来指导，这样既保证了学生的实验研究条件，又避免了学生因盲目而造成时间和空间上的浪费。进入开放实验室自主实验，可以帮助学生更好地掌握资料查询整理、实验方案的初步设计、仪器准备、实验过程操作和实验结果整理分析等过程。学生动手能力，独立工作能力都有明显提高。开放性实验全部安排在课余时间，有的学生甚至放弃节日的休息，到实验室准备实验，完成实验，主动学习的积极性较高，实验设备也得到了较高的使用。同时部分优秀的学生，通过开放实验室可以较早参与到学科教师的科研项目中来，提供了学生参与科研的机会。

第三节 包装试验方法标准

一、国际包装试验标准

国际标准是指国际标准化组织（ISO）和国际电工委员会（IEC）所制定的标准，以及国际标准化组织公布的其他国际组织所规定的某些标准，它是所有国家都使用的相同的标准。包装国际标准主要是 ISO 标准和"国际海上危险货物运输规则"（简称"国际危规"）。"国际危规"是由国际海事组织（IMO）发布的。

ISO 成立于1947年2月，ISO/TC122（国际标准化组织第122技术委员会）是在1966年成立的，其主要任务是制定包装领域的有关术语、定义、包装尺寸、性能和试验要求等标准，协调世界范围内的包装标准化工作，与其他国际组织合作研究有关包装标准问题。与包装及包装试验有密切联系的技术组织有 ISO/TC6 纸与纸板技术委员会、ISO/TC51 托盘技术委员会、ISO/TC52 金属容器技术委员会、ISO/TC63 玻璃容器技术委员会、ISO/TC104 集装箱技术委员会。ISO 标准中所包括的包装试验方法标准有包装基础标准、包装材料标准及试验方法标准、包装容器标准及其试验方法标准、托盘与集装箱标准等。

在"国际海上危险货物运输规则"中,对每种危险货物的特性、注意事项、包装、标志和堆码要求都做了规定,还给出了危险货物的垂直冲击跌落试验、防渗漏试验、液压试验、堆码试验、制桶试验五项试验方法。

二、美国包装试验标准

在包装试验标准方面,我国参考较多的是 ASTM 标准、FED 标准和 MIL 标准。

1. ASTM 标准

ASTM 即美国材料与试验协会。ASTM 的包装试验方法标准主要收集在 15.09 卷"纸、包装、软质阻隔材料、办公复制品"中。包装材料的试验方法标准分散在不同的圈内,如 03.01 卷"金属——机械试验、高温及低温试验";03.02 卷"金属腐蚀及侵蚀";08.01 卷"塑料(Ⅰ)";08.02 卷"塑料(Ⅱ)";08.03 卷"塑料(Ⅲ)";09.01 卷"天然橡胶和合成橡胶——一般试验方法"、"碳黑——工业用橡胶制品——规格及有关试验方法"、"垫片、轮胎";15.02 卷"玻璃、卫生陶瓷";15.06 卷"黏结剂"。

2. FED 标准

FED 即美国联邦标准。FED-STD-101"包装材料试验方法"是由美国军方提出,由联邦政府发布的较完整的试验方法标准,被美军包装试验所采用,如 MIL-P-116"封存包装方法"中所要求的包装件的性能试验,全部按照 FED-STD-101 中的试验方法进行。FED 标准包括材料的强度及弹性试验方法、材料对环境的阻抗性试验方法、材料的一般物理性能试验方法,以及包装容器、包装件及包装材料的性能试验方法和化学分析等。

3. MIL 标准

MIL 标准即美国军用标准。我国军用包装试验已广泛采用 MIL 标准中有关包装的试验方法,如 MIL-STD-202"电气元件和电子元件试验方法"、MIL-STD-810"环境试验方法和工作导则"、美国军用手册 MIL-STD-794"设备和零件的包装和装箱"、MIL-HDBK-304"缓冲包装设计"、MIL-HDBK-776"包装工程设计手册"和 MIL-B-131"可热焊封的软质防潮包装材料"、MIL-B-81705"可热焊封的防潮防静电材料"、MIL-B-46506"弹药包装丝捆木箱"、MIL-C-2139"弹药包装用螺旋缠绕沥青纸筒"、MIL-E-6060"防潮包装封套"、MIL-P-116"封存包装方法"、MIL-P-14232"军用零件、设备和工具的包装"等标准中都有相应的包装试验方法。

三、中国包装试验标准

1. 国家标准

我国国家标准是由国务院标准化行政主管部门编制计划,组织草拟、统一审批、标号、发布,在全国范围内统一执行的标准。国家标准分为强制性国家标准(代号 GB)和推荐性国家标准(代号 GB/T)。我国的包装试验国家标准包括包装综合基础标准、包装专业基础标准和产品包装标准。包装综合基础标准包括包装导则、包装术语、包装标志、包装尺寸、运输包装件基本试验方法、包装管理等;包装专业基础标准包括包装技术和包装方法、包装机械、包装印刷、包装容器及试验方法、包装材料及试验方法、试验设备等；产品包装标准包括产品包装、标志、运输与储存等。

2. 国家军用标准

国家军用标准简称国军标（GJB），属于军工产品标准。由于军工产品的包装要求比民用产品高，国军标所规定的指标一般都比国标高，试验条件更严酷。国军标包装试验方法很多，如"常规兵器定型试验方法弹药包装试验"、"封存包装通则"、"军用装备环境试验方法"、"军用通信设备通用技术条件包装运输和贮存要求"、"炮兵光学仪器环境试验方法"、"战略导弹仪器包装"和"控制微电机包装"等。在 GJB 367.5 "军用通信设备通用技术条件包装运输和贮存要求"中，规定了包装件的"恒定湿热试验"、"起吊试验"、"堆垛试验"、"振动试验"、"公路运输试验"、"淋雨试验"、"自由跌落试验"、"支棱支角跌落试验"、"滚动试验"、"斜面冲击试验"、"吊摆试验"共 11 项试验方法。

3. 专业（部颁）标准

专业标准是由主管部、委（局）批准发布，在该部门范围内统一的标准。专业标准的代号为 ZB。除国家标准和国家军用标准外，专业（部颁）标准中也制定了一些包装试验方法标准，如兵器工业系统的"军用包装试验方法"。航空、航天、核工业、电子工业等国防工业部也都制定了一些专用的包装试验方法的部标，如"出口战术导弹包装通用技术条件"、"710 升贮存容器"、"一般电子产品运输包装试验方法总则"、"一般电子产品运输包装试验方法振动"、"一般电子产品运输包装试验方法跌落"、"一般电子产品运输包装试验方法堆码"、"一般电子产品运输包装试验方法翻滚"、"一般电子产品运输包装试验方法淋雨"、"航空辅机产品运输包装件试验方法"等。原轻工部也制定了一些试验方法标准，如"塑料薄膜包装袋热合强度测定方法"、"聚苯乙烯泡沫塑料包装材料"和"聚丙烯编织袋"等。

在本书中，所用到的标准都是采用我国的国家标准，包括试样形状、尺寸、试样的预处理、试验条件（试验环境的温度、湿度等）、试验步骤和结果表示等。按照国标所述的内容进行包装工程试验，所得到的试验数据和试验结果，更具有说服力、权威性、可比性和广泛的应用性；试验操作者应严格执行国家标准中规定的试验条件和操作步骤等，这也是试验数据准确和可比的保证。

第四节 包装实验报告和考核

在每次进入实验室进行实验之前，学生要对所做实验的目的、原理、步骤、所用的仪器、试样制作的工艺过程等内容有一定的了解和准备，即进行预习。预习之后要完成预习报告，内容包括实验名称、实验目的、实验原理、实验步骤等。学生可以通过阅读实验指导书、仪器使用手册，查阅国际、国家标准和相应资料等完成实验预习报告，这一环节有助于学生更好的独立完成实验项目，通过与实验过程进行比较，学生会加深对实验的理解和掌握。在学生开始动手进行实验前，实验指导教师还要对实验室具体的实验设备操作，实验的重点、难点和安全注意事项等进行详细的讲解。完成实验之后，学生还要编写实验报告，实验报告的主要内容包括实验项目名称、实验目的、实验内容、试样的尺寸和预处理、实验条件、实验仪器、实验步骤、数据处理和实验结果分析及影响因素等。通过编写实验报告，学生加深了对实验内容的理解和记忆。

实验课程的考核也是实验教学环节中一个重要的内容，传统的实验考核经常是平时实验操作成绩和卷面理论知识考试成绩相结合的办法，这种考核方式不能充分地体现实验教学提高学生动手能力的目的。新的考核方式更加强调学生实际操作技能、理论联系实际的能力，以及独立分析和解决问题的能力，此种考核方式不再进行卷面理论考试，而是给学生布置大型作业，对作业完成的情况进行考核。设计性的实验由于对知识的综合性要求高，难度相对大，所需实验时间长，因此把这样的实验作为大型作业更加合适，教学效果也会更理想。学生可以自己确定设计性的实验题目，通过已经做过的实验项目、查资料、向指导教师请教、利用开放实验室进行预习，最后在实验指导教师的监督下进行实验，老师可以给予一定的指导，通过学生对设计性项目完成的情况打分。

小　结

本章主要介绍了包装实验的目的、包装实验类型、包装试验标准等内容，掌握每次实验的目的对学生理解和掌握实验内容有着很重要的帮助，同时根据国际或者国家标准规定的试验方法进行实验，能够使得试验数据有可比性。

思考与练习

1. 包装工程实验的目的是什么？
2. 包装工程实验的类型有哪些？
3. 目前有关包装的试验标准有哪几个？

第二章　纸和纸板包装材料性能检测

纸和纸板的种类繁多，并随着应用领域的扩展而不断增加。纸和纸板是一类重要的绿色包装材料，特别是纸盒、纸箱，在包装工业中的应用越来越广泛，在整个商品流通领域，无论是在销售包装还是运输包装中所占的比例都越来越大。纸和纸板要求的性能指标随其用途的不同而不同。作为包装材料用途的纸和纸板，不仅要求有较高的抗张强度，而且对耐折度、耐破度、撕裂强度及施胶度等也有要求。通常纸和纸板的性能可分为一般性能、机械强度性能、光学性能、表面性能、吸收性能、电气性能、印刷性能等。本章仅对作为包装材料用途的纸和纸板在包装方面所要求的性能检测作介绍。

为了统一标准、保证产品质量以及试验的准确性和试验数据的可比性，纸和纸板包装材料的性能检测须按国家标准，用规定的仪器在规定的条件下进行检测。

第一节　纸和纸板试样的准备

一、纸和纸板试样的采取

纸和纸板包装材料性能检测必须合理采样。对于整批产品来说，所采取的样品必须具有代表性，所以采样的方法必须是随机的，应使整批产品的每一部分具有相同的被选取的机会。样品与整批产品相比不得有明显的外观差异，样品应保持平整、不皱、不折，应避免日光直照，防止湿度波动及外界因素影响而使样品性质改变。

纸和纸板试样的采取按国家标准 GB/T 450—2002 "纸和纸板试样的采集"（eqv ISO 186：1994）进行。

1. 整张样品的选取

（1）抽取包装单位

样品是一张按规定大小切取的矩形纸或纸板，此矩形取自整张纸样或产品，整张纸样又取自所选择的包装单位。样品的选取应该在最大程度代表整批产品的前提下尽量少取，而且必须根据产品的性质及生产、运输、保管等条件合理确定。整张纸样应从包装单位中抽取，从整批产品中抽取的包装单位应无损伤，并具有完整包装。

（2）平板纸样品的抽取

按所选取的包装单位的总张数抽取样品，其取样数如表 2-1 所示。

表2-1　总张样品的抽取

每包装单位的张数	最少抽取张数
≤1000	10
1001~5000	15
>5000	20

(3) 卷筒纸样品的抽取

从卷筒纸外部去掉所有受损伤的纸层,在未受损的部分再去掉三层(定量不超过 $225 g/m^2$)或去掉一层(定量超过 $225 g/m^2$)。沿卷筒的全幅切一刀,其深度应能满足取样所需张数,并与纸卷分离。

(4) 盘纸样品的抽取

去掉盘纸外层带有破损、皱纹或其他外观纸病的纸幅,按全宽取5~10m的纸条。如果所采的试样为生产控制性取样,可根据各厂的具体情况每间隔一定时间或按纸辊取样。

2. 试样的选择和切取

试样是用作按规定的检验方法进行测定的一定量的纸和纸板,试样取自样品,有时也可以是样品本身或几个样品。平板纸和纸板要从每整张样品上各切取一个试样,各张纸页上取样的部位要各不相同;卷筒纸或纸板从每张样品上切取一个试样,样品为卷筒的全幅,宽为400mm。

切取试样时,要注意所切样品边缘应整齐、光滑,不能有毛刺;还应该保证样品的尺寸精度及样品两个平行边的平行度;有纵、横向和正、反面的样品要做好标记,切样时应保证试样纵横向相互垂直,最大偏斜度应小于2°,否则会对测试结果产生较大的影响。样品需要保持平整,不皱不折,避免阳光直射,防止湿度波动以及其他有害影响。手摸样品时,尽量避免影响样品的化学、物理、光学、纸表面及其他特性。

每件样品应清楚地做上标记,准确的标明样品的纵、横向和正、反面。

二、试样的处理

纸和纸板是由纤维和其他少量辅料抄造而成的。纤维之间的空隙及纤维自身的毛细管作用,尤其是植物纤维所具有的亲水性使得纸和纸板的含水量随周围环境的温度、湿度变化而变化。含水量的变化对纸和纸板的许多物理性能都有影响。如相对湿度由20%升至90%,纸张的拉伸强度随湿度的增加而降低55%,伸长率增加50%~70%,耐折度增加50%~250%,厚度增加10%~20%。因周围空气的相对湿度及温度不同,纸张及纸板水分不能保持在一定平衡状态,所检测的结果也不相同,无法进行比较。所以只有在含水量一致的情况下,检测纸或纸板的性能指标才有可比性。

试样的处理按国家标准GB/T 10739—2002"纸、纸板和纸浆试样处理和试验的标准大气条件"(eqv ISO 187:1990) 进行。

1. 试样处理的条件

纸浆、纸和纸板所采用的试验标准大气条件应是温度（23±1）℃、相对湿度（50±2）%。

2. 试样处理的设备及仪器

（1）控制大气条件及其稳定程度的设备

常用的空调有以下 2 种形式：

①集中式空调系统：它是将处理空气的所有设备（冷源、热源、喷雾）集中管理。

②柜式空调系统：它是将所有空调的设备集中安装于一个机壳内。

（2）温湿度测试的仪器

温湿度测试仪常用的有 2 种：

①阿斯曼通风式干湿球温度计：其有 2 个温度计并装在一个架上，架的上方装有一个微型鼓风机，其风速为（4±1）m/s。其中一个温度计的水银球外包有几层清洁的吸水纱布，该纱布要注意保持清洁，必要时要定期更换，并要注水使其保持饱和。

②感应式温湿度计：它通过表头感应出周围环境的温度和湿度，通过微处理器来算出相对湿度。

3. 试样处理的步骤

（1）试样的预处理

由于试样水分的平衡滞后会给检测带来严重误差，所以要在试样温湿处理前，将试样置于相对湿度为 10%~35%，温度不高于 40℃ 的环境中（例如 20℃ 时相对密度≥1.3951 的硫酸干燥器中）预处理 24h。如果试样水分含量低，则可以省去预处理。

（2）试样的温湿处理

将切好的试样挂起来，使恒温恒湿的气流能自由接触到试样的各面，直到水分平衡。当相隔 1h 以上的前后两次称量结果相差不大于总质量的 0.25% 时，就可认为试样达到了水分平衡。对于高定量的纸张应适当延长两次称量的间隔时间。在大气循环良好的条件下，一般纸要在此环境中处理 4h，薄纸板至少要处理 5~8h，高定量或其他纸种要处理 48h 或更长时间。

第二节 纸和纸板纵横向和正反面测定

一、纸和纸板纵横向的测定

一般规定与纸机运行方向一致的方向为纸和纸板的纵向，与纸机运行方向相垂直的方向为横向。由于纸机的类型不同，生产出来的纸或纸板中纤维的分布状态不同，形成的纵横向差别的大小也不相同。如圆网纸机生产的纸和纸板所产生的纵横向差别要大于长网纸机。这种纵横向差别，使得纸或纸板在纵向与横向上的各种性能产生了差异。如抗张强度和耐折度，纵向远大于横向；撕裂度和伸长率则是横向大于纵向。这种纵横向差别对纸和纸板的尺寸稳定性的影响也比较明显，由于纤维在直径方向的膨胀要远远大于长度方向，所以纸和纸板横向的变形要比纵变形大，很容易造成纸和纸板翘曲变形而影响正常使用。因此，对纸和纸板的性能指标进行检测时，要区分其纵横向。

为了准确鉴定，国家标准 GB/T 452.1—2002 "纸和纸板纵横向的测定"规定鉴别纸和纸板纵横向时，至少用以下 4 种方法中的 2 种来鉴别。

1. 纸条弯曲法

平行于原试样的边切取两条互相垂直的长约 200mm，宽约 15mm 的纸条，将纸条平行重叠，用手指捏住一端，使另一端自由地弯向手指的左方或右方，如果两个纸条重合，则上面的纸条为横向；如果两个纸条分开，则下面的纸条为横向。

2. 纸页卷曲法

平行于原试样的边切取 50mm×50mm 见方或直径为 50mm 的圆形试片，并标注出相当于原试样的边的方向。然后将试片漂浮在水面上，试片卷曲时，与卷曲轴平行的方向为纸的纵向。

3. 抗张强度或耐破强度鉴别法

平行于原试样的边切取两条互相垂直的长 250mm、宽 15mm 的纸条，测定其抗张强度，一般情况下，抗张强度大的为纵向。如通过测定试样的耐破强度来分辨纵、横向时，与破裂主线成直角的方向为纵向。

4. 纤维定向鉴别法

根据纸张表面的纤维的排列方向，特别是网面上的大多数纤维是沿纵向排列的，来鉴别纸或纸板的纵横向。观察时先将纸平放，使入射光与纸面成约 45°角，视线与纸面也成约 45°角，观察纸表面纤维的排列方向。使用显微镜观察纸面，也有助于识别纤维的排列方向。

对于经过起皱处理的纸张，如卫生纸、面巾纸、弹性包装纸等，由于在工艺处理时一般皱纹方向为横向，所以可据此直接判定。

以上情况不适于侧流上网的纸机所生产的纸，因为在侧流上浆时，纤维的分布状态与一般的长网及圆网纸机不同，因此纸张纵横向表现的物理特性不符合上述规律，其抗张强度横向可能大于纵向，必须根据具体情况仔细鉴别。

二、纸和纸板正反面的测定

一般结构的纸和纸板有正反面之分，但有涂料面和经表面处理以及特殊加工的纸与纸板除外。纸页的反面即网面，是指纸页与造纸机成型网相接触的一面，反面因有网痕，以及细小纤维流失率大，因而纸面较粗糙、疏松。另一面为其正面，正面相对比较紧密、表面细腻而光滑。

纸和纸板的两面性对其物理性能影响较明显地表现在平滑度上，即正面平滑度高于反面。施胶度一般也是正面大于反面。除此之外，对其他性能指标也有影响。例如，在测定耐折度时哪一面先被弯曲，或是在测定环压强度时正面向里还是向外弯成环，都会对测定结果产生不同程度的影响。因此，对纸或纸板的性能指标进行检测时，要区别正反面。

鉴别纸和纸板正反面依据国家标准 GB/T 452.2-2002 "纸和纸板正反面的测定"

来进行。检测的方法主要有3种，一般要用1种以上的方法进行鉴别。

1. 直观法

折叠一张试样，观察一面的相对平滑性，从造纸网的菱形压痕往往可以认出网面。观察时将试样放平，在入射光与试样成约45°角，视线也与试样成约45°角的条件下，观察试样如发现网痕，即为反面。也可在显微镜下观察试样，有助于识别网面。

2. 湿润法

用热水或稀氢氧化钠溶液浸渍试样，用吸水纸将多余液体吸掉，放置几分钟，观察两面，如果有清晰的网面即为反面。

3. 撕裂法

用一只手拿试片，使其纵向与视线平行，并将试样表面接近于水平放置，用另一只手将试样向上拉，使试样首先在纵向上撕开，然后将试样撕裂的方向逐渐转向横向，并向试样边缘撕去。翻转试样，使其另一面向上，并按上述步骤重复类似的撕裂。比较两条撕裂线上的纸毛，一条线上比另一条线上应起毛显著，特别是纵向转向横向的曲线处，起毛明显的为网面向上。

第三节 纸和纸板定量和厚度测定

一、纸和纸板定量的测定

定量是指纸或纸板每平方米的质量，以克每平方米（g/m^2）表示。

定量是纸或纸板主要的基本性能指标，与纸或纸板的许多性能密切相关，如抗张强度、耐破度、不透明度等。目前大多数的纸张，特别是包装、印刷用纸是按质量来销售，而用户使用的是纸或纸板的面积，定量的偏差对纸张面积的影响较大。定量偏高使得单位质量的纸张使用面积减少，提高了单位面积纸张的质量和成本，定量偏低虽能使得单位质量的纸张使用面积增加，降低了单位面积纸张的质量和成本，但有可能纸张的性能指标又无法满足实际使用要求。所以，无论是生产还是销售环节以及用户，都要求控制和测定纸或纸板的定量。为了节约纤维原料，目前国内外的发展趋势是生产低定量的纸张。

定量的测定按国家标准 GB/T 451.2 – 2002 "纸和纸板定量的测定"（eqv ISO 536：1995）进行。

1. 测定仪器

（1）切样仪器

实验用切纸刀或专用裁样器裁切试样，裁出的试样面积与规定的面积相比，要求每100次中至少有95次的偏差范围在±1%以内。纸张定量测定标准试样取样器（YQ – Z – 45）是纸和纸板定量测定时切取标准面积试样的专用工具，所切取的试样具有较高的精度。其结构如图2 – 1所示。专用裁样器应经常校准。如果裁样器的精度未达到规定，应分别测定每一个试样的面积计算定量。

(2) 称重仪器

试样重5g以下的用精度0.001g天平，5g以上的用精度0.01g天平，50g以上的用精度0.1g天平或象限秤。

称重时应防止气流对称重装置的影响。

(3) 仪器校准

①切样仪器的校准

裁切面积应经常校准。裁切20个试样，并计算它们的面积，其精度应达到上述规定。当各个面积的标准偏差小于平均面积的0.5%时，该平均面积可用于以后实验的定量计算上，如果面积的标准偏差超过这个范围，每个试样的面积应单个测定。

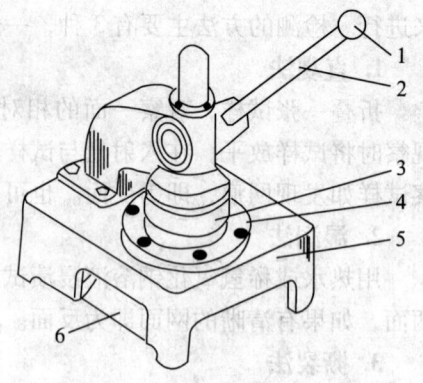

图2-1 纸张定量测定标准试样取样器
（YQ-Z-45）
1—操作手柄球；2—操作手柄；3—上刀；
4—下刀；5—底座；6—试样出口

②天平的校准

天平应经常用精确的标准砝码进行校准，并列出校正表。经计量部门检定合格的，可以在有效检定周期内使用。

2. 测定步骤

(1) 定量的测定

将经过在标准温湿度条件下处理（见本章第一节）的试样，沿纵向折叠成1层、5层或10层，然后沿横向均匀切取 $0.01m^2$（$100mm \times 100mm$）的试样至少4叠，精确度为0.1mm。分别称取每叠试样的质量。

如果试样为宽度在100mm以下的盘纸，应按卷盘全宽切取5条长300mm的纸条，一并称量，并测量所称纸条的长边和短边，分别准确至0.5mm、0.1mm，然后计算面积。应采用精度为0.02mm的游标卡尺测量。

(2) 横幅定量差的测定

随机抽取一整张纸页，沿纸幅横向均匀切取 $0.01m^2$（$100mm \times 100mm$）的试样至少5片，用相应精度值的天平分别称量。

3. 数据处理及结果计算

(1) 试样定量按下式计算，以克每平方米（g/m^2）表示。

$$G = \frac{m}{A} = \frac{m}{a \times n} \tag{2-1}$$

式中：G——定量，g/m^2；

　　　m——试样叠的质量，g；

　　　A——试样叠的总面积，m^2；

　　　a——每一张试样的面积，m^2；

　　　n——每一叠试样的层数。

计算结果取三位有效数字。

(2) 横幅定量差可按下列两式中之一计算，以%或克每平方米（g/m^2）表示。

$$S_1(\%) = \frac{G_{\max} - G_{\min}}{G} \times 100 \qquad (2-2)$$

$$S_2 = G_{\max} - G_{\min} \qquad (2-3)$$

式中：S_1——横幅定量差，%；

S_2——绝对横幅定量差，g/m^2；

$G_{\max}$——试样定量的最大值，g/m^2；

$G_{\min}$——试样定量的最小值，g/m^2；

G——试样定量的平均值，g/m^2。

计算结果取三位有效数字。

二、纸和纸板厚度的测定

纸和纸板的厚度，是指纸或纸板在两测量面间承受一定压力（纸张较松软有一定压缩性、表面凸凹不平、各处厚薄不均，所以只能用接触法测量厚度），从而测量出的纸或纸板两个表面间的垂直距离，其结果以毫米（mm）或微米（μm）表示。它是纸和纸板最基本的特性之一，也是影响纸和纸板性能的一项重要指标。厚度直接影响纸和纸板的物理和光学性能，而且对强度、阻隔性也有影响。例如，对于印刷纸来说，厚度对其不透明度和可压缩性影响很大。因此，许多纸和纸板要求其厚度均匀一致，以便控制纸和纸板的其他一些性能指标。

采用标准测定方法，对单层试样施加静态负荷，从而测出的纸或纸板的厚度称为单层厚度，常简称厚度；对多层试样施加静态负荷，从而测出多层纸页的厚度，再计算得出单层纸的厚度，称为层积厚度。对于一些薄型纸，由于测量仪器精度的限制，直接测量单层厚度可能误差较大，因此可测量其层积厚度以减少误差。

纸和纸板厚度的测定方法应符合国家标准 GB/T 451.3 – 2002 "纸和纸板厚度的测定"（idt ISO 534：1988）的规定。

【注意】此标准不适用于瓦楞纸板厚度的测定。

1. 测定仪器

（1）厚度仪及要求

厚度仪应装有两个互相平行的圆形测量面，将纸或纸板放入两个测量面间进行测量。测量过程中测量面间的压力应为（100 ± 10）kPa，采用恒定荷重的方法，以确保两测量面间的压力均匀，偏差在规定范围内。

特殊纸或纸板按产品标准的规定，可采用不同压力进行测定。

两个测量面组成厚度仪的主体，即一个测量面被固定，另一个测量面能沿其垂直方向移动。其中一个测量面的直径为（16.0 ± 0.5）mm，另一个测量面的直径不应小于此值，这样在测量厚度时受压测量面积通常为 $200 mm^2$。当厚度计的读数为零时，较小的测量面的整个平面应与较大测量面完全接触。

厚度仪的性能要求应符合表 2 – 2 的规定。

表2-2 厚度计的性能规定

厚度计性能	最大允许值
示值误差	±2.5μm 或 ±0.5%
两测量面间平行度误差	5μm 或 1%
示值重复性误差	2.5μm 或 0.5%

【注意】：1. 厚度计性能的最大允许值是在表中两数值中的较大者。
2. 以百分数表示误差，是指试样厚度的百分数。
3. 对于非常薄的纸，需要使用性能更好的仪器进行测定。

(2) 常用的厚度测定仪器

目前常用的厚度测定仪器是采用接触测量法原理设计的国际通用的肖伯尔式厚度测定仪。如图2-2所示，它分为电动提升式和手动提升式两种，其结构可分为4个部分：第一部分是由重锤、测量头和量砧组成的测量机构。规定的测量面积为（2±0.05）cm², 测量压力为（100±10）kPa。第二部分是用标准百分表作为指示机构。其测量头固定在测量表上，当试样压于测量头和量砧之间时，使测量头移动了一段等于材料厚度的距离，此位移传递给百分表测杆，经过百分表内齿轮传动机构放大后，转变为指针沿着刻度盘的转角而给出厚度的读数值。由于一般的百分表在厚度很小时精度不高，而在1.0~1.1mm的范围内误差较小，因此以1mm作为零位，即厚度测定仪的零点。第三部分是由支杆和小轴组成的提升机构，用来为放入或取出试样提升或降落测量头。第四部分是将前三个部分连为一个整体的座体。

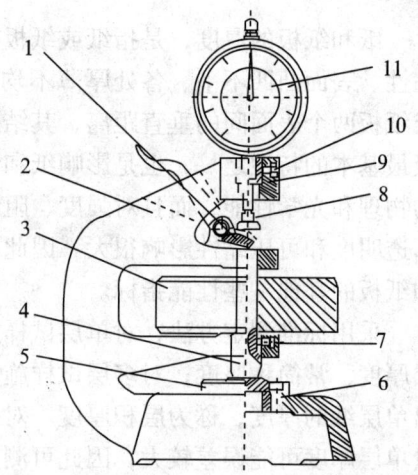

图2-2 肖伯尔式厚度测定仪（YQ-Z-10）
1—拨杆；2—座体；3—重锤；4—测量头；
5—量砧；6—螺钉；7—顶丝；8—小轴；
9—铜套；10—紧定螺钉；11—百分表

(3) 厚度计的校准

常用的厚度计需定期校准其示值重复性误差、示值误差及两测量面间的压力和平行度。当测量薄型纸时，应在测试温度下校准厚度计。

校准方法：缓慢地将测量头放下，使测量头处于最低位置，观察百分表指针，并旋转表盘使指针指零，然后提起测量头。使测量头重复升降几次，直到指针稳定指示零位为止。

2. 测定步骤

(1) 单层厚度的测定

①按标准规定取样，平均样品的张数应不少于5张。将试样在标准温湿度条件下进行处理（见本章第一节），并在同样大气条件下进行后续操作。

②将5张样品沿纵向对折，形成10层。然后沿横向切取两叠试样，将试样切成200mm×250mm（200mm 的边最好顺着纸的纵向，见图2-3）的长方形或者切成100mm×100mm（不小于60mm×60mm）的长方形。共计20片试样。

③把测试仪器放在无振动的水平面上，调好仪器零点，把试样平整地放在已张开的测量面间，测试时慢慢地以低于3mm/s的速度将另一测量面轻轻地移到试样上，注意应避免产生任何冲击作用，在指针稳定后及纸被"压陷"下去之前读数，通常在2~5s内完成读数，应避免人为地对厚度测试仪施加任何压力。分别对每个试样进行一次测量，测定点应离试样任何一端不小于20mm 或在试样的中间点。

(2) 层积厚度的测定

从所抽取的5张样品上切取40片试样，每10片一叠均正面朝上层叠起来，制备成四叠试样。分别测定每叠试样的厚度值。步骤同"单层试样的测定"，但测定点应如图2-3所示，距离试样的某一边40~80mm，然后沿两边横跨试样分配测定点，试样尺寸为100mm×100mm（测量三个点）或 200mm×250mm（测量五个点）。

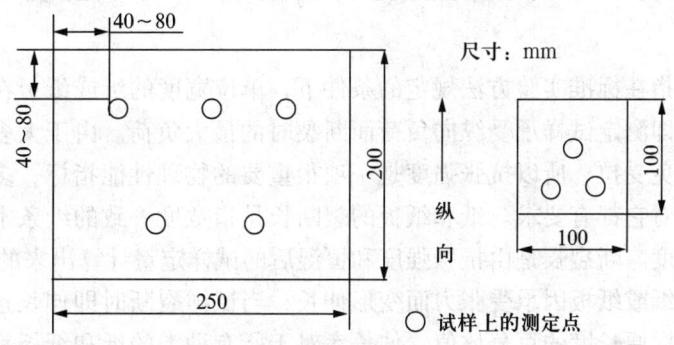

图2-3 试样上测定点的分布

3. 数据处理及结果计算

计算每片试样的厚度平均值，得到单层厚度。计算多层厚度的平均值，再除以层数，得到层积厚度。计算结果以 μm 或 mm 表示，取三位有效数字。

三、纸和纸板紧度和松厚度的测定

紧度是指单位体积纸或纸板的质量，以 g/cm^3 或 kg/m^3 表示，又称表观密度，是衡量纸和纸板松紧程度的一项重要性能指标。紧度是与原料的种类、打浆程度、湿压及压光程度、施胶度等因素有关。它对纸和纸板的各种光学性能和物理性能，如透气度、吸收性等产生较大的影响，所以紧度也作为比较各种纸和纸板强度和其他物理性能指标的基础。

松厚度是指一定质量纸或纸板的体积，即为紧度的倒数，以 cm^3/g 或 m^3/kg 表示。它也常用来代替紧度表示纸或纸板的性能。

紧度可由纸或纸板的定量和厚度计算而得出。由单层厚度计算得出的为单层紧度，常简称为紧度。由层积厚度计算得出的为层积紧度。所以只要测出其定量和厚度即可按式（2-4）、式（2-5）计算紧度和松厚度：

$$D = \frac{G}{\delta \times 1000} \qquad (2-4)$$

$$v = \frac{\delta \times 1000}{G} \qquad (2-5)$$

式中：D——纸或纸板的紧度，g/cm^3；

v——纸或纸板的松厚度，cm^3/g；

G——纸的定量，g/m^2；

δ——纸的厚度，mm。

结果准确到两位小数。

如果式（2-4）中 G 为层积厚度试样的定量，δ 为层积厚度，则计算结果为层积紧度。

第四节 纸和纸板抗张强度和伸长率的测定

抗张强度是指在标准实验方法规定的条件下，单位宽度的纸或纸板在断裂前所能承受的最大张力。即测定试样承受纵向负荷而断裂时的最大负荷。由于大多数纸或纸板在使用过程中都难免受拉，所以抗张强度是一项很重要的物理性能指标，多数纸和纸板的产品技术标准中对它都有要求。纸和纸板的裂断长是指宽度一致的纸条本身质量将纸断裂时所需要的长度。断裂长是由抗张强度和恒湿后的试样定量计算出来的。

伸长率是指纸或纸板因承受张力而变形伸长，当试样裂断时即伸长达到极限时，其伸长的长度与试样原长度的百分比值。伸长率对于所有种类的纸和纸板都是一项重要的性能指标。伸长率可作为反映卫生纸、纸巾纸、餐巾纸及类似品种的皱纹量的指标。对于装饰用纸和一些工业用纸如胶粘带和包装用纸，伸长率还是反映纸品能否适应不规则的形体和与抗张能量吸收联系在一起反映纸品在动态或反复发生应变和经受应力的条件下的适应性的性能指标。一般纸的横向伸长率比纵向的高。而伸性纸一般纵向具有特别高的伸长率。湿强纸湿时的伸长率是干时的许多倍。

伸长率一般多在抗张强度测定仪上与检测抗张强度同时进行。但这种方法测出的伸长率并不是纸张真正的变形量。因为该方法测出的是纸张完全断裂时的伸长，它不仅包括纸张弹性的和非弹性的伸长，还包括断裂时拉开的微小伸长。但目前伸长率仍是测量纸张坚韧性的合适指标。而且它也是影响纸张耐破度、耐折度和撕裂度的一项因素。提高纸浆的打浆度则伸长率增加；使用短纤维、游离纸料、加填料、重压榨和在纸机上尽可能张紧纸页，则纸页的伸长率减小。需要时将纸页微起皱会增加纸页的伸长率。

抗张能量吸收（通称 T.E.A）是指将单位面积的纸和纸板拉伸至断裂时所做的总功，以 J/m^2 表示。T.E.A 是一项评价纸张强韧性的重要指标。抗张能量用纸张拉伸到破裂时应力应变曲线下的面积来表示，是指以抗张拉力与伸长量所做的功来表示的纸张的动态强度，又称破裂功。如图 2-4 所示，G_P 即试样断裂时的绝对抗张力（N）；ΔL 即试样断裂时的绝对伸长（m）；图中阴影部分面积为抗张能量（J）。对于包装用纸和纸板，仅用抗张强度、耐破度、撕裂度等指标，还不能全面衡量纸和纸板的质量。抗张强度较大、伸长率较小的纸和纸板在包装时的破损程度反而比抗张强度较小、伸长率较大的纸和纸板要严重。

恒速加荷法和恒速拉伸法都可以测试T.E.A。但恒速加荷法是采用系数折算法求出的，无论什么纸都采用同一系数，得出的是一近似值，精确度不高。而恒速拉伸法是采用积分计算吸收功的，因此精确度较高。国家标准也指定了用恒速拉伸法测定抗张能量吸收。

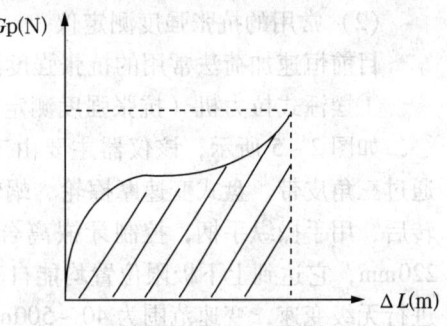

图2-4 抗张能量（破裂功）示意图

目前恒速加荷法常用的测试仪器主要是摆锤式拉力机（肖伯尔式），恒速拉伸法常用的仪器是恒伸长式电子万能拉伸试验仪。另有一种水平式电子抗张力试验机，在瑞典等国广泛使用。本章将分别介绍恒速加荷法和恒速拉伸法及两种类型的测试仪器。

一、恒速加荷法测定纸和纸板的抗张强度

使用恒速加荷法测定纸和纸板的抗张强度应符合国家标准GB/T 453-2002"纸和纸板抗张强度的测定（恒速加荷法）"（idt ISO 1924-1：1992）的规定。此标准不适用于瓦楞纸板。

1. 测量仪器

（1）抗张强度测定仪的要求

抗张强度测定仪应能在规定的恒速加荷下作用于试样，测定试样的抗张强度和伸长率。抗张强度测定仪应包括：

①测量和记录装置

断裂时抗张力的精度应达±1%，伸长的读数精度应为±0.5mm。抗张强度测定仪的有效测定范围应在总量程的20%~90%之间。

【注意】伸长率低于2%的纸和纸板，如果采用摆锤式测定仪测定伸长率不精确，应采用带有电子放大器和记录仪的恒速伸长仪器。

②加荷速度的调节

调节加荷速度，应使试样在（20±5）s内断裂。为了满足加荷速度的变化应不大于5%的要求，摆锤式仪器不应在摆角大于50°的情况下操作。

③两个试样夹

应将试样的整个宽度夹紧，避免滑动和损坏试样。夹子的中心线应与试样的中心线同轴，其夹紧作用力的方向应与试样长度方向保持±1°的垂直。两夹子夹纸的表面或夹线应保持±1°的平行。

④两夹子间距

两夹子的间距是可调节的，应调节到所要求的实验长度值，但误差不应超过±1.0mm。

（2）常用的抗张强度测定仪

目前恒速加荷法常用的抗张强度测定仪是摆锤式拉力机（肖伯尔式）。

①摆锤式拉力机（抗张强度测定仪）的结构

如图2-5所示，该仪器主要由三个部分组成：第一部分为传动变速机构，由电机通过三角皮带、盘式变速摩擦轮、蜗轮蜗杆、齿轮和丝杆驱动下夹头升降。当电动机运转后，用手操纵手柄，控制牙嵌离合器，使下夹头下降、停止或上升。下夹头行程为220mm，它达到上下极限位置均能自动停车。启动后转动变速箱体上的调速盘手柄可以进行无级变速，变速范围为40～500mm/min，下夹头上升速度比下降速度约快三倍。第二部分为抗张强度测量机构，作用在下夹头上的牵引力通过试样传到上夹头，此力通过链条作用在伞形板上，使摆缓慢而均匀地向左摆动一定角度达到一定平衡。当试样被拉断时，摆被制动爪卡住，摆上的指针即在刻度盘上指示出拉力的数值。刻度盘上的刻度分为A和B两挡或A、B、C三挡。使用时可根据被测试样抗张强度的大小来选择适宜的重砣。第三部分为伸长测量机构，用来指示下夹头与上夹头在测量过程中的位移之差，为此伸长标尺通过拉杆滑块及钩子与下夹头连接在一起，随下夹头相应运动，伸长指示牌与上夹头固定在一起。当试样断裂时，挂钩脱开，使伸长尺不再随下夹头下降，指示牌在伸长尺上指示出试样的伸长量（mm）和伸长率（%）。

②摆锤式拉力机的工作原理

该仪器主要工作原理是摆的平衡。如图2-6所示，下夹头的运动通过试样、上夹

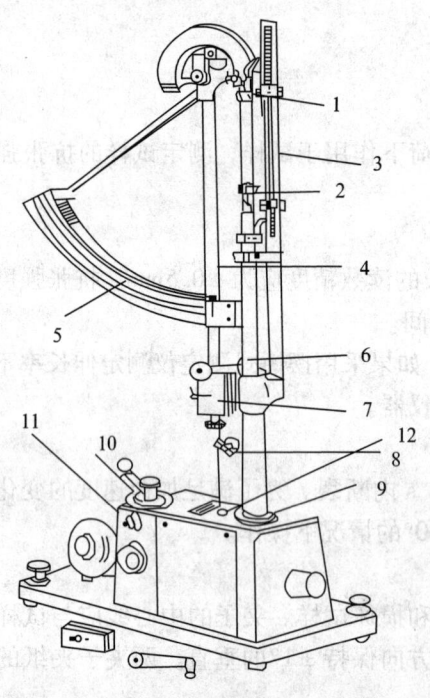

图2-5 摆锤式拉力机（肖伯尔式）

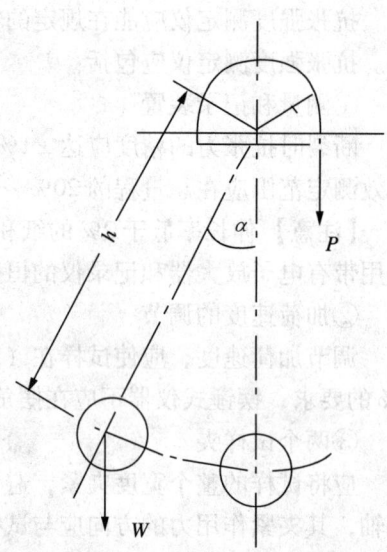

图2-6 抗张强度测定原理

1—上夹头；2—下夹头；3—伸长标尺；4—摆杆；5—力度盘；
6—手柄；7—重砣；8—电开关；9—传动箱；10—速度刻度盘；
11—电动机；12—水平仪

头和链条使摆沿刻度尺转动一定角度,并在试样断裂时停止转动,指示出抗张力值。该值按式(2-6)计算:

$$F = \frac{W \cdot h \cdot \sin\alpha}{r} \tag{2-6}$$

式中:F——抗张力,N 或 kgf;
　　　W——摆的重力,N 或 kgf;
　　　h——摆的重心与摆轴之间的垂直距离,mm;
　　　r——上端伞形体的半径,mm;
　　　α——摆在 P 力时所转角度。

(3) 仪器的校准和调整

①零点校验

将仪器调节呈水平状态。支起摆的制动爪,然后松开摆锤固定器,用手轻轻拨一下摆,使它轻轻摆动,摆不应有过大的反撞、滞后或摩擦,当摆停止时,检查摆的指针是否在零点,其偏差应小于 0.5mm。并对全部重砣逐个进行多次校验,如果偏差过大,应检查仪器水平及伸长记录仪的线在滑轮内运行是否正常。

②上下夹具间距检查

先将仪器开动使下夹头向下移动一段距离,使其自动复位,并将下夹头外部的定位销抽出,提起或放下下夹头的杆至要求的距离,再用销子销好。用游标卡尺或精度高的钢板尺测量两夹具间的距离,误差要求小于 ±1mm。

③夹具的压力调整

调整夹子夹口的压力,在测试的过程中,应保持受测试样既不滑动又不受损伤。

④伸长标尺校准

将摆固定,将上下夹头升至最高位置,此时上下夹具间距应为 180mm,调节伸长标尺对准零线,然后使下夹头向下运动一定时间,停止仪器,测量上下夹具间的距离并读取伸长标尺上的读数,几次所测量的距离与伸长标尺上的读数相比较,最大误差应小于 0.5mm。

⑤力度盘校准

用精度为 0.1% 的标准砝码校准测力刻度盘。将砝码夹在夹具上,计算由砝码质量和自由落体加速度所产生的力,与力度盘上的读数对比。逐渐增加砝码的质量,均匀测出分布于全力度盘上的 10 个点,如果偏差超过 1%,应作修正曲线。

2. 试验步骤

(1) 按标准规定取样,将试样在标准温湿度条件下进行处理(见本章第一节),并在同样大气条件下进行后继操作。

(2) 在距样品边缘 15mm 以外处,一次切取宽度为 15mm(允许偏差 -0.1mm 和 +0.2mm)、长约 250mm 纵横方向的试样各 10 条以上,并做好标记。试样不应有影响强度的纸病,试样的两边是平直的,其平行度应在 0.1mm 之内,切口应整齐且无任何损伤。试样的宽度也可采用 25mm 或 50mm,但应在实验报告中注明。当切取软薄页纸时,可用较硬的纸夹起样品进行切取。

（3）检查仪器各部分是否正常。指针及伸长标尺均应指零点。调整好上下夹具间的距离，一般机制纸为180mm；手抄片或样品尺寸不够大时，可采用100mm或50mm的夹距。除180mm夹距外，其他夹距均应在试验报告中注明。

（4）用上夹具的定位螺丝锁住夹头。并将试样垂直地夹入上夹头中（上下保持±1°的垂直）。每次加入试样的条数可根据试样的薄厚来确定（较薄的试样可一次加入5~10条）。松开固定螺丝，取一条纸样放入下夹头内，用手轻轻拉直，夹紧下夹头。

（5）选择合适的重砣，并安装在摆杆上，用销子销好。打开摆固定器，压下操作把手，进行空白试验。试样断裂后，立即停机，使摆回到原位，测量上下夹之间的夹距，求出下夹具实际运行距离，该值乘以3，算出相应的加荷速度。在调速盘上调好加荷速度（必须在开机时调节），保证试样在（20±5）s时间内断裂。例如：试样夹具间初始距离为180mm，试样拉断时，夹间距离为220mm，下夹头实际运行距离为220-180=40mm，加荷速度就等于40×3=120mm/min。该速度符合要求。

（6）夹好试样进行正式测试。如果要测伸长率，则待试样受力后，将伸长垫板打开，当试样断裂时，立即停机，读取力度盘和伸长标尺上的读数。试样在夹头内或距夹口10mm以内断裂时，该数据应舍弃。应保证试样的每个方向有10个有效数据。

3. 数据处理及结果计算

（1）抗张强度

按式（2-7）计算抗张强度：

$$S = \frac{\overline{F}}{L_W} \tag{2-7}$$

式中：S——抗张强度，kN/m；（低定量的试样，如薄页纸可用N/m表示）

$\overline{F}$——平均抗张力，N；

L_W——试样的宽度，mm。

取三位有效数字。

（2）裂断长

裂断长（L_B）按式（2-8）或式（2-9）计算：

$$L_B = \frac{1}{9.8} \times \frac{S}{g} \times 10^3 \tag{2-8}$$

$$L_B = \frac{1}{9.8} \times \frac{\overline{F}}{L_W \cdot g} \times 10^3 \tag{2-9}$$

裂断长（L_B）也可按式（2-10）计算：

$$L_B = \frac{\overline{F} L_1}{9.8 \times m} \tag{2-10}$$

如果仪器以kgf-m为刻度，可按式（2-11）计算：

$$L_B = \frac{\overline{F} L_1}{m} \tag{2-11}$$

式中：L_B——裂断长，km；

$\overline{F}$——平均抗张力，N；

S——抗张强度，kN/m；

g——定量，g/m²；
L_W——试样的宽度，mm；
L_1——夹子间初始长度，mm；
m——夹子间试样的平均质量，mg。

取三位有效数字。

(3) 抗张指数

抗张指数按式（2-12）或式（2-13）计算，并取三位有效数字。

$$Y = \frac{S}{g} \times 10^3 \tag{2-12}$$

$$Y = \frac{\overline{F}}{L_W \cdot g} \times 10^3 \tag{2-13}$$

式中：Y——抗张指数，N·m/g；
S——抗张强度，kN/m；
g——试样的定量，g/m²；
$\overline{F}$——平均抗张力，N；
L_W——试样的宽度，mm。

(4) 裂断时伸长率

如果需要，计算试样的平均断裂伸长，以 mm 表示，然后计算断裂时伸长对开始拉伸前试样长度的百分数。结果精确至一位小数。

二、恒速拉伸法测定纸和纸板的抗张强度

使用恒速拉伸法测定纸和纸板的抗张强度应符合国家标准 GB/T 12914-1991 "纸和纸板抗张强度的测定法（恒速拉伸法）"（eqv ISO 1924-2：1985）的规定。

【注意】此标准不适用于瓦楞纸板。

1. 测量仪器

(1) 抗张强度测定仪的要求

仪器应在规定的恒速拉伸下可拉断标准规定尺寸的试样、测定抗张力和伸长。抗张力可在记录仪或一相当装置上记录为伸长的函数。抗张强度测定仪应包括：

①测量和记录装置

记录抗张力的精确度应为实际作用力的 ±1%，伸长的读数精度应为 ±0.1mm。

②两个试样夹

两个试样夹应可调节夹持力夹紧试样的全宽。试验过程中使试样既不滑动亦不受损伤。两个夹头的夹持面和所夹试样应在同一平面内，在试验过程中夹线应保持 ±1°的平行，且夹线应与拉伸作用力和夹线与试样长度方向均保持 ±1°的垂直。两条夹线间的距离是可调的，应能调节到要求的试验长度，偏差应在 ±0.1mm 内。

③积分仪应有积分仪或能测量抗张力—伸长曲线与伸长轴线间的面积的其他装置，或能计算纸条破裂功的积分仪，记录精确度为 ±2%。

（2）仪器结构及工作原理

目前用恒速拉伸法测定纸和纸板的抗张强度的仪器主要有两种形式：一种是双丝杆传动，一种是单丝杆传动，两种仪器工作原理基本相同。双丝杆传动承载能力大，但两根丝杆运行的同步性要求较高，造价也较高。单丝杆传动的仪器虽然承载能力小，但结构简单，造价也较低。图2-7为双丝杆式拉力仪的结构示意图。

INSTRON万能拉力仪是双丝杆传动的一种。它由双立柱支撑，丝杆安装在立柱壳内，并用皮套密封，在丝杆上安装一个十字头，上装传感器，主机底座内装有一个控制整机的单板微机，可进行自动校准等。夹具是用压缩空气控制的气动夹具，附带有HP85-B型微型计算机及绘图和打印系统。附件不联机时，主机也可以正常工作，但数据的读取和计算都要人工来做；附件联机时，计算机控制了主机，数据可以自动读取，自动进行数据的分析、统计和计算，然后由打印机绘图仪输出测试结果。其输出参数有抗张力值、伸长率、伸长量、抗张能量吸收值、应力应变曲线、某一点弹性模数。该仪器还可以进行疲劳试验和抗压试验。单丝杆式电子拉伸试验机，其基本原理与双丝杆相同，只是一个丝杆驱动传感器上下移动。

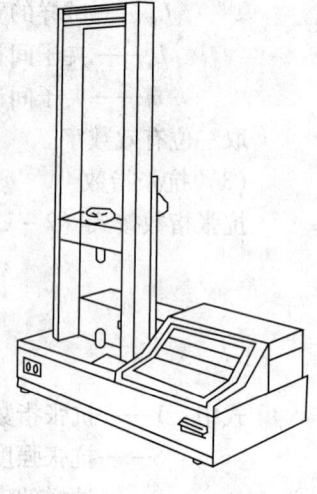

图2-7 双丝杆式拉力机

（3）主要技术参数

INSTRON万能拉力仪主要技术参数见表2-3。

表2-3 INSTRON万能拉力仪主要技术参数

最大负荷量	0~100 N	精度（±0.45）FS
	0~500 N	
	0~1000 N	
伸长率	分辨值0.1mm	精度（±0.15）mm
抗张能量吸收	最大值1000J/m² 分辨值0.1J/m²	精度（±1.8）%
最大行程	上下夹具间初始距离180mm时	450mm
拉伸速度	0~400mm/min	精度（±1）%或（±0.2）mm/min
复位精度	<0.5mm	
输出方式	电子显示器，按键选择显示，打印机打印输出	

（4）仪器校准

①负荷准确度校准

在每一个量程的传感器上选用适当的专用砝码（分别设定若干点，一般至少5个点）挂在夹头上，观察力值显示器，并读出显示值。对每一个传感器按选定点分别进行三次试验，示值误差按式（2-14）计算：

$$\delta_F = \frac{W - W_0}{W_{\max}} \times 100\% \tag{2-14}$$

式中：δ_F——某测定点的示值误差，%；

W——该点仪器显示值；

W_0——专用砝码所受重力；

$W_{\max}$——被测传感器满量程真值。

另外，也可采用精度高于仪器的专用测量计或专用传感器式测力计进行校准。

②抗张能量吸收测量误差的校准

在上夹头内，悬挂一个5kg左右的砝码，然后开动仪器，使上夹头以30mm/min速度上升约10mm的距离后停机。用卡尺测量上升距离，并记下仪器抗张能量吸收值的读数，如此反复三次，测量示值误差按式（2-15）、式（2-16）计算：

$$W = \frac{L \cdot b \cdot E}{1000} \tag{2-15}$$

$$\delta_A = \frac{W - W_0}{W_0} \times 100\% \tag{2-16}$$

式中：δ_A——抗张能量吸收值误差，%；

W——抗张功，mJ；

L——试样长，mm；

b——试样宽，mm；

E——仪器输出值，J/m^2；

L 和 W 是键盘输入值。

W_0——仪器克服砝码重力使之上升一定距离所做的功，mJ。

W_0 值可按式（2-17）计算：

$$W_0 = mgh \tag{2-17}$$

式中：m——砝码质量，kg；

g——重力加速度，m/s^2；

h——砝码上升高度，mm。

③伸长量测量误差校准

在开机前，先用游标卡尺测量上下夹具之间的距离 h_1，然后开动仪器，使上夹头以约30mm/min的速度上升，待其运行一段时间后停机，再用游标卡尺测量此时上下夹具之间的距离 h_2，一般取5个点。计算公式为式（2-18）、式（2-19）：

$$\Delta L_0 = h_2 - h_1 \tag{2-18}$$
$$\delta_{\Delta L} = \Delta L - \Delta L_0 \tag{2-19}$$

式中：$\delta_{\Delta L}$——伸长量示值误差；

ΔL——仪器输出伸长量值；

ΔL_0——伸长量实测值。

④上夹具上升速度精度的校准

上夹具上升速度精度的校准只要定期进行即可，平常不需校准。在开机前将仪器光电码盘输出端与频率计数器相连,然后开机,使上夹头以一定速度上升,通过频率计数器在1min内输出总脉冲数,一般需测5个点。仪器上夹具上升速度的误差按式(2-20)计算:

$$\delta_V = V - V_0 = \frac{mp}{ni} - V_0 \qquad (2-20)$$

式中:δ_V——上升速度误差;
  V——上升速度实测值;
  m——频率计数器所给出的1min内总脉冲数;
  p——仪器传动丝杆导程;
  n——光电码盘每转输出的脉冲数;
  i——仪器传动系统的总传动比;
  V_0——仪器标示速度。

⑤上夹具复位精度校准

先将上下夹具间距离调整到180mm,用游标卡尺测量上下夹具间距离。待做完一次试验后,上夹具自动复位,此时再用游标卡尺测量这时上下夹具间距离,误差用式(2-21)计算。

$$\delta = H_1 - H_2 \qquad (2-21)$$

式中:H_1、H_2——前、后两次测量上下夹具间距离值,mm。

⑥上下夹具对中性的校准

对于上下夹具都是固定的仪器来讲,这个误差很小,可以不进行校准。但是对于上下夹具都是活动的仪器,可用铅锤进行校准。

2. 试验步骤

(1) 按恒速加荷法(摆锤式拉力机)测定纸和纸板抗张强度试验步骤中所述方法切取和处理试样。

(2) 将仪器接入有稳压电源的电路中,将电源开关打开,使仪器预热30min左右。有气动夹具的仪器还应将气源与仪器连接好,并将气压调到所要求的范围内。

(3) 根据仪器要求输入有关参数,如传感器系数、拉伸速度、样品规格、样品数等。仪器型号不同,参数内容也有所不同。一般来讲,拉伸速度视产品标准要求而定,以保证样品在(20±5)s内断裂。规定试验长度为200mm、180mm,拉伸速度为(20±5)mm/min;试验长度为100mm、90mm,拉伸速度为(10±2.5)mm/min。对于断裂时拉伸时间少于5s或多于20s的试样,可以采用不同的拉伸速度,但应在试验报告中注明。如果计算弹性模数还要输入样品的厚度值。

(4) 检查仪器夹具及人机对话时仪器是否反应正常。根据要求调节好夹具之间的距离。

(5) 将试样夹于夹具之间,试样一定要夹紧夹正,并保证试样在整个试验过程中上下保持垂直。

(6) 启动试验开关,仪器工作。显示器显示出测试结果。需要时还可用打印机打印出来。

(7) 仪器使用完毕，应注意不要在传感器上悬挂重物。先将气源切断，再关闭计算机电源开关和仪器动力开关，最后切断总电源。该仪器在长时间不用时，应定期通电运行检查，以免潮湿而使电器元件失灵或短路。

3. 数据处理及结果计算

(1) 抗张强度：同恒速加荷（摆锤式拉力机）法。

(2) 裂断长：同恒速加荷（摆锤式拉力机）法。

(3) 抗张指数：同恒速加荷（摆锤式拉力机）法。

(4) 裂断时伸长：同恒速加荷（摆锤式拉力机）法。

(5) 抗张能量吸收值（T.E.A）

T.E.A值按式（2-22）或式（2-23）计算，计算结果取三位有效数字。

$$\overline{E} = \frac{E}{b \cdot L_i} \times 10^6 \qquad (2-22)$$

$$\overline{E} = \frac{E}{b \cdot L_i} \times 10^3 \qquad (2-23)$$

式中：$\overline{E}$——抗张能量吸收，J/m^2 或 mJ/m^2；

E——抗张能量，J 或 mJ；

b——试样宽度，mm；

L_i——试验前夹头间试样长度，mm。

(6) 抗张能量吸收指数：

抗张能量吸收指数按式（2-24）计算，计算结果取三位有效数字。

$$I_Z = \frac{\overline{E}}{g} \times 10^3 \qquad (2-24)$$

式中：I_Z——抗张能量吸收指数，mJ/g；

$\overline{E}$——抗张能量吸收，J/m^2；

g——定量，g/m^2。

第五节　纸和纸板撕裂强度测定

撕裂强度是指撕裂纸或纸板至一定长度所需力的平均值。通常情况下分为两种：一种是指在规定的条件下，已被切口的纸或纸板试样沿切口撕开一定距离所需的力，称为内撕裂度，单位为 mN；另一种是指撕裂预先没有切口的纸或纸板，从纸或纸板的边缘开始撕裂一定长度所需要的力，称为边撕裂度，单位为 N。一般情况下，在没有特指时撕裂度为前者，即内撕裂度。纸或纸板的撕裂度除以其定量即为撕裂指数，单位为 $mN \cdot m^2/g$。

由于纸或纸板被撕裂时，或者要把纤维从样品中拉出，或者要把纤维撕断，因此撕裂度主要有三大类影响因素，一是纤维间的互相结合力，撕力要克服纤维结合力才能把纤维拉出来；二是纤维本身的强度，即将纤维拉断是所需力的大小；三是纤维长度，撕裂度随纤维长度的增加而增加。此外，所有提高空隙率的因素都能提高撕裂度，但会使抗张强度降低。轻微的打浆会使撕裂度增加，但随着纤维的细化，会使纸的紧度和抗张强度增加，而撕裂度降低。加入淀粉、三聚氰胺甲醛树脂以及在超级压光机上压实，都会降低撕裂度。

撕裂强度是纸和纸板的一项重要的物理性能指标，许多纸和纸板的技术性能指标对撕裂强度都有要求。对于钞票纸和糖果包装纸等，边撕裂度具有特定的意义。

我国国家标准 GB/T 455－2002"纸和纸板撕裂度的测定"（eqv ISO 1974：1990）规定的纸和纸板撕裂度的测试方法为爱利门道夫（Elmendorf）撕裂度仪测定法。本标准，不适用于瓦楞纸板，但可适用于瓦楞原纸。

一、仪器的结构与工作原理

1. 仪器结构

爱利门道夫撕裂度仪由支架座、扇形摆锤、夹纸机构、指针系统、调节机构组成，如图 2－8 所示。

（1）扇形摆锤。

摆锤的形状是由圆上的一个扇形面构成，扇形摆锤由摩擦力很小的滚珠轴承支撑着悬挂在支架座上，使其能围绕水平轴自由摆动。

（2）夹纸机构。

试样夹持在两个夹具之间，其中一个夹具固定在支架座上，另一个夹具装在摆上，

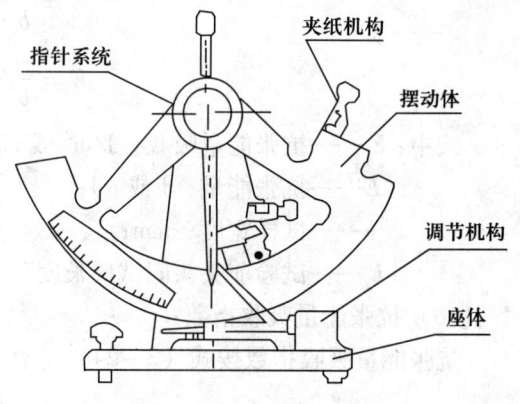

图 2－8 爱利门道夫撕裂度仪

夹具应能保证试样被夹表面至少为 25mm 宽，15mm 深。将扇形摆置于两个夹具成水平的初始位置上，用手动停止器进行固定，此时两夹具间的距离应为（2.8±0.3）mm，两个夹口在一条直线上，使夹在夹具中的试样所在平面与摆的轴平行。夹具上边缘的水平线与摆轴中心的距离为（104±1）mm，该水平线和摆轴所在的平面与垂直方向成 27.5°±0.5°。

（3）指针系统。

指针系统由带有指针的套筒组成，和扇形摆锤安装在同一轴上，使指针与摆的相对位置可从摆的扇形刻度盘上读取，该套筒的摩擦阻力应保持在规定的范围内。指针和刻度盘可用数字显示装置代替，它的读数同样准确和精确。

（4）调节机构。

安装在底座上的可调停止器可挡住指针，用于调节指针位置，使其能够读取撕裂试样时所做的功。并且在不撕裂试样时，刻度读数为零。

（5）在一定的位置上安装有一把切刀，用于预切试样。为扩大撕裂范围，可换摆或附加重锤，但应根据所使用的摆或重锤的因数进行换算。

2. 工作原理

当扇形摆在初始位置时,由于摆的重心被抬高,使它具备了一定势能。当摆被调节机构松开自由落下时,势能转变为动能,动能在克服撕裂试样中损失了一部分,使得试样被撕裂开一个固定长度的裂口,而剩余的动能又转化为势能。此时由座体指针在刻度盘上所指出的撕裂度值就是摆所损失的动能,这可由摆在两端最高位置时的势能差值计算出来。即用摆的势能损失来测量在撕裂试样的过程中所做的功。由于纸或纸板的撕裂阻力较小,往往仪器刻度不易读准,为此常采用多层纸叠起来按撕裂的总张数计算求得。按16层刻度的仪器多采用8层,也可用4层、16层或32层;按4层刻度的仪器多采用4层,也可用2层或8层;分别用相应的换算系数乘或除刻度读数,即得到试样的撕裂度值,单位是mN。

近年来,这种仪器已发展成为电子控制、数字显示式的仪器。它是由一个位移传感器将摆在不同撕裂阻力时的位移感应出来变为电讯号,经放大后转换成数字显示于显示器上,它具有精度高、读数方便等优点。

二、仪器的检查及校准

1. 仪器的检查

(1) 检查摆轴是否弯曲。

(2) 摆在初始位置时,两夹子应成一条直线,检查夹子间距是否为 (2.8 ± 0.3) mm。

(3) 检查刀子是否固定紧,刀刃是否锋利无伤,刀片应在两夹子中间,与夹子顶部成一直角。

(4) 确保指针无损伤,并紧固在轴套上。

2. 仪器水平的校准

将仪器放在坚固无振动的台子上,用仪器底座上的水平泡调节仪器前后的水平,然后压下摆的停止器,使摆轻轻地自由摆动,待摆停止后,观察摆上的标志是否与底板上的标记重合。若不重合,用底座左边的支足螺丝进行调节,直至标志重合为止。

在操作过程中,指针应垂直地向上转动。

对于数字显示的仪器,仪器水平应根据说明书进行调节。

3. 零点调节

将调好水平的仪器,不夹试样空摆几次,观察指针是否指零,若指针的指示不为零,应调节指针限制器,直至调节至零点。

4. 摆的摩擦校准

仪器调好水平后,在摆的停止器距摆的边缘右侧25mm处画一标线。把摆抬起到待测位置,将指针拨开使其在摆摆动时不碰到指针停止器。然后将扇形摆释放让其自由摆动,最轻的摆摆动次数应为20次以上,轻摆不少于25次,标准摆不应少于35次,中摆不少于80次,加重摆不少于110次。每次在摆摆向左边时,摆的边缘应摆过所做标线的左侧,否则摆轴的摩擦力不符合要求,需要清洗轴承,或者摆轴弯曲需加以调整。

5. 指针的摩擦校准

仪器调好水平和指针零点后,闭合空夹,将摆抬到待测位置,把指针对在零点上,然后释放空摆，当摆返回到左边以前停止它。指针偏离零点的距离应小于：最轻摆 10 个标尺单位；轻摆 6 个标尺单位；标准摆 3 个标尺单位。若不在此范围内，应清洁或调整轴承表面及指针套顶针的位置。调整指针的摩擦后必须重新校准指针零点。

6. 切口尺寸及撕裂长度校准

切纸的刀必须锋利无伤，以保证切口平整不带毛刺。切口长度应为（20±0.25）mm，被撕裂的长度应为（43±0.5）mm。这可用定量为 80~160g/m² 的纸样切成 63mm×75mm 的试样来测定。将试样被测方向与试样短边平行，夹入仪器夹具内，切一刀。然后取下样品用游标卡尺测量，所切出的尺寸应符合标准要求，并用肉眼观察刀口的情况，如果不符合要求，则要修磨刀片和调整刀的高低位置。

7. 仪器标尺的校准

采用专用标准砝码对仪器标尺进行校准。将不同的标准砝码安装在扇形摆的螺丝孔上，把摆升至起始位置，测量摆升高不同标准砝码所用的功来度量。

闭合摆上的空试样夹并装上砝码，操作仪器，测定标尺读数及与读数相对应的附加砝码的重心距离基准水平面的高度。由式（2-25）计算校正的标尺刻度读数 Y。

$$Y = \frac{9.807 \times m(h-H)}{0.086 \times k} \times 10^3 \qquad (2-25)$$

式中：Y——校正的标尺读数（标尺单位）；

m——附加砝码的质量，kg；

h——附加砝码摆至最高位置时，重心线与基准平面的高度，m；

H——附加砝码后摆在起始位置时，所加砝码重心线与基准平面的高度，m；

k——换算系数，即刻度的设计层数。

校准仪器以 gf 表示的标尺刻度，将 mN 单位表示的结果除以 9.807 即得到 gf 单位。校准值和指示刻度读数相差不应超过 ±1%。

数字显示仪器因有电子传感系统，如按上述方法校准不便，可用制造厂提供的校准方法。

三、试验步骤

1. 处理试样

按标准规定取样，将样品在标准温湿度条件下进行处理（见本章第一节），并在同样大气条件下进行后续操作。

2. 切取试样

按样品的纵向和横向分别将试样切成长度为（75±2）mm、宽度为（63±0.5）mm 的长方形，每个方向至少切 5 片试样。确保所取试样没有折痕、皱纹或其他明显缺陷。如有水印，应在试验报告中注明。如果纸张纵向与试样的短边平行，则为横向试验；反之则为纵向试验。每个方向应至少做 5 次有效试验。

3. 选择摆和重锤

根据试样选择合适的摆或重锤，要求测定读数在满刻度值的 20%~80% 范围内。

4. 测量

将摆升至初始位置并用摆的释放机构固定，将试样一半正面对着刀，另一半反面对着刀，试样侧面边缘要整齐，底边应完全与夹子底部相接触，并对正夹紧。用枢轴上的切刀将试样切一整齐的刀口，让刀返回静止位置。当指针与指针停止器相接触时，用手迅速地压下摆的释放装置，待摆摆至最远返回接近起始位置时，轻轻地停住摆，使指针与操作者的眼睛水平，读取指针指示的读数或数字显示值，准确至半个分度值。松开夹子去掉已撕的试样，使摆和指针回至起始位置，准备进行下一次测定。

试验中若 1~2 个试样撕裂线的末端与刀口延长线的左右偏斜超过 10mm 时，结果应舍弃。重复试验，直至每个方向各得到 5 个满意的结果为止。如果有两个以上的试样偏斜超过 10mm，其结果可以保留，但应在报告中注明偏斜情况。若在撕裂过程中，试样产生剥离现象，而不是在正常方位上撕裂，应按上述撕裂偏斜的原则处理。

测定纸和纸板所用的纸页层数应为 4 层，如果得不到满意的结果，可适当增加或减少层数，但应在报告中加以说明。

四、数据处理及结果计算

1. 撕裂度

撕裂度按式（2-26）计算，计算结果取三位有效数字。

$$a = \frac{sp}{n} \tag{2-26}$$

式中：a——撕裂度，mN（gf）；
s——在试验方向上的平均刻度读数，mN；
p——换算系数，即刻度的设计层数；
n——同时撕裂的试样层数。

2. 撕裂指数

撕裂指数按式（2-27）计算，计算结果取三位有效数字。

$$X = \frac{a}{g} \tag{2-27}$$

式中：X——撕裂指数，mN·m^2/g；
g——试样定量，g/m^2。

第六节 纸和纸板耐破度的测定

包装件在运输和储存的过程中经常会受到外力的挤压、摔打或硬物的碰撞，以及内包装物的冲击作用。对于纸和纸板类的包装材料来说，此时用抗张强度或其他强度指标来评价其耐碰撞的能力显然是不合适的，为了科学地评价这种特性，需要引入纸和纸板的耐破度这一概念。

耐破度是指纸或纸板在单位面积上所能承受的均匀增大的最大压力，单位以 kPa 表示。当纸或纸板承受垂直于其表面的压力时，纸或纸板开始变形，随着压力的增大变形也相应地增大，直至纸或纸板破裂，此时的最大压力就是耐破度，属于纸或纸板的静态强度。耐破度实际上是抗张强度与伸长率的复合函数，是对纸或纸板最弱部分的检查，其应力大部分是在破裂时横跨纸幅的压力差所形成的一种张力，由于各个方向的变形基本相等，因而在纸张中产生了均衡应力。由于纸和纸板的纵向伸长率较小，受压后成为纵向张力，因此裂纹一般与纸张的纵向垂直。耐破度也是纸或纸板强韧性的标志。影响耐破度有两个主要因素，即纤维长度和纤维间的结合力，而纤维间的结合力比纤维长度对耐破度的影响更大。所以打浆的程度、施胶的状况、含水量等都会对耐破度产生影响。

纸与纸板耐破度的测定应符合国家标准 GB/T 454－2002 "纸耐破度的测定"（idt ISO 2758：2001）及 GB/T 1539－2007 "纸板耐破度的测定"（eqv ISO 2759：2001）的规定。此两标准均采用液压递增原理测定纸或纸板的耐破度，GB/T 454－2002（idt ISO 2758：2001）适用于测定耐破度为 70～1400kPa 的单层纸或多层纸，GB/T 1539－2007（eqv ISO 2759：2001）适用于测定耐破度为 350～5500kPa 的各种类型的纸板，但不适用于高伸长率以及多层复合瓦楞纸板。

一、测定仪器

1. 耐破度测定仪器的要求

耐破度测定仪主要由夹持、传动、加压、压力测量等系统组成。

（1）夹持系统

为了牢固而均匀地夹持住试样，这个系统有上下两个夹盘，上夹盘与施加夹持压力的一个铰链或一个相似装置连接起来，以保证夹盘压力分布均匀。在施加测试负荷时，上下夹盘的环形孔应是同心的，其最大误差应不大于 0.25mm。夹盘表面应平整且彼此平行，夹盘接触面上有 V 形同心槽，以保证夹紧试样。

夹持压力施加的装置有 3 种：第 1 种是杠杆加压；第 2 种是一个旋转手轮，逐步拧紧夹好试样；第 3 种是自动加压，有采用压缩空气的，也有采用液压的，通过气压或液压使上夹环上升或下降夹紧试样。第 1 种和第 2 种夹紧方式夹持压力不能调节，第 3 种方式夹持压力可以调节。夹持压力对于试验结果有较大的影响，测定纸张耐破度时，夹盘系统应能提供 1200kPa 的夹持压力；测定纸板耐破度时，夹持压力应不小于 690kPa。仪器结构应能保证夹持压力具有可重复性。在压瓦楞纸板时，压力在 690kPa 虽然防止了滑动，但是大多数纸板的瓦楞被压塌。因瓦楞纸板耐压强度不同，在实验报告中应注明夹持压力和瓦楞是否被压塌。

应安装夹盘压力指示装置，该装置能显示实际夹持压力，而不是夹盘系统本身的压力。夹持压力可通过夹持力和夹盘面积进行计算，计算夹持压力时，因沟纹减少的面积可以忽略不计。

（2）胶膜

胶膜为圆形，由天然橡胶或合成橡胶材料制成，不添加任何填料和添加剂。其上表面被紧紧夹住。静态时胶膜的上表面应比下夹盘顶面低约 3.5～4.7mm。

胶膜材料和结构应保证其有足够的弹性阻力，在测定纸张耐破度时，胶膜凸出下夹盘顶面（9±0.2）mm 时，其弹性阻力为（30±5）kPa；测定纸板耐破度时，胶膜凸出下夹盘顶面 10mm 时，其阻力范围为 170～220kPa。胶膜在使用时应经常进行检查，如果胶膜弹性阻力不符合要求，应及时更换。

(3) 液压系统

由电机驱动活塞挤压适宜的液体（如化学纯甘油、含缓蚀剂的乙烯醇或低黏度硅油），在胶膜下面产生持续增加的液压压力，直至试样破裂。由于电子显示类的仪器都装有启动过载保护装置，一般比较安全。液体应与胶膜材料相适应，不破坏胶膜的内表面。液压系统和使用的液体中应没有气泡。

(4) 压力测量系统

可采用各种原理进行测量，但其显示精度应相当于或高于±10 kPa 或测量值的±3%。对于增加的液压压力其响应速度应为：所显示的最大压力误差应在峰值真值的±3% 范围内。

2. 常用耐破度测定仪

目前，我国常用的耐破度测定仪，大体可分为机械结构、压力表指示读数和电子控制、传感器感应、数字显示读数两种形式。虽然这两种仪器结构与显示方法不同，但仪器结构和工作原理基本相同。

(1) 缪伦（Mullen）式耐破度测定仪

缪伦式耐破度测定仪的结构如图 2-9 所示，是采用液压递增原理测定纸和纸板的耐破度。上压环以一定的压力将试样压紧在上、下两压环（夹盘）间，使试样在整个测定过程中不得移动。电动机带动活塞推动油缸内的液体向弹性胶膜匀速施加压力，胶膜鼓起，顶起试样，直至试样破裂。压力表与油缸连接，加压时，指针（主针与副针）随压力增大而同步运动，试样破裂压力撤销后，压力表主针自动回零，副针则指在试样破裂时所达到的最大压力值，此值即为试样的耐破度。

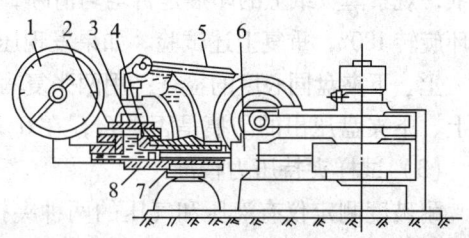

图 2-9 缪伦式耐破度测定仪

1—压力表；2—压紧机构；3—橡胶膜；4—上压环；5—压紧把手；6—电机；7—螺杆；8—带皮碗的活塞

(2) 电子式耐破度测定仪

电子式耐破度测定仪适用于测定纸和纸板的耐破度，如图 2-10 所示，是采用液压递增原理测定纸和纸板的耐破度。试样的夹紧是通过气压来实现的，在上压环的上方装有汽缸和活塞，由气阀来控制气压推动上压环下压，试样破裂时能自动返回；下压环的下面安装有胶膜，其下是一个充满甘油的油缸。传动加压机构带动油缸活塞通过甘油向胶膜匀速施加压力，使胶膜鼓起试样受压，直至破裂，油液自动返回卸压。压力传感器和油缸连接，自动检测压力的大小，将试样破裂时的最大压力在数码显示窗上显示出

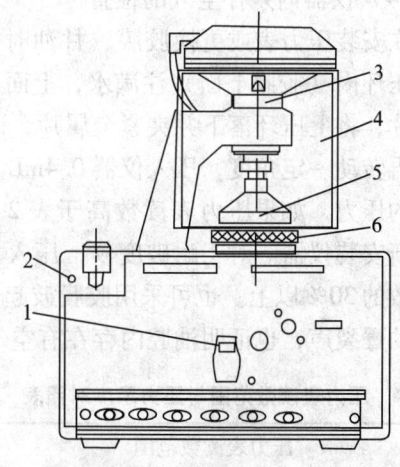

图 2-10 电子式耐破度测定仪（04BOM型）

1—电源开关；2—气源接头；3—活塞；4—防护罩；5—上压环；6—下压环

来。而电控部分采用集成电路和可控硅技术，完成对试样的自动测试。

3. 仪器校准

（1）压力表的校准

先将压力管内空气全部抽尽，并灌入20°Bé的甘油，然后将压力表牢固地安装于活塞式静压校对仪上，在校对仪的砝码架上放上不同质量的砝码，校对若干点，压力表的读数与所加砝码和标准压力表的读数之间误差应在（±1)%范围内。如果超过允许的误差，该表应进行修理或做出补正曲线。

（2）试样夹盘平行度及同心度的校准

上下夹盘平行度的检查将一张新复写纸夹在两张组织均匀的白色薄页纸中间，并放入上、下夹盘中夹好，然后施加一定压力并保持5~10s时间后，撤去压力，从夹环中取出薄页纸，观察薄页纸上的印痕是否均匀清晰，夹盘夹住的整个面积轮廓是否分明。然后将上压环旋转180°，重复上述试验。如果发现压环不平行或压力分布不均匀，则应加以调整。

上、下夹盘同心度的检查：用两张复写纸夹一张白色薄页纸，用正常夹持力夹紧，检查上、下夹盘压出的印痕是否重合，在0.25mm内符合要求。若不符合，应加以调整。

（3）试样夹持压力校准

耐破度测定仪有液压和气压的两种夹持装置。借用压力表调节其夹持力时，必须将压力表校准，再根据活塞直径与夹盘表面的接触面积，准确得出夹持压力的值。手轮式或杠杆式夹紧装置，均需用测力计校准后，确定手轮的落下位置或弹簧的压缩程度，得出所需的夹持压力。

（4）仪器内残存空气的检查

在安装压力表或更换胶膜、甘油时，可按下列方法检查仪器内腔是否有残存空气：在下压环内（胶膜上面）注满水，上面再放置一片薄胶膜，在胶膜上再放一张坚固的金属薄片，将上压环落下并夹紧金属片，以防胶膜起皱。转动传动轴加压至压力表上有反应，再转动一定角度，压入仪器0.4mL甘油（一般转180°相当于进油0.4mL），观察所产生的压力，如果压力表读数高于表2-4中有关规定，说明系统内有较多残存空气，应重新安装仪器。对于耐破度仪，压入甘油1.4mL（约转一周），压力表指示应在全量程读数的30%以上。也可采用胶膜鼓起，然后透光观察有无气泡。如果在试样破裂时有明显的爆裂声，也证明油腔内存在有空气。

表2-4 压力表读数范围与压力示度对照表

压力表读数范围	压力示度
0~196kPa（0~2.0kgf/cm^2）	0.85
0~834kPa（0~8.5kgf/cm^2）	2.50
0~1960kPa（0~20.0kgf/cm^2）	6.50

（5）仪器密封性的校准

将0.5~1.0mm厚的一个薄铝片或其他金属片夹在上、下压环之间，用手转动传动轴加压至980kPa放置30min，若压力下降不大于49kPa，则仪器密封性良好，若压力表下降大于49kPa，则需要检查仪器的各个接头是否有漏油的现象。

二、测定步骤

1. 试样的切取与处理

按标准规定取样，将样品在标准温湿度条件下进行处理（见本章第一节），并在同样大气条件下进行后继操作。

切取试样20张以上，试样的面积必须超过上夹盘的整个面积。一般纸试样切成70mm×70mm，纸板试样切成100mm×100mm，并准确标明正反面。

2. 确定测量范围

如果压力量程可以选择，应选用最合适的测量范围，若需要可用最大量程进行预测。

3. 夹紧试样

将试样置于校对过的耐破度仪的上、下夹环之间。如果用的是杠杆式加压夹紧仪器，则通过杠杆作用使试样平整地夹于上、下夹环间；如果采用手轮旋转加压夹紧的仪器，则旋转手轮使上夹环下降夹紧试样。

4. 测量

如果用压力表指示结果，将压力表指针拨至零点，启动电机，拨动控制旋钮或控制杆使活塞运动，保持进油速度为：在测量纸时（95±5）mL/min，测量纸板时（170±15）mL/min范围内。试样破裂时，迅速操作控制旋钮或操纵杆退回原位。记录压力表数值，精确至1kPa并将指针拨回零点，进行下一个试样的测试。

对于数字显示的耐破度仪，则在夹好试样后，先按下"破裂后自动复位选择"开关，其目的是使仪器在试验一个样品后，自动复位，然后压下"开始试验"开关，仪器启动，至试样破裂后，显示装置自动将结果显示出来。

当试样有明显滑动时（试样滑出夹盘或在夹持面积内起了皱纹），应将该读数舍去。如果破裂形式（如在测量面积周边处断裂）表明因夹持力过高或在夹持时夹盘移动致使试样损伤，则应舍去此数据。

若未要求分别报告试样正反面的测试结果，应测试20个有效数据；如果要求分别报告试样正反面的测试结果，则应每面至少测得10个有效数据。

三、数据处理及结果计算

1. 平均耐破度

试样破裂时，压力表或显示器读数的平均值即为平均耐破度，也称绝对耐破度，其值按式（2-28）计算，计算结果取三位有效数字。

$$p = \frac{p_B}{n} \tag{2-28}$$

式中：p——平均耐破度，kPa；

p_B——测定的耐破度值，kPa；

n——测定试样的层数。

2. 耐破指数

耐破指数是将平均耐破度除以试样定量，其值按式（2-29）计算，计算结果取二位有效数字。

$$X = \frac{p}{g} \tag{2-29}$$

式中：X——耐破指数，$kPa \cdot m^2/g$；
　　　p——平均耐破度，kPa；
　　　g——试样定量，g/m^2。

四、测定结果主要误差来源分析

耐破度的测定结果误差主要来源于如下几方面：压力测量系统校准不正确直接造成结果误差；升压速率不准确造成误差（如升压速率过高导致耐破度增高）；胶膜不符合要求或胶膜相对于夹盘表面安装得过高或过低；胶膜变硬或失去弹性，会明显增高耐破度；试样未完全夹紧或不平整通常导致耐破度明显增高；系统中存有空气通常导致耐破度明显降低；胶膜弹性过大通常导致耐破度明显降低。

第七节 纸和纸板耐折度的测定

纸和纸板的耐折度是指试样在一定张力条件下，经一定角度反复折叠而使其断裂的双折叠次数的对数（以10为底）。双折叠是指试样先向后折，然后在同一折印上再向前折，试样往复一个完整来回即为双折叠一次。耐折次数是耐折度平均值的反对数。

凡是在使用过程中常受到折叠的纸和纸板，其质量标准对耐折度都有较严格的要求，如钞票纸、书皮纸、白纸板、箱板纸等。

耐折度主要取决于纤维本身的强度、纤维的平均长度和纤维间的结合情况，纤维长度长、强度高和纤维间结合力大的，其耐折度也高，反之耐折度则低。与抗张强度相比，耐折度更大程度上取决于纤维长度，如亚麻纤维最适合制造耐折度高的纸。纸和纸板的柔韧性对耐折度的影响也较大，如纸板在压榨时过分压紧或用加入矿物填料的方法来提高紧度，都会使耐折度下降。除此之外，纸和纸板的含水量对耐折度也有影响。在一定范围内，增加其含水量，会使纸或纸板的弹性增加，从而使耐折度增加。但是含水量超过一定范围，耐折度会下降。打浆度的影响也是如此，在一定范围内增加纸或纸板用浆的打浆度，会使纤维间结合力增加，从而使耐折度增加，但是打浆度超过一定值，纤维的平均长度会下降，从而导致耐折度下降。按纵向试样测试得到纵向耐折度，按横向试样测试得到横向耐折度。一般情况下纵向耐折度要比横向耐折度要高一些，这是由于纤维的排列及纤维结合力大的缘故。

目前，我国常用的纸和纸板耐折度的测定方法和耐折度仪，国家标准都有相关的规定。国家标准GB/T 457-2002"纸耐折度的测定（肖伯尔法）"（eqv ISO 5626：1993）、GB/T 1538-1979"纸板耐折度的测定（肖伯尔法）"及GB/T2679.5-1995"纸和纸板耐折度的测定（MIT 耐折度仪法）"（eqv ISO 5626：1978）规定的仪器测定方法主要有两种即肖伯尔耐折度仪法和 MIT 耐折度仪法。

一、肖伯尔耐折度仪法测定纸和纸板的耐折度

国家标准 GB/T 457－2002 纸耐折度的测定（肖伯尔法）（eqv ISO 5626：1993）适用于抗张强度大于 1.33kN/m，厚度小于 0.25mm 的纸张。GB/T 1538－1979 纸板耐折度的测定（肖伯尔法）适用于厚度在 0.25～1.4mm 范围内的纸和纸板。此两国家标准均不适用于测定其他伸长率很高及易碎的纸和纸板。

1. 测定仪器

肖伯尔耐折度仪是国家标准 GB/T 457－2002 "纸耐折度的测定"及 GB/T 1538－1979 "纸板耐折度的测定"所规定的测试仪器。

（1）仪器结构

肖伯尔耐折度仪的基本结构如图 2－11 所示。主要由带动刀片运动的传动部分、测试部分以及记录部分等组成。传动部分主要是电机带动皮带轮并通过皮带轮转动两个曲臂，使折叠刀来回做等距离的运动，曲臂控制计数器运动，下部的保护开关可使计数器停止。测试部分主要由一个折叠刀片和两对一定直径的折叠辊组成，在夹具中装有一对弹簧，给纸样施加一定张力。记录部分主要是一个计数器，有机械碰动的和电子数码显示两种形式。

（2）工作原理

肖伯尔耐折度仪工作时在试样的两端施加规定的初始张力，纸张为（7.60±0.10）N，纸板为 9.81N，如图 2－12（1）所示，然后由曲臂机构带动折叠片做往复运动，如图 2－12（2）及图 2－12（3）所示，使试样在辊轴间做近似 180°的反复折叠。折叠过程中试样张力作周期性变化，其周期为曲臂周期的 1/2，折叠片移至极限位置试样弯曲

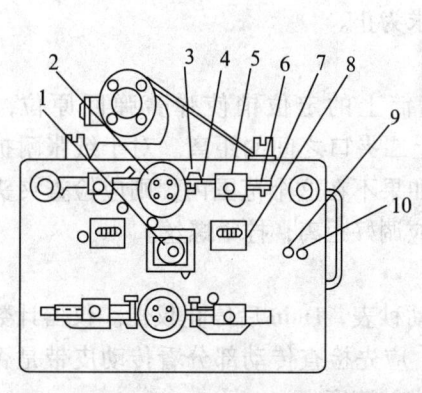

图 2－11　肖伯尔耐折度仪
1—主轴；2—折叠刀；3—夹头；4—夹紧用螺母；
5—弹簧销；6—弹簧筒；7—调节用螺母；
8—计数器；9—总开关；10—停止钮

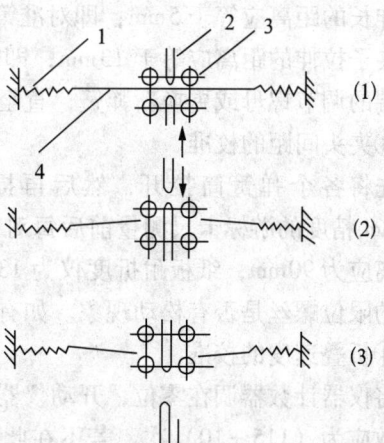

图 2－12　试样折叠所受张力示意图
1—弹簧；2—折叠片；3—滚轴；4—纸样

到最大程度时试样所受张力最大,纸张为(9.80±0.20)N,纸板为12.75N。由于折叠作用,使试样折叠区域纤维结构松懈,强度逐渐降低,当降至不能承受规定的最大的张力时,试样开始断裂,断裂时试样所能承受的最大折叠次数即为试样的耐折度,反复折叠次数用计数器记录曲柄的转数来表示。

(3)仪器的维护和校准

耐折度的测定结果很容易受张力、折叠刀片缝口弧形和缝口半径的影响,因此应定期对耐折度仪进行校准和检查维护。

①仪器的维护

除了夹头的张力弹簧外,所有的运动部件都应保持润滑,建议润滑时使用轻机油。加油时应小心,加油后应检查断裂的试样,确保试样未沾上油。所有的滚轴应能自由旋转,整个机构应保持无尘土和纸毛。

②弹簧张力的校准

耐折度仪的弹簧应定期进行校准。首先在夹头的端部画两条线,分别对应于起始时的张力最小值及最大行程时的张力最大值。松开夹头的固定螺丝,将整个夹头连同弹簧筒及支座拆下,固定在垂直位置上,以便进行校准。弹簧悬挂的总质量应包括夹头和连杆。松开夹紧螺母使夹口张开,在夹口中心悬挂砝码,使弹簧伸长。如为测定纸张的耐折度仪,则加7.60N的负荷(应包括夹头本身重),夹子伸出的距离应为5mm,即对准第一条刻线,如不符合,可用弹簧筒末端的张力调节螺母进行调节。

【注意】:此最小张力比最大张力更为重要,应调整准确。然后增加负荷致使夹子伸出距离为13mm,即对准第二条刻线。此时的负荷(应包括夹头本身重)应在(9.80±0.20)N范围内,如超出此范围应更换与之相匹配的新弹簧,两条刻线的准确距离应是8mm。如为测定纸板的耐折度仪,则在夹子上加以9.81N的负荷(包括夹头本身重),夹子伸长的距离应等于5mm,即对准第一条刻线。加12.75N(包括夹子本身重)的负荷,夹子拉伸的距离应等于13mm,即对准第二条刻线。如果不符合要求,应调节弹簧筒末端的调节螺母或更换新弹簧,直至符合要求为止。

③夹头间距的校准

先将各个弹簧筒拉开,然后再提起弹簧筒上的定位销使弹簧弹回原位,再用0.02mm精度的游标卡尺测量前后每对弹簧筒上二夹口之间的距离。对于纸张耐折度仪此距离应为90mm,纸板耐折度仪为130mm。如果不在这个范围内,则应检查夹头弹簧筒上的限位螺丝是否有松动现象。如有松动,应调好距离,拧紧螺丝。

④折叠速度的校准

将仪器计数器调在零位,开动仪器同时启动秒表,1min后停止仪器。仪器计数器上的读数应为(115±10)次。若不在此范围内,应先检查传动部分看传动皮带是否有打滑或松懈不紧现象,并进行调节,以达到所要求的速度。

⑤折叠辊间距离的校准

按下列各缝间的距离要求,将塞缝尺轻轻插入,校对各间隙的宽度,同时将塞缝尺上下滑动,检查缝间是否平行,如不平行时,要将辊轴座拆下,仔细加以调整直至合适。各缝间距要求如下:纸张耐折度仪折叠刀片缝口宽度为0.5mm,缝口的曲率半径为

0.25mm，刀片的厚度为0.5mm；纸板耐折度仪刀片缝口宽度为1.0mm，缝口的边缘曲率半径为0.5mm，刀片的厚度是1.0mm。

纸张耐折度仪与试样垂直方向的二辊间距离为0.5mm，纸张耐折度仪刀片与折辊之间的距离为0.3mm，纸板耐折度仪该距离为2.0mm。

纸张耐折度仪折叠辊直径为6.0mm，纸板为10mm。

2. 测定步骤

（1）试样的切取与处理

按标准规定取样，将样品在标准温湿度条件下进行处理（见本章第一节），并在同样大气条件下进行后继操作。

试样的规格为宽（15±0.1）mm、长150mm。按纵、横向分别切取试样至少各10个。试样两边应切齐且平行。所取试样不应有褶子、皱纹或污点等纸病，试样折叠的部分不应有水印。

（2）启动仪器使折叠刀片的缝口停于中间位置。将试样平行地夹紧于测定仪器的两夹子之间，若是双折头仪器，则应将试样一半朝前，一半朝后，以避免反正面造成的误差。

（3）拉开弹簧筒，直至销钉锁住弹簧筒，给试样施加初张力，纸张为（7.60±0.10）N，纸板为9.81N。将试样夹紧且没有任何滑动。

（4）按计数器回零键，使计数器回零。

（5）启动仪器使试样开始往复折叠，直至折断，仪器自动停止计数，记录读数，取下已折断的试样，使仪器复位，进行下一试验。纵横向试样应至少各有10个有效试验结果。

折叠头附近的温度应采用适当的方法进行测量，仪器连续运转4h以上，其温度不应比试验室的平均温度高1℃以上，如温度变化超过1℃，应停止测定，待温度恢复正常后才能继续。为了控制折叠头附近的温度，可在折叠头附近安装一台离心排气扇，直径应至少为50mm，使空气不断地通过试样。

如试样在夹头内滑动或不在折叠线断裂，该试验结果应弃去不计。如试样在折叠过程中有分层现象，应在报告中说明。

对于正、反两面性质有显著区别的纸板，在夹持试样时，应使一半试样的正面和一半试样的反面向着操作侧进行测定。

当双折叠次数小于10次或大于10000次时，可降低或增加张力，但应在报告中注明所使用的非标准张力的大小。

3. 数据处理及结果计算

肖伯尔耐折度仪测定的耐折度是纸或纸板往复180°的折叠次数，以对数（以10为底）表示。试验结果应给出纵、横向的平均双折叠次数，精确到整数次。并分别计算纵、横向的平均耐折度值，精确到两位小数。

二、MIT耐折度仪法测定纸和纸板的耐折度

国家标准GB/T 2679.5-1995"纸和纸板耐折度的测定（MIT耐折度仪法）"（eqv ISO 5626：1978）规定的测定纸和纸板耐折度的仪器为MIT耐折度仪。此标准适用于厚

度小于 1.00mm 的纸和纸板。

1. 测定仪器

MIT 耐折度仪由美国麻省理工学院研制，MIT 即为麻省理工学院的简称。此仪器是测定厚度在 1.00mm 以下的纸和纸板及其他片状材料耐折叠疲劳强度的仪器。它根据试样在特定张力条件下，被往复 135°折叠，并记录试样被折断时的最多折叠次数的要求设计而成，一般都采用了电子计数器，计数准确可靠。

（1）仪器结构

该仪器结构如图 2-13 所示，它主要由传动部分、夹头部分、计数器及控制部分组成。

①传动部分

由电机通过联轴器和蜗杆轴连接，经蜗轮蜗杆变速，减速到 175 转/分。再通过偏心轮滑块机构和装在滑板一侧的齿条，啮合摆动轴上的小齿轮，产生下夹头的左右摆动。其摆动次数为（175±10）次/分。

②夹头部分

上夹头部分：用左右旋螺丝推动钳口夹紧试样，以张力弹簧对试样施加张力。张力大小根据试验需要，由张力杆调节，其值由张力标尺指示出来。

下夹头部分：下夹头的宽度为（19±1）mm，折口的圆弧半径为（0.38±0.02）mm。下夹头的主要作用是夹持试样，并对试样进

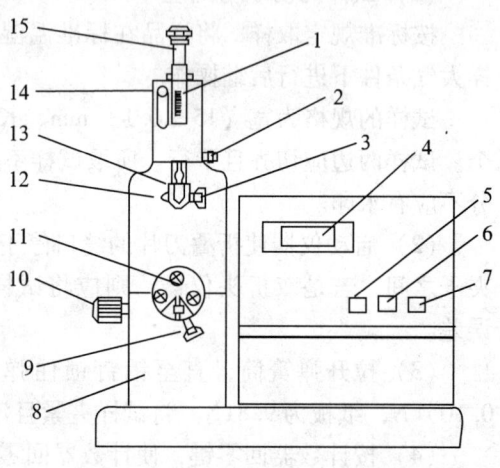

图 2-13 MIT 耐折度仪结构图
1—张力标尺；2—制动螺钉；3—上夹持手柄；
4—计数显示器；5—清零键；6—启动键；
7—停止键；8—下面板；9—下夹持手柄；
10—旋转钮；11—下夹头；12—调节螺钉；
13—上夹头；14—张力指针；15—张力杆

行反复折叠，旋动夹持手柄推动活动夹紧块，试样即被夹持在左右钳口之间，左右钳口间留有一定的间隙即夹缝，此间隙决定被夹持试样的最大厚度。下夹头夹缝的距离为 0.25mm、0.50mm、0.75mm、1.00mm。

③计数器

仪器壳体内安装一只干簧管，当仪器内部滑板上固定的永久磁铁块接近干簧管时，由于磁铁作用使干簧管发出计数脉冲信号，滑板往复运动一次，即计数一次。试样不断折叠，计数累积。当试样断裂时，上夹头上抬触动微动开关，电机线路被切断，折头停止摆动，计数同时终止，在计数器上保留了试样断裂时的折叠次数。

（2）工作原理

置试样于夹头间，在一定张力下，通过下夹头的左右摆动，使试样在一定角度内做往复折叠运动，随折叠次数的增加，试样的强度逐渐下降，至不能承受弹簧张力时即断裂，断裂时的折叠次数即为试样的耐折度。

（3）MIT 耐折度仪的维护与校准

①仪器的维护

经常用不掉毛的软织物擦拭折叠头圆弧处，以保持洁净。

②弹簧张力的校准

用质量为1kg的专用砝码放在张力杆上端的托帽上,张力杆被压下,调节指针对准张力标尺9.81N刻线,再分别用0.5kg、1.5kg的专用砝码校准4.91N和14.72N两个点,记下4.91N和14.72N处差值,以便使用时修正。

③弹簧张力杆摩擦力的校准

用加砝码的方法测定弹簧张力杆的摩擦。在9.81N或试验所需的负荷张力下,在托帽上加砝码,指针位移时的砝码质量表示摩擦力,不得大于25g(相当于0.245N)。

④折叠角度校准

将下夹头旋转到左右顶点位置,用角度尺测量其左右角度,均应在(135±2)°以内。

⑤折叠速度校准

开动仪器,在进行试样耐折度测定的同时,测定每分钟计数器上的指示值,双折叠次数应为(175±10)次/分。

⑥折叠头旋转偏心引起张力变化的校准

将适当厚度并具有一定强度的纸条夹于夹头上,与测定耐折度一样,应在9.81N张力或试验所需的张力,缓慢旋转折叠头整个一周,即一个往复,观察弹簧位移变化,精确到0.1mm,其位移变化所指示的力应小于0.343N。

2. MIT耐折度仪测定步骤

(1) 试样的处理与切取

按标准规定取样,将样品在标准温湿度条件下进行处理(见本章第一节),并在同样大气条件下进行后续操作。

试样的规格为宽(15±0.1)mm、长应不小于140mm。按纵、横向分别切取试样至少各10个。试样两边应切齐且平行。所取试样不应有褶子、皱纹或污点等纸病,试样折叠的部分不应有水印。

(2) 选择折叠弹簧张力

一般纸张常规测定选用9.81N的弹簧张力,纸板选用9.81N或14.72N的弹簧张力,对于耐折度小的试样也可根据要求采用4.91N弹簧张力。调节张力时,应压下张力杆到下极限位置,顺时针方向转一角度,调节到所需张力,用制动螺钉固定好。

(3) 根据试样厚度选择适当的下夹具即折叠夹头,并在固定的位置上装好。

(4) 转动下夹头,使上下夹头对正,将试样垂直夹入上下夹头内,并将固定螺丝拧紧。

(5) 松开控制弹簧张力的制动螺钉。观察弹簧张力指针是否在所需的张力位置上,如有位差再重新调整。将计数器复到零位。启动仪器,开始测试,当试样断裂时,读取计数器数值。

(6) 取下已折断的试样,进行下一试样的测定。纵横向试样各测至少10条。夹试样时应注意一半试样先向反面折,一半试样先向正面折。

3. 数据处理及结果计算

MIT耐折度仪测定的耐折度是纸和纸板往复135°的双折叠次数,以往复折叠的双次数或按以10为底的双折叠次数对数值表示。

计算结果对数值精确到二位小数,双折叠次数精确到整数位。

第八节 纸板戳穿强度测定

纸板的戳穿强度是指用一定形状的角锥穿透纸板所消耗的能量,单位以焦耳（J）表示。这个能量包括开始穿刺及使纸板撕裂弯折成孔所需的能量,以角锥总能量的损失来表示。戳穿强度与耐破度不同之处在于:戳穿强度是突然施加一个撞击力于纸板,并把纸板戳穿,模拟纸板受到突然冲击力时的强度性能,属于动态强度;耐破度则是均匀地施加力而把试样鼓破,属于静态强度。因此,对于纸板类包装材料,戳穿强度显得更有实际意义。

纸板戳穿强度的测定应符合国家标准GB/T 2679.7 – 2005 "纸板戳穿强度的测定"的有关规定。该标准适用于各种纸板,包括瓦楞纸板。

一、测定仪器

国家标准GB/T 2679.7 – 2005 "纸板戳穿强度的测定"中规定使用指针式戳穿强度测定仪测定纸板的戳穿强度。该仪器结构简单,操作方便,测量精确。对于新型的电子读数戳穿强度仪,除有关指针读数、调节和校准方面的内容,其他也应符合国家标准的规定。

1. 仪器结构

如图2 – 14所示,它主要由三脚支撑座、摆动装置、夹紧装置、指针及刻度盘等组成。仪器的底板应牢固地连接在坚固的基础上,在测定过程中不应产生振动和移动,以免损耗能量,且应保持水平。

（1）摆动装置

在仪器的上部固定件的回转中心安装有一个可以携带不同配重的摆臂,摆臂上固定一个90°圆弧状的摆杆。整个摆动装置的重量可以通过更换配重砝码来加以调整,以改变摆的冲击力,便于选择合适的测量范围,使测定结果在相应刻度最大值的20% ~ 80%之间。

（2）戳穿头

戳穿头安装在摆杆的下端,是一个正三角棱锥体形,各棱边长60mm,锥体高（25 ± 0.7）mm,棱边的圆角半径为1.0 ~ 1.6mm。

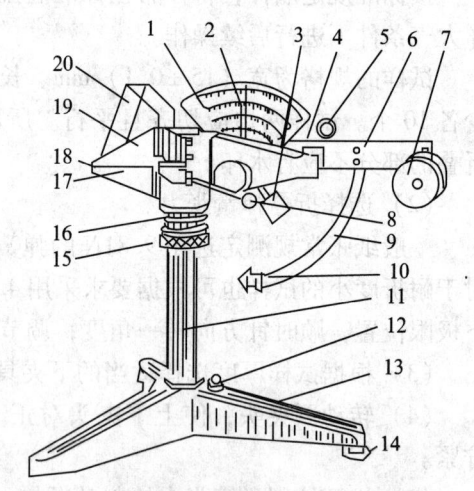

图2 – 14　指针式戳穿强度测定仪（BK – 52型）

1—刻度盘;2—指针;3—平衡器;4—固定器;
5—松释手柄;6—摆臂;7—配重砝码;8—夹板手柄;
9—摆杆;10—戳穿头;11—立柱;12—水平仪;
13—三脚支座;14—调节支脚;15—调节螺母;
16—压簧;17—下夹板;18—试样;
19—上夹板;20—防护罩

(3) 防摩擦套环

防摩擦套环安装于戳穿头后部，在戳穿头穿过纸板时脱离戳穿头，留在试样上保持试样开孔，以避免圆弧摆杆在穿过试样后受到摩擦而影响测试结果。当摩擦套环脱离戳穿头时，由于摩擦作用而损耗的能量是可测的，且可以通过调整环的松紧来改变。

(4) 夹紧装置

夹紧装置为两块水平装置的上下夹板，用于固定试样。两块夹板的有效面积不小于 $175mm \times 175mm$，夹板中央各有一个边长为 (100 ± 2) mm 的等边三角形孔，夹角圆弧半径为 3.0mm，上下夹板的两个孔应相互重合。

夹紧装置施加给试样的夹紧力在 250~1000N 范围内可以调整。若没有夹紧力指示装置，则使两夹板之间的压力夹住试样不松动即可。

(5) 刻度盘

刻度盘刻有 4 组以焦耳（J）为单位的刻度，其指示读数范围及相对应的测量精度为：0~6J，0.1J；0~12J，0.1J；0~24J，0.2J；0~48J，0.2J。不同的读数范围采用不同的配重砝码，以读取指针所指数据作为测定结果。指针轴的摩擦力应刚好能使指针平缓地移动，且没有甩动。

(6) 松释装置

松释装置包括固定装置、释放装置和保险装置。固定装置是将摆臂水平地吊挂在起始位置；释放装置能平稳自由地释放摆臂，且不给摆臂施加任何初始速度；保险装置能锁紧释放装置，使之不能随意操作，以防止摆臂意外脱落。

2. 测定原理

摆臂处于水平位置时具有势能，当摆臂释放时，用摆使三角锥形的戳穿头由势能变成动能穿破试样，该戳穿头冲击试样而使试样被戳穿。在穿透过程中，消耗的总能量为摆开始时的势能与运动结束时的势能之差，其值由指针在刻度盘上表示出来。

3. 仪器调节和校准

(1) 摆的平衡校准

首先调好仪器的水平，然后使摆的重心处于最低点，戳穿头的尖端与摆轴所在平面之间的距离应在 ±5 mm 范围内，否则应通过升降平衡砣调节。

(2) 指针零点调节

除去摆上的配重砝码，移开试样夹板，把摆置于起始位置，并将指针拨至最大值处，压下释放手柄，摆即摆动，这时指针应该指向零点，否则应用摆上的零点调节螺丝调节。如此反复数次，直至指针正好指向零点。在更换不同重量的配重砝码时，无须重新校对零点。

(3) 指针摩擦阻力的调节

零点调节后，保持指针放在零点不动，将摆置于起始位置，压下释放手柄，摆即摆动，并带动指针转动。这时指针不得超出零点外 3mm。否则在指针轴承上注油润滑或放松指针弹簧的压力予以调节。

(4) 摆轴摩擦阻力的校准

在不加任何配重砝码时，将摆从起始位置释放，让摆自由摆动至完全停止。其往复摆动的次数应不少于100次，否则应在摆轴的轴承上加润滑油。

在摆上加合适的配重砝码，将指针拨至满刻度，从起始位置释放摆，摆即摆动。此时指针所指的数值就是该配重砝码对应的摆轴摩擦阻力。反复测定5次，取其算术平均值，该值应不超过该配重砝码所对应最大刻度的1%。

（5）防摩擦环阻力的校准

在调节和校准完指针零点及摆轴摩擦阻力后，卸下摆臂上的配重砝码，将上、下夹板回复到正常工作状态。将一块中间开有边长为61mm等边三角形孔的铝板夹在上、下夹板之间，使铝板的三角形孔与试样压板的三角形孔对正。然后将防摩擦套环套在戳穿头的后部，并将指针拨至最大刻度，把摆置于起始位置。释放摆，戳穿头穿过铝板的三角形孔，而防摩擦套环则留在铝板上。此时刻度盘上的指针读数就是防摩擦套环的摩擦阻力。反复测定5次，取其算术平均值。该值应不大于0.25J，否则应调节三角形戳穿头上的三个顶球螺钉，以适当减小弹簧的压力；若该值太小，防摩擦套环在戳穿头的后部套得太松，会影响测定结果，则应适当增大戳穿头上的三个顶球螺钉的弹簧压力。

（6）摆体总力矩的校准

在摆体配重孔的后端，加一小轴，小轴的末端装一垂直向下的螺钉，把摆置于起始位置，螺钉下端顶在天平的一端（或顶在天平盘上），释放摆。在天平的另一端加砝码，直至摆体的上面平行，及天平达到平衡为止。摆的总力矩按式（2-30）计算：

$$摆的总力矩 = w \cdot h - w' \cdot h' \qquad (2-30)$$

式中：w——砝码重量；

h——摆轴轴心至联结螺钉的重心距离；

w'——联结螺钉的重量；

h'——摆轴轴心至联结螺钉的重心的距离。

二、测定步骤

1. 试样的处理与切取。

按标准规定取样，将样品在标准温湿度条件下进行处理（见本章第一节），并在同样大气条件下进行后续操作。

在处理后的每张样品中，切取不小于175mm×175mm尺寸的试样8张，标明纵、横向与正、反面。试样应平整，无机械加工痕迹和外力损伤。在任何情况下，戳穿试样应距样品边缘、折痕、画线或印刷部位不少于60mm。如果由于某种原因，用已印刷的纸板做试验，则应在试验报告中说明。

2. 检查仪器是否水平，摆固定装置是否牢固。释放装置、保险装置是否正常，有无其他安全隐患。

3. 调节摆和指针的实际摩擦力及零点位置。选择合适的配重砝码，使测定结果保持在相应刻度最大值的20%~80%范围内。将配重砝码安装在摆臂上，并将摆吊挂在起始位置，然后关上释放保险装置。

4. 将防摩擦套环套在三角形戳穿头的后部，并将指针拨到最大刻度位置。然后将试样夹在夹持装置上三角孔的正中间，用加压装置施加一定的压力，使试样在试验中不松动。有力值指示器的仪器加压至 250~1000N 之间。

5. 打开释放保险开关，轻轻打开释放手柄，摆体自由落下，戳穿头穿过试样。当摆体摆回来时，顺势用手接住摆臂或摆体手柄，慢慢提起摆并吊挂在起始位置，关上释放保险。从刻度盘中与配重砝码相对应的刻度读取指针所指的数值即为试样的戳穿强度。拨回指针，松开加压装置，取出已试验过的试样，进行下一个试验。试样应一半以纵向平行于摆的摆动面，一半以横向平行于摆的摆动面进行测定。纵、横向试样中应各一半正面向上，一半反面向上。

【注意】：仪器空载时，不得随意释放摆体，以免损坏试样夹具及摆杆。测定完毕后，应固定好摆体，并将保险手柄拨回。使用带防护罩的戳穿强度仪时，一定要将防护罩牢固地安装在仪器上，以免损伤人体。

三、数据处理及结果计算

以试样的纵向正面、纵向反面、横向正面及横向反面所有测定值的算术平均值报告测定结果，作为该试样的戳穿强度，单位为 J。若防摩擦套环阻力和摆轴摩擦阻力之和大于或等于测试值的 1%，则用测试值减去该阻力之和，作为该试样的戳穿强度。

报告结果时，计算结果数值小于 12J 时，精确到 0.1J；大于 12J 时，精确到 0.2J。

第九节 纸和纸板挺度的测定

挺度是衡量纸和纸板抵抗弯曲的强度性能，也表明纸和纸板柔软或挺硬的性质。纸和纸板的挺度是指在标准条件下，弯曲一端夹紧的规定尺寸的试样至 15°角时的力或力矩。以 mN 或 mN·m 来表示。

一般来说，纸和纸板常常被加工成包装用的纸盒以及各种以卡片形式使用的卡纸、月票纸板等产品，需要有较好的挺度来保证在使用过程中不至于变形或被破坏。纸箱、纸盒的刚度反映其抵抗变形的能力，它主要取决于制作纸箱、纸盒的纸和纸板的挺度。若纸箱、纸盒受压缩载荷或装满物品后抗弯能力不足，很容易变形，甚至破裂。所以挺度是纸和纸板特别是纸板的一项重要的强度指标。

厚度是影响挺度的最重要的因素，在理论上纸和纸板的挺度与厚度的三次方成正比。如果紧度保持一定时，挺度的增加与厚度的三次方成正比；在定量保持一定时，挺度的增加与厚度的二次方成正比；在厚度一定时，挺度与紧度成正比。纸板的挺度也随原料和制浆方法的不同而异，浆料的组成及纸浆的处理情况对纸和纸板的挺度也有影响，如浆料中短纤维比长纤维多或半纤维素含量高或打浆度高或淀粉及其他助剂含量增加，都可以使挺度增加。因此，在浆料中加入一定量草浆的纸和纸板，其挺度都较好。另外，湿度对挺度的影响很大，纸和纸板中水分增加后，其挺度会直线下降。

测定纸和纸板挺度的方法和仪器很多，国际上常用的主要有：泰伯（Taber）式挺度仪、克拉克（Clark）式挺度仪、葛尔莱（Gurley）式挺度仪、卧式挺度仪（瑞典 L&W 公司产）、共振式挺度仪（法国产）等。各种方法和仪器的原理和适用范围有所不同：泰伯式挺度仪是以弯曲38mm宽的试样至15°或7.5°时的弯矩来表示挺度，主要用于测定厚纸和薄纸板的挺度；克拉克式挺度仪是以试样受自重作用的弯曲程度来表示挺度，主要用于测定纸张的挺度；葛尔莱式挺度仪是以试样弯曲到一定程度所需的最大弯曲力来表示挺度，主要用于纸张的测定，也可用于薄纸板；瑞典L&W公司的卧式挺度仪是以弯曲38mm宽的试样至15°或其他角度时所受的力表示挺度，既可用于纸的测定，也可用于纸板挺度的测定，但是它测定纸和纸板时的弯曲距离不同，测定纸张时的弯曲距离是10mm，测定纸板时的弯曲距离为50mm；法国的共振式挺度仪是以试样达到共振产生最大振幅时试样的长度经计算而得到挺度值，可用于测定纸和纸板的挺度。

纸和纸板挺度的测定应符合国家标准GB/T 2679.3 – 1996 "纸和纸板挺度的测定"（eqv ISO 2493：1992）的有关规定。此标准适用范围一般为20~10000mN（折合弯曲力矩为2~1000 mN·m）的纸和纸板，也适用于某些挺度较高的材料。但不适用于瓦楞纸板挺度的测定。国家标准还规定了泰伯式挺度仪和瑞典L&W公司的卧式挺度仪为符合要求的测定仪器。

一、泰伯式挺度仪测定法

在纸和纸板挺度的测定方法中，泰伯式挺度仪测定法由于操作方便，计算简单，在国际上日趋标准化，目前在国内也是最常用的一种，主要用于纸板挺度的测定。

1. 测定仪器

（1）仪器结构

泰伯式挺度测定仪的结构如图2 – 15所示。它主要由传动和测量两部分组成。传动部分主要由微型电机、齿轮系统组成。测量部分主要由负荷刻度盘、角度刻度盘、摆、推纸辊、砝码、夹具等组成。

负荷刻度盘是按正弦函数关系刻制，代表力矩的正弦函数关系，刻度是按1mm宽试样、10g砝码刻的，指示出弯曲力矩。角度刻度盘随主轴一起转动，上部边缘有7.5°、15°角度刻线，下部装有推纸架，推纸架上装有两个推纸圆辊，圆辊的直径是(8.60±0.05) mm，两圆辊的间距可以调节，两圆辊中心连线到旋转中心的垂直距离是50mm。角度刻度盘旋转时，推纸架与之一起转动，推纸圆辊推动试样，给试样一个弯曲力，产生弯曲力矩。角度刻

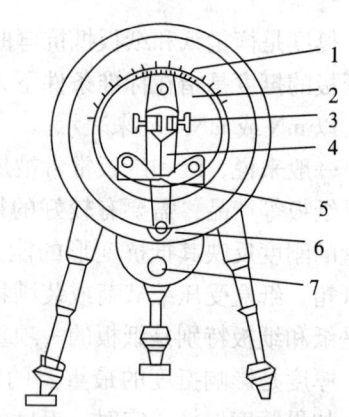

图2 – 15 泰伯式挺度测定仪
1—负荷刻度盘；2—角度刻度盘；3—夹具；4—摆；5—推纸辊；6—砝码；7—开关

度盘的转动速度是每分钟转动（200±20）°。夹具钳口下边缘直线应与旋转中心重合，从旋转中心到下部砝码中心距离是100mm。夹具装在负荷摆上，上部有平衡砣，下部有一个小轴，其在平时取下，代替一级砝码。小轴上可装多种不同的负荷砝码。摆在轴上可以自由转动，摆的力臂长为（100±0.1）mm。

（2）测定原理

该仪器是根据力矩对转轴中心平衡的原理设计的，如图 2-16 所示。仪器未开动之前，试样未受弯力矩作用，摆由于砝码重力的作用处于垂直位置。当仪器的角度刻度盘旋转时，通过推纸架上的小圆辊，试样在垂直方向上的力 F 作用下绕中心点弯转，当小圆辊从 C 转至 C' 位置时，试样被弯曲一定的角度 α，与此同时，试样将弯曲力传递到仪器的摆上，使摆也绕中心点偏转一定的角度，从 A 到 A'，当角度刻度盘不再继续旋转时，试样处于平衡力矩状态，即式（2-31）所示：

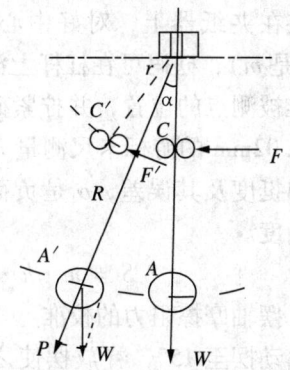

图 2-16 泰伯式挺度测定仪工作原理

$$F \cdot r = W \cdot R \cdot \sin\alpha \quad (2-31)$$

当试样弯曲到规定角度时，挺度 S 等于所受弯矩，即式（2-32）所示：

$$S = W \cdot R \cdot \sin\alpha \quad (2-32)$$

式中：S——试样的挺度，$g \cdot cm$；

R——摆的摆动中心到重砣中心的距离，cm；

W——砝码的重量，g。

泰伯式挺度测定仪可以根据试样挺度的大小选择不同的负荷砝码，以使测定时刻度盘上的读数在 20~70 之间。在计算试样挺度时需要不同质量的负荷砝码的换算系数，如表 2-5 所示。

表 2-5 挺度不同测量范围的砝码质量及换算系数

测量范围	砝码编号	砝码质量/g	换算系数 k
0~5mN·m	1	5.098	0.05
0~10mN·m	2	10.197	0.10
0~20mN·m	3	20.394	0.20
0~50mN·m	4	50.985	0.50
0~100mN·m	5	101.97	1.00
0~200mN·m	6	203.94	2.00
0~500mN·m	7	509.85	5.00

（3）仪器的校准

①将仪器调节至水平，再调节角度刻度盘，使摆的中心刻度线、角度刻度盘的零点以及负荷刻度盘的零点重合。

②负荷刻度盘精度校准

负荷刻度盘的精度要求在最大负荷的 10%~90% 范围内不超过 3%，校准方法是用专用测力杠杆进行标定。如图 2-17 所示，将专用测力杠杆夹在夹纸器上，对好中心线，在杠杆一侧加砝码（质量是 m），砝码可在杠杆上滑移。滑移砝码使摆的零线对准被测点的位置，并拧紧砝码上的顶丝。然后用精度是 0.02mm 的游标卡尺测量 h 的距离，由式 (2-33) 计算出挺度及其误差，α 是负荷刻度盘某一刻度所对应的分角度。

$$S = m \cdot h \cdot \cos\alpha \qquad (2-33)$$

③摆轴摩擦阻力的校准

移动摆至 15°，释放摆使之自由摆动，其往返摆动次数不应少于 20 次。否则应查找原因。

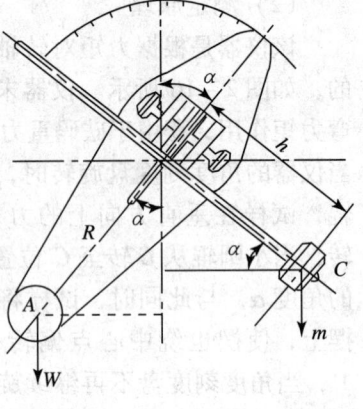

图 2-17 专用测力杠杆原理图

④角度盘转动速度校准

用秒表测试，打开仪器开关的同时按下秒表计时。角度盘转速应是 (200 ± 20)°/min。

2. 测定步骤

（1）试样的处理与切取。

按标准规定取样，将样品在标准温湿度条件下进行处理（见本章第一节），并在同样大气条件下进行后继操作。

准确切取长 70mm，宽 (38±0.2) mm 的试样，标明纵、横向。测定纵、横向挺度时，与试样长向一致的方向为测试方向。若所用仪器只能向一个侧面弯曲，每个方向不少于 10 个试样。如果仪器能向两个侧面弯曲，则每个方向至少各需 5 个试样。在试样的试验面上，不应有褶子、皱纹、肉眼可见的损伤或其他缺陷。如果有水印应在报告中注明。在测试前，避免用手接触试样的测试部位。

（2）将试样的一端垂直地夹入夹具内，试样的另一端插在仪器下面推纸架的两个小圆辊之间。用小圆辊调距装置将试样下端与推纸辊之间的距离调节至 (0.33±0.03) mm（否则应更换适当直径的小辊），用固定螺丝将试样固定，注意要使试样与摆的中心刻线重合。

（3）按试样挺度大小的不同，通过更换适当的配重砝码来选择测定范围，使测定时负荷刻度盘上的读数在 20~70 之间。

（4）启动开关，弯曲试样至摆的中心线与刻度盘上的 15°线重合时，立即关闭开关，记下摆的中心线所指的负荷刻度盘读数，精确至半个分度。分别向左右两个方向进行测试，即分别测定试样向正面弯曲 15°和向反面弯曲 15°的读数。如果试样挺度太大或弯曲至 15°时折断，可以弯曲至 7.5°角，测定结果要乘以 2，作为一个近似值，但应在报告中注明。

3. 数据处理及结果计算

计算纵、横向所有测定结果的算术平均值，并按式 (2-34) 计算试样挺度，计算结果取三位有效数字。

$$S = G \cdot k \qquad (2-34)$$

式中：S——挺度，mN·m；
　　　G——试样左右弯曲至 15°时的读数平均值；
　　　k——所用测定范围的换算系数（可从表 2–5 中查得）。

二、L&W 卧式挺度仪测定法

L&W 卧式挺度仪测定法是将 38mm 宽的直立夹持的试样弯曲 15°或 7.5°，测定其所受的弯曲阻力来表示挺度，以 mN 计。L&W 卧式挺度仪器法既可用于纸张挺度的测定，又适用于纸板挺度的测定，但是，其测定纸张与纸板时的弯曲距离不同，测定纸张时的弯曲距离是 10mm，测定纸板时的弯曲距离是 50mm。

1. 测定仪器

瑞典 L&W 公司制造的卧式挺度仪适用于测定纸和纸板的挺度和抗弯曲力。

（1）仪器结果及工作原理

L&W 卧式挺度仪主要包括试样夹持器、测力传感器、显示屏和电子控制电路。结构如图 2–18 所示，试样夹持器夹口宽为（38.0 ± 0.1）mm，夹持面以（90 ± 0.1）°直立，并能在 5°~30°全程范围内以（5 ± 0.1）°恒速转动。试样夹持器下部装有可调节转动一定角度的微电机。刀口式测力传感器装在一个可用螺钉调节刀口到夹持器夹口边缘距离（试样弯曲长度）的支架上，刀口同时也以垂直于试样的方向以（90 ± 0.1）°直立安装，可调节试样弯曲长度的范围是：1mm，5mm，10mm，15mm，20mm，25mm，50mm。测力传感器的量程为 0 ~ 5000mN，示值精度小于 1%。测力传感器用导线连接到仪器面板的传感器接口上。转动角度可用转角调节器进行调节。装好试样后，调节刀口位置旋钮使刀口与试样接触。当接通电源，调整好仪器，按下开始工作按钮时，夹持器就会带动试样转动规定的角度，试样的转动力矩（挺度）经过测力传感器传给电子处理器，经变换后在显示器上显示出试样的挺度。仪器配有输出接口，可以连接打印机或计算机，打印测量结果或进行数据处理。

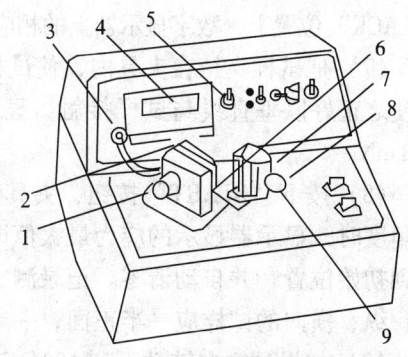

图 2–18　L&W 卧式挺度仪（16D 型）
1—刀口调节旋钮；2—调节螺钉；3—传感器接口；
4—显示器；5—电源开关；6—传感器刀口；
7—试样夹持器；8—弯曲角度调节器；
9—试样夹紧旋钮

（2）仪器的校准

调节试样夹持器到初始位置，功能选择在"OP"位置，并用旋钮调零，使显示屏显示数值为零。然后将功能选择器置于"CHECK"，示值要求偏差在 ±1% 内。若功能选择器置于"CHECK"位置时的偏差大于 ±1%，可通过电位器调节显示器上的显示值，直到满足要求为止。

2. 测定步骤

（1）按标准规定取样，将样品在标准温湿度条件下进行处理（见本章第一节），并在同样大气条件下进行后继操作。

准确切取长 70mm，宽（38±0.2）mm 的试样，标明纵、横向。测定纵、横向挺度时，与试样长向一致的方向为测试方向。每个方向各 10 个试样。在试样的试验面上，不应有皱纹、肉眼可见的损伤或其他缺陷。如果有水印应在报告中注明。在测试前，避免用手接触试样的测试部位。

（2）检查仪器的测力传感器安装和连接是否正确。

（3）打开仪器的电源开关，使仪器预热 30min 后，旋转测力传感器托架上端的两颗滚花螺钉，将弯曲长度（夹头与测力传感器刀口间的距离）调节到测定所需值。测定纸张时的弯曲长度是 10mm，测定纸板时的弯曲长度是 50mm。

（4）旋转弯曲角度调节器上的滚花螺母，选择所需的弯曲角度，如 7.5°、15°。

（5）旋转测力传感器托架上的刀口调节旋钮，将刀口移到后端以方便安装试样。

（6）选择表示结果的单位为 mN·m。将功能选择器置于"OP"位置，"FORW – REV"按键应被弹出。用调节旋钮"BAL"调节测试系统到零位。将功能选择器置于"CLACK"位置上，数字显示器上的相应值为校对值，误差不应大于给出的校对值的±1%。

（7）把试样夹持在夹具内，使试样的长端正好水平。小心调节测力传感器刀口的位置使之正好以垂直线与试样接触，显示器的显示值仍为零或显示器有反应但数值不大于 1mN。

（8）按下"START"按钮，夹具带着试样朝刀口方向转动规定的角度，在转动到最大角度时，显示器显示的应为最大值即为试样的挺度。试样夹在转动到最大角度自动返回到初始位置，并自动清零。记录测定结果，进行下一试样的测定。每个试样只能测一次，纵、横向的试样应一半正面，一半反面对向刀口方向。

（9）如果试样在转动不到 15°角就出现了最大值，则说明试样断裂。试样挺度过大或弯曲到 15°角时断裂，则可弯曲试样至 7.5°角，测定结果乘以 2 可以得到一个近似值，但应在报告中注明。

3. 数据处理及结果计算

计算纵、横向所有测定结果的算术平均值为试样的挺度，以 mN·m 为单位，计算结果取三位有效数字。

第十节 纸和纸板环压强度测定

压缩强度是指纸和纸板等材料受压后至压溃时所能承受的最大压力。由于大多数包装箱在运输和存储过程中，往往需要多层堆放或叠放，构成纸箱的纸板会承受一定的压力，为了保证被包装物不受损坏，制成包装箱的材料就必须具有足够的抗压强度。纸箱抗压强度的大小主要取决于其组成材料的抗压性能，所以压缩强度是箱板纸、瓦楞纸板、瓦楞原纸等包装纸板的重要物理指标。影响纸和纸板的压缩强度的因素很多，如纸板含水量、定量、样品的规格、浆料的组成及处理情况等。

纸和纸板压缩强度主要有三种评价方法，即环压强度（英文缩写 RCT）、瓦楞纸芯抗平压强度（英文缩写 CMT）及瓦楞纸板抗边压强度（英文缩写 ECT）。这里只介绍纸和纸板的环压强度，瓦楞纸芯抗平压强度和瓦楞纸板抗边压强度的测定在"瓦楞纸板性能检测"一章中详细介绍。

纸和纸板的环压强度是指一定尺寸的环形试样在一定的加压速度下试样边缘平行受压，当压力增大至试样压溃时所能承受的最大压力，以 kN/m 表示。

纸和纸板环压强度的测定应符合国家标准 GB/T 2679.8 – 1995"纸和纸板环压强度的测定"（eqv ISO/DIS 12192）的有关规定。此标准适用于厚度在 0.28～0.51mm 范围制造纸箱和纸盒的纸和纸板，也可用于厚度在 0.15～1.00mm 之间的纸和纸板。

一、测定仪器

1. 切样仪器

纸和纸板环压强度的测定对试样的尺寸精度要求较高，所以要使用专用的试样取样器即环压专用取样器。此取样器是纸和纸板环压强度试验（RCT）和瓦楞芯纸平压强度试验（CMT）必备的高精度专用取样器，环压专用取样器结构如图 2 – 19 所示。冲切试样厚度范围为 0.1～1.0mm，冲切试样的尺寸与精度为 $125_{0.25}$mm × $12.7_{0.025}$mm，长边的平行度误差小于 0.015mm。

2. 压缩强度仪

纸和纸板环压强度的测定使用的仪器主要是压缩强度仪及其附件，该仪器有两种形式，一种为弹簧板式，一种为传感器感应式。目前我国常使用的主要是前一种即弹簧板式。

（1）仪器结构

①弹簧板式压缩强度仪的结构如图 2 – 20 所示。压缩强度仪主要由传动和测量两部分组成。传动部分包括蜗杆、蜗轮、链轮、丝杆等元件，测量部分包括弹簧测力板、千分表、上压板和下压板等元件。

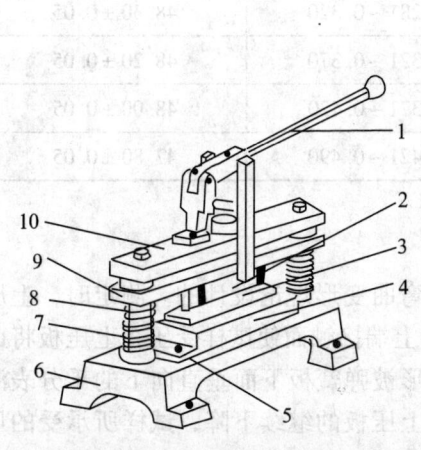

图 2 – 19 环压测定专用取样器
1—操作手柄；2—上切块；3—压板；4—下刀；
5—定位块；6—底座；7—立柱；8—弹簧；
9—活动梁；10—固定梁

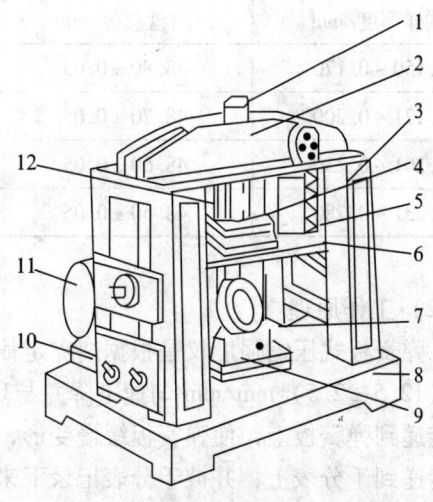

图 2 – 20 弹簧板式环压强度测定仪
1—丝杆；2—上盖；3—立杆；4—上压板；5—弹簧板梁；
6—下压板；7—千分表测量杆；8—底座；9—千分表；
10—开关；11—电机；12—传动链条

②传感器感应式压缩强度仪的结构如图 2-21 所示。其传动部分和弹簧板式压缩强度仪基本相同,测量部分主要由传感器、电子线路和压力值显示器组成。

③试样座是装夹、固定试样的一个装置,其结构如图 2-22 所示。它由外盘和内盘组成。在外盘槽壁切线方向加工有宽度不大于 1.25mm 的试样插缝。试样插入试样座的外盘和内盘之间,形成圆环形试样。试样座配有多个不同直径的内盘,使得试样座放入不同的内盘所产生的夹缝适应不同厚度的试样,内盘规格及相适应的试样厚度如表 2-6 所示。

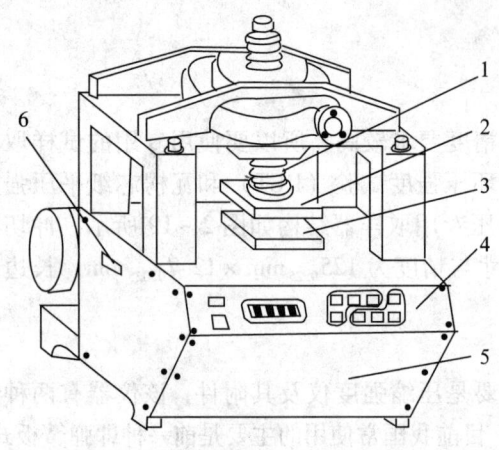

图 2-21 传感器感应式压缩强度仪
1—丝杠;2—上压板;3—下压板;4—操作面板;
5—机体;6—打印机接口

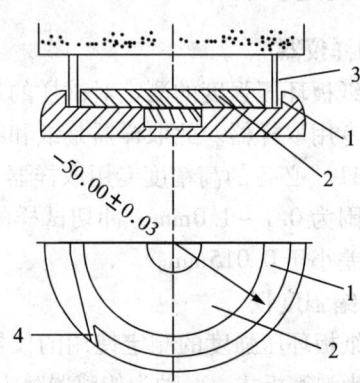

图 2-22 环压强度仪试样座
1—环形沟槽;2—内盘;3—试样;4—试样插口

表 2-6 试样座内盘直径选择表

试样厚度/mm	内盘直径/mm	试样厚度/mm	内盘直径/mm
0.150~0.170	48.80±0.05	0.281~0.320	48.30±0.05
0.171~0.200	48.70±0.05	0.321~0.370	48.20±0.05
0.201~0.230	48.60±0.05	0.371~0.420	48.00±0.05
0.231~0.280	48.50±0.05	0.421~0.490	47.80±0.05

(2) 工作原理

①弹簧板式压缩强度仪是根据胡克定律及梁的弯曲变形理论设计的。测定时,上压板以 (12.5±2.5) mm/min 匀速下降并与环形试样上端接触而使试样受压,上压板将此压力传递到弹簧板上,使弹簧板缓慢变形,这一变形被弹簧板下面垂直向下的千分表测量杆传递到千分表上,并被千分表记录下来。随着上压板的继续下降,试样所承受的压力逐步增加,弹簧板的变形也逐步增大。当试样所受压力达到极限值而被压溃时,弹簧板变形的力(试样所承受的力)及千分表指示值都达到最大值。然后,通过压力—变形之间的线性关系图查出某一变形量所对应的压力值,该数值即为试样的环压强度。加荷速度为 (110±23) N/s。仪器的适用范围为弹簧板最大量程的 20%~80%。测力准确度

为示值的1%。使用该型仪器应在报告中注明，并不得用于仲裁测定。

②传感器感应式压缩强度仪在测定时，上压板给试样施加压力。安装在下压板下面的压力传感器将压力信号传给电子线路，经变换放大后显示在压力值显示器上，并可经打印机输出口输出打印结果。

(3) 仪器的校准

①上、下压板的平行度校准　用内径百分表测量上、下压板四角之间的距离。其最大值与最小值之差除以压板边长尺寸即为两板间平行度偏差，应不大于1:2000。

②压缩仪准确度的校准　用精度为千分之一的电子校压仪在仪器上实测。将校压仪的传感器（带座）置于压缩仪上、下压板中间，驱动压板直接对传感器施加压力，观察校压仪表头，当达到预定值时，停止施压。分别读取压缩仪及校压仪的指示值，再查出相应的力值。在压缩仪满量程的20%~80%范围内均匀选定5个测试点，按进程每点重复测试3次，以校压值的力值为依据，按式（2-35）计算误差ΔA。ΔA不超过±1%。

$$\Delta A = \frac{F_1 - F_{a1}}{F_{a1}} \times 100\% \qquad (2-35)$$

式中：ΔA——力值的相对误差，%；

　　　F_1——压缩仪显示的3次力值的平均值，N；

　　　F_{a1}——校压仪显示的3次力值的平均值，N。

二、测试步骤

1. 按标准规定取样，将样品在标准温湿度条件下进行处理（见本章第一节），并在同样大气条件下进行后继操作。

将处理过的样品用一般切刀切取合适的尺寸，并严格按纵横向切出一条导向定位基准边。将基准边靠在环压测定专用取样器的定位块的垂直面上，一手推动试样纸，另一手按动操作手柄，即可连续冲切出标准尺寸的试样条。冲出的试样条由底座下面取出。试样的规格为宽（12.70±0.1）mm、长（152.0±0.2）mm。纵向和横向的试样各10条。试样边缘不许有毛边或影响测定结果的其他缺陷。试样长边垂直于纵向的用以测定纵向环压，试样长边平行于纵向的用以测定横向环压，并在厚度仪上测定试样的厚度。

2. 按试样的厚度选择适当直径的内盘，从试样座的试样入口轻轻插入试样，并使试样的下边与沟槽的底部完全接触。注意插入时要使纵向和横向的试样条一半正面向内，一半向外。

3. 调节指针至零位。将装好的试样座放在下压板的中心位置上，并使试样两端的接口应统一朝向操作者。

4. 开动仪器，使上压板向下移动，直至试样被压溃。停止仪器，然后使电机反转，提起上压板。弹簧板式压缩仪记录千分表上指示的数值（弹簧板的最大变形量），精确至0.01mm，然后从弹簧板的应力—应变曲线上查出压力值，精确到1N。从试样座中取出被压溃的试样，插入另一条试样，进行下一个试验。

对于传感器感应式压缩强度仪，试样被压溃后，停止仪器，然后反转电机使上压板返回原位，记录显示器的读数，即为环压强度。精确到1N。

【注意】：试验中均需用带手套的手接触试样。

三、数据处理及结果计算

1. 环压强度

计算纵、横向压力值的算术平均值。试样的环压强度按式（2-36）计算。

$$R = \frac{F}{152} \quad (2-36)$$

式中：R——环压强度，kN/m；
F——压溃试样力的平均值，N；
152——试样长度，mm。

结果精确至 0.01kN/m。

2. 环压强度指数

环压强度指数按式（2-37）计算。

$$R_d = \frac{1000R}{g} \quad (2-37)$$

式中：R_d——环压强度指数，N·m/g；
R——环压强度，kN/m；
g——定量，g/m²。

结果精确至 0.1N·m/g。

小　结

本章主要讲述了与包装用纸和纸板密切相关的纸及纸板的各项机械强度特性的测定方法，对于各方法的原理、仪器的校准等要重点掌握。至于纸及纸板的光学特性、表面性能和印刷性能等的测定本书不作介绍。

思考与练习

一、名词解释

定量　抗张强度　伸长率　撕裂强度　耐折度　戳穿强度　挺度　环压强度

二、简答题

1. 比较和分析抗张强度、伸长率、抗张能量吸收三者的纵、横向值的高低？为什么说抗张能量吸收是一项强韧性、偏韧性的指标？影响纸和纸板抗张强度的因素有哪些？
2. 什么是裂断长？如何计算（纵）裂断长、抗张指数？
3. 两种抗张强度测定仪和测定法有何不同？
4. 比较同质纸张纵、横向撕裂度大小，说明纸的方向性对 MD 和 CD 撕裂度的影响？
5. 说明同质纸张打浆度对撕裂度的影响？
6. 如何根据材质选择撕裂度仪的量程？仪器没有达到水平对撕裂度测定数据有何

影响？

7. 撕裂度测定过程中，在调整好指针摩擦力后应否重新调整指针对零？分析产生仪器误差的主要方面有哪些？

8. 分析耐破度的主要误差来源？

9. 分析耐破度对瓦楞纸箱的质量性能有什么影响？

10. 测试纸和纸板的耐破度仪和测试瓦楞纸板的耐破度仪有什么区别？

11. 两种耐折度仪和测定法有何不同？

12. 比较同质纸样纵、横向耐折度的高低。指出一般纸板的 MD 值高于 CD 值的原因？

13. 在纸及纸板的一般力学性能中，为什么温、湿度的变化对耐折度的影响最大？

14. 如何校准戳穿强度仪，在戳穿强度测定中应注意什么？

15. 求白纸板挺度的纵、横比值（根据测试值）。指出白纸板挺度纵、横比值较大的原因。

16. 在测量挺度过程中要注意哪几个方面才能减少误差？

17. 在测量挺度过程中如何调整仪器零点？调整过程中要注意什么？分析产生仪器误差的主要方面有哪些？

18. 纸板正、反面对箱纸板环压强度值的影响？

19. 环压强度试样的几何尺寸有什么要求？取样有什么要求？如何制备环压强度试样？

20. 环压强度试验试样座放入上下压板之间时，其位置应注意什么？

21. 分析影响环压强度的因素有哪些？

第三章 瓦楞纸板性能检测

瓦楞纸板由瓦楞原纸加工而成。首先把原纸加工成瓦楞状,然后用黏合剂从两面将表层黏合起来,纸板中层呈空心结构,这样使瓦楞纸板具有较高的强度。它的耐压、耐破度、硬度等性能都比一般纸板要高,由它制成的纸箱也比较坚挺,更有利于保护所包装的产品。

瓦楞原纸又叫瓦楞芯纸、瓦楞纸等,是一种低定量的薄轻纸板,其定量一般在112~200g/m² 之间,主要用途是被压制成瓦楞形状,作为瓦楞芯纸,制成瓦楞纸板。瓦楞原纸一般用磨木浆、半化学浆、草浆、废纸浆等抄造,也有用混合浆料抄造的。在这些浆料中,以磨木浆和半化学浆生产的原纸为最好,其纤维素含量高、物理强度大。国内的瓦楞原纸,大多以草浆为主,配用部分化学浆或废纸浆,有些则全用草浆或废纸浆。在定量相同时,半化学浆制成的原纸,抗压性能高一倍。内销的瓦楞纸箱,其芯纸多以草浆为原料,故各项性能指标较低。

目前用于包装商品的纸板约占纸板总量的85%~90%,其中瓦楞纸板是应用十分广泛的材料,其相关的物理性能对于瓦楞纸箱的实际应用具有重要影响。本章在了解瓦楞原纸及瓦楞纸板的定义、结构等基础上,对瓦楞原纸及瓦楞纸板的各项性能测试原理,测试仪器,仪器的使用以及测试步骤等进行详细介绍。

第一节 瓦楞原纸平压强度测定

瓦楞原纸的主要作用是当瓦楞纸板受压变形时能保持纸板具有一定厚度,从而使纸板获得较大的惯性矩,瓦楞原纸要起的这个作用与它在单面机上制成的瓦楞的可靠性能密切相关。瓦楞原纸要能承受得起应力和应变的作用,在高速起楞时能形成均一的等高瓦楞,并能牢固地与瓦楞面纸黏合。瓦楞原纸的这个性能可用瓦楞原纸的平压强度来衡量。瓦楞原纸平压强度的测定是在一定温度和一定压力下,将瓦楞原纸在一定齿形的槽纹仪上,压成一定形状的瓦楞,然后在压缩强度仪上测定瓦楞所能承受的力,以牛顿(N)表示(也称CMT瓦楞原纸试验)。国标 GB/T 2679.6—1996 "瓦楞原纸平压强度的测定"对瓦楞原纸平压强度的测定方法进行了规定。

一、试验原理

一定规格的试样在槽纹仪上起楞后,用胶带粘成单面瓦楞,在压缩仪上进行压缩,直至瓦楞压溃,测定其平压强度。测定示意图如图 3-1 所示。

二、测定仪器

1. 槽纹仪

该仪器用于将瓦楞原纸压成一定形状的瓦楞，它包括有两个 A 形槽纹压楞辊，辊厚为 (16±1) mm，辊外径为 (228.5±0.5) mm，每个辊上有 84 个齿，齿高为 (4.75±0.05) mm，两辊间的压力

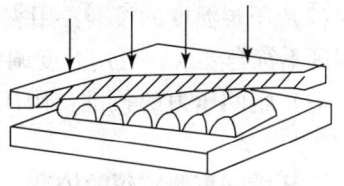

图 3-1 瓦楞纸板平压强度测定示意图

控制在 (100±10) N 内。辊的下面设有加热设备，由热电偶控制温度在 (175±8)℃。如图 3-2 所示。

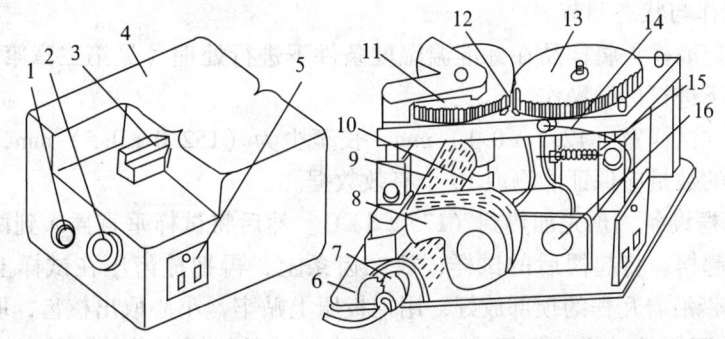

图 3-2 WAG 型瓦楞芯槽纹仪

1—电源插座；2—风孔；3—试样导入器；4—仪器罩；5—开关；6—底板；7—导线；
8—冷却风机；9—风管；10—主动轴；11—主动辊轮；12—试样导槽；13—被动辊轮；
14—加热板；15—被动辊轮调压弹簧；16—温度调节器

2. 齿形梳子

有一个相当齿轮形状的齿条，宽度至少为 19mm，有 9 个齿，10 个谷，齿间距离为 (8.5±0.05) mm，齿高为 (4.75±0.05) mm，用于压楞后放置试样。

3. 压缩强度测定仪

压缩强度测定仪采用弹簧板式压缩强度仪，压缩强度仪主要由传动和测量两部分组成。传动部分包括蜗杆、蜗轮、链轮、丝杆等元件，测量部分包括弹簧测力板、千分表、上压板和下压板等元件。具体内容参见第二章，第十节"一、测定仪器"内容。

4. 附件

一块宽至少 19mm，高 (2.4±0.1) mm，有 10 个梳齿的梳板；一块 150mm×250mm×0.8mm 的铜板或者钢板；宽至少为 16mm 的胶带一条。

三、仪器校准

1. 楞纹仪的校准

（1）齿形吻合均匀性的校准：在仪器达到 175℃时，用定量约 100g/m² 的白纸两张中间夹一张复写纸，将纸切成 12.7mm 宽的纸条，送入压辊的中间，加压使纸条产生一条压痕，由压痕的深浅判断齿形吻合是否均匀。若压痕线分布不均匀，应检查辊轮轴承间隙以及加热板与辊轮的接触情况等。

（2）压辊温度的校准：用表面温度计测量，测时离辊越近越好，同时辊在转动。如果温度不符合要求，可用温度调节器进行调节。

（3）辊间压力的校准：用压力计进行测定，所指示的力任何值的最大误差应不超过1%。

2. 压缩强度测定仪的校准

压缩强度测定仪的校准同第二章、第十节"一、测定仪器"中的仪器校准部分的内容。

四、测试步骤

1. 试样制作与状态调节。

按标准规定取样，将样品在标准温湿度条件下进行处理（见第二章第一节），并在同样大气条件下进行后继操作。

切取试样，试样宽（12.7±0.1）mm，长至少为（152.0±0.5）mm，长边为试样的纵向。试样的数量应保证能测取10个有效数据。

2. 开动压楞设备，预先加热到（175±8）℃。然后将试样垂直插入到两个辊子间的间隙，使试样起楞。将起楞后的试样，放在齿条上，再把梳齿压在试样上，用一条约120mm长的胶带沿着瓦楞的顶部放好，用钢板压上贴牢，小心取出梳齿，取下试样，从而产生有10个瓦楞的试样。根据产品标准要求，并进行标准条件下的温湿处理，再进行压缩试验。如果试样起楞后立即进行压缩，从压楞到施加压力的时间要小于15s；如果试样起楞后进行温湿处理，在23℃、50%相对湿度下处理30min或在20℃、65%相对湿度下处理60min。

3. 进行压缩试验时，将试样放在压缩强度测定仪下压板的中间，未带胶带的面向上，然后开始压缩，读取试样完全压溃时所承受的最大力，该力值即为试样的平压强度，单位是N。

4. 如果压缩过程中，发现试样偏斜或试样有一点与胶带脱开，即舍弃该结果。

五、数据处理及结果计算

测取10个有效数据，以其算术平均值表示测定结果，并报告最大值和最小值。计算结果精确至1N。

可采用下列形式表示测定结果：

$CMT_0 = 350N$

$CMT_{30} = 250N$

这里 CMT 表示瓦楞原纸试验，而下标表示从起楞到压缩之间的时间，以分钟表示。

六、影响因素分析

1. 瓦楞原纸的纤维性能与质量的影响

瓦楞原纸包括高强瓦楞原纸和普通瓦楞原纸，其原纸的纤维性能与质量各不相同，不同的纤维性能与质量影响原纸的质量，从而影响到瓦楞原纸的平压强度。

2. 瓦楞原纸纤维结构的影响

原纸纤维结构主要是原纸生产中原生浆与再生浆、木浆纤维与草浆纤维的配比。例如：全木浆牛皮卡纸，大多数是采用针叶木与阔叶木浆混合生产或常生林木浆与速生林木浆混合生产。木浆的配比不同其原纸的物理性能也就有所差异。

3. 瓦楞原纸纤维分布的影响

原纸的纤维分布，一般有交叉网状分布和顺向分布。这主要与原纸的抄纸工艺有关。原纸的抄纸方法，主要有长网式生产和圆网式生产两种工艺。圆网式生产中，又有喷浆式生产和浸浆式生产。一般来讲，长网式生产的原纸纤维呈交叉网状分布，具有不规则性，而圆网式生产的纤维呈顺向分布。在圆网式生产中，喷浆式生产部分接近于交叉网状分布，而浸浆式生产的纤维基本呈顺向分布，具有规则性。

纤维分布不同也是影响原纸强度的一大因素。交叉网状分布的瓦楞原纸平压强度等较高，而顺向分布的原纸，其相应的指标会偏低。

4. 瓦楞原纸制浆方法的影响

在瓦楞原纸生产的制浆过程中，一般的制浆工艺分为：全化学制浆、半化学制浆和机械磨浆等工艺。全化学制浆的方法一般采用的是硫酸盐法，是将原料通过加入硫酸盐等化学辅料，在高温高压下蒸煮而成，其纤维较细短且软。半化学制浆与全化学制浆的方法相似，只是所加入的化学辅料的量偏小，蒸煮的时间相对较短，主要适用于草纤维原料的制浆，以保持纤维的相对硬度和长度。机械磨浆基本上属于物理制浆法，保持了纤维的硬度，其纤维主要用于牛皮箱纸板等高级包装用纸的生产。一般来说，机械磨浆纤维的强度大于半化学浆纤维，而半化学浆纤维的强度又大于全化学浆纤维。

第二节 瓦楞纸板边压强度测定

瓦楞纸板可以分为单瓦楞纸板（也叫三层瓦楞纸板）、双瓦楞纸板（也叫五层瓦楞纸板）、三瓦楞纸板（也叫七层瓦楞纸板）。瓦楞纸板属于各向异性材料，其各个方向上的机械性能不同。在测试瓦楞纸板的机械性能时，施加在瓦楞纸板上有3种不同的力：垂直压力，施力方向与瓦楞的楞向平行；水平压力，施力方向与瓦楞的楞向垂直；平面压力，施力方向与直面垂直。一般情况是：瓦楞纸板承受垂直压力的能力最强，承受平面压力的能力次之，承受水平压力的能力最差。

瓦楞纸箱用于产品包装时，要求其防止被压溃、失去刚性。大量研究表明，体现瓦楞纸箱刚性的一个重要指标是纸箱顶面到底面的抗压强度，而纸箱的抗压强度又直接与瓦楞纸板的边压强度密切相关。所以，对瓦楞纸板边压强度进行测定是十分必要的，国标 GB/T 6546—1998 "瓦楞纸板边压强度的测定法" 适用于单瓦楞纸板（三层）、双瓦楞纸板（五层）和三瓦楞纸板（七层）的边压强度的测定。

瓦楞纸板的边压强度（ECT）是指瓦楞纸板沿瓦楞方向承受压力载荷的能力，即承受垂直压力的能力，以单位长度上的作用力表示，单位 N/m。

一、试验原理

将矩形瓦楞纸板（25mm×100mm）置于压缩试验仪两压板之间，并使试样的瓦楞方向垂直于压缩试验仪两压板，然后对试样施加压力，直至压溃为止。测定每一试样所能承受的最大压力。边压强度测试原理如图3-3所示。

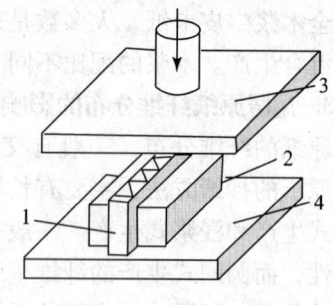

图 3-3 边压强度测试原理

1—试样；2—导块；3—上压板；4—下压板

二、测试仪器

1. 试验仪器

根据国标的规定，进行瓦楞纸板边压强度的测定，可以使用固定板式电子压缩试验仪，也可以使用弯曲梁式（弹簧板式）压缩试验仪，目前我国常使用的主要是弹簧板式压缩试验仪。

（1）仪器结构

弹簧板式压缩强度仪的结构如图3-4所示。压缩强度仪主要由传动和测量两部分组成。传动部分包括蜗杆、蜗轮、链轮、丝杆等元件，测量部分包括弹簧测力板、千分表、上压板和下压板等元件。

（2）工作原理

弹簧板式压缩强度仪是根据胡克定律及梁的弯曲变形理论设计的。测定时，上压板以（12.5±2.5）mm/min 匀速下降与环形试样上端接触而使试样受压，上压板将此压力传递到弹簧板上，使弹簧板缓慢变形，这一变形被弹簧板下面垂直向下的千分表测量杆传递到千分表上，并被千分表记录下来。随着上压板的继续下降，试样所承受的压力逐步增加，弹簧板的变形也逐步增大。当试样所受压力达到极限

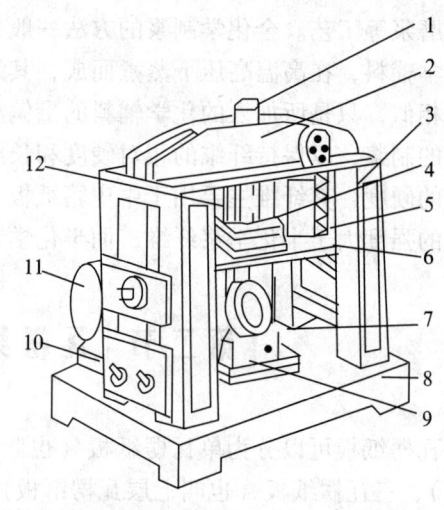

图 3-4 弹簧板压缩试验仪

1—丝杆；2—上盖；3—立杆；4—上压板；5—弹簧板梁；
6—下压板；7—千分表测量杆；8—底座；9—千分表；
10—开关；11—电动机；12—传动链条

值而被压溃时，弹簧板变形的力（试样所承受的力）及千分表指示值都达到最大值。然后，通过压力—变形之间的线性关系图查出某一变形量所对应的压力值，该数值即为试样的环压强度。当压板开始接触到试样时，压板压力增加的速度为（67±13）N/s。测试时，压溃瞬间的刻度应在仪器可能测量的挠度量程的20%~80%范围内。使用该型仪器应在报告中注明，并不得用于仲裁测定。

（3）仪器的校准

①上、下压板的平行度校准　用内径百分表测量上下压板四角之间的距离。其最大值与最小值之差除以压板边长尺寸即为两板间平行度偏差，应不大于1:1000。

②压缩仪准确度的校准　用精度为千分之一的电子校压仪在仪器上实测。将校压仪的传感器（带座）置于压缩仪上下压板中间，驱动压板直接对传感器施加压力，观察校压仪表头，当达到预定值时，停止施压。分别读取压缩仪及校压仪的指示值，再查出相应的力值。在压缩仪满量程的20%～80%范围内均匀选定5个测试点，按进程每点重复测试3次，以校压值的力值为依据，按式（3-1）计算误差ΔA。ΔA不超过（±1)%。

$$\Delta A = \frac{F_1 - F_{a1}}{F_{a1}} \times 100\% \qquad (3-1)$$

式中：ΔA——力值的相对误差，%；

F_1——压缩仪显示的3次力值的平均值，N；

F_{a1}——校压仪显示的3次力值的平均值，N。

2. 金属导块

截面20mm×20mm，长不小于100mm的两块打磨平滑的长方形金属块，用于支持试样垂直于压板，可用很细的砂纸包上，注意保持表面的平整和平行度。

3. 切取装置

由于瓦楞纸板厚度大，受压易变形，使中间瓦楞原纸形状发生变化，导致测试结果误差较大，因此，必须使用专用切刀或模具制作试样，裁切出光滑、笔直而且垂直于纸板表面的边缘。切口不允许有机械压痕、印刷压痕和损坏。

三、试验步骤

1. 试样制作与状态调节。

按标准规定取样，将样品在标准温湿度条件下进行处理（见第二章第一节），并在同样大气条件下进行后继操作。

用专用切刀或切模切取瓦楞方向为短边的矩形试样，试样尺寸是短边（25±0.5）mm，长边（100±0.5）mm，短边沿瓦楞方向。除非经双方同意，否则至少需切取10个试样。试样上不得有压痕、印刷痕迹和损坏。

2. 将试样置于压缩试验仪下压板的中央位置，使试样的短边垂直于两压板，再用金属导块支持试样，保持试样的瓦楞方向与下板平面垂直，两导块彼此平行且垂直于试样的表面。

3. 开动压缩试验仪，对试样施加压力，当压力约50N时，撤去导块，继续施加压力直至试样被压溃为止，读取仪器显示值，即试样所能承受的最大压力值，精确到1N。

4. 回复上压板，准备进行下一次试验。

四、数据处理及结果计算

瓦楞纸板的垂直边压强度，按式（3-2）进行计算：

$$R = \frac{10^3 F}{L} \qquad (3-2)$$

式中：R——瓦楞纸板的边压强度，N/m；

F——最大压力，N；

L——试样长边的尺寸，mm。

试验结果以 10 次试验的算术平均值表示试样的边压强度，并报告最大值和最小值，计算结果精确至 10N/m。

五、影响因素分析

1. 瓦楞纸板所用原纸的纤维性能与质量的影响

瓦楞纸板所用原纸主要有箱板纸和瓦楞原纸，其原纸的纤维性能与质量各不相同。不同的纤维性能与质量影响原纸的质量，原纸的质量直接影响瓦楞纸板的强度。具体参见第一节瓦楞原纸平压强度影响因素。

2. 瓦楞纸板所用原纸的相关物理性能的影响

（1）瓦楞原纸定量的高低是影响瓦楞纸板强度的主要因素。实践证明：同材质的原纸定量越高，其边压强度值就越高，所生产的瓦楞纸板的边压强度也就越高。

（2）瓦楞原纸的施胶（表面吸水性）和水分，在影响瓦楞纸板强度方面其作用正好相反。施胶度越高，其水分含量相对越低；反之，水分含量越高。其影响瓦楞纸板的因素在于施胶度过高，即水分过低，原纸纤维会变得松脆，会影响其耐破度。若施胶度过低，会吸收空气中的潮气，使原纸水分偏高。水分会充塞在纤维的空隙（纸孔）中，使纤维膨胀，纸张变得松软。其边压强度会降低而影响瓦楞纸板的相关物理性能。

第三节 瓦楞纸板耐破强度测定

瓦楞纸箱在装满物品时，运输和存放过程中常常会受到外力的摔、挤压或硬物顶撞以及内部包装物的冲击等机械作用。此时，用平压强度、边压强度等强度指标来评价瓦楞纸板耐碰撞的能力显然不合适，为了科学地评价纸箱的耐顶撞能力，人们研究出了体现这一特性的指标——耐破度。国标 GB/T 6545—1998 "瓦楞纸板耐破强度的测定法" 规定了以液压增加法测定瓦楞纸板的耐破强度的方法，适用于耐破度为 350~5500kPa 的瓦楞纸板。

耐破度是指在试验条件下，瓦楞纸板在单位面积上所能承受垂直于试样表面的均匀增加的最大压力，单位为 kPa。

一、试验原理

将试样置于胶膜之上，用试样夹夹紧，然后均匀地施加压力，使试样与胶膜一起自由凸起，直至试样破裂为止。试样耐破度是施加液压的最大值。

二、测试仪器

1. 耐破度测定仪器的要求

耐破度测定仪主要由夹持、传动、加压、压力测量等系统组成。

（1）夹持系统

为了牢固而均匀地夹持住试样，这个系统有上下两个夹盘，上夹盘与施加夹持压力的一个铰链或一个相似装置连接起来，以保证夹盘压力分布均匀。上夹盘直径（31.5±0.5）mm，下夹盘孔直径（31.5±0.5）mm。在施加测试负荷时，上下夹盘的环形孔应是同心的，其最大误差应不大于0.25mm。夹盘表面应平整且彼此平行，夹盘接触面上有V形同心槽，以保证夹紧试样。

在压瓦楞纸板时，压力在690kPa虽然防止了滑动，但是大多数纸板瓦楞被压塌，因瓦楞纸板耐压强度不同，所以在报告中应注明夹持压力和瓦楞是否被压塌。

（2）胶膜

胶膜为圆形，由弹性材料组成。胶膜被牢固地夹持着，它的上表面比下夹环的顶面低约5.5mm。胶膜材料和结构应使胶膜凸出下夹盘的高度与弹性阻力相适应，即：凸出下夹盘顶面10mm时，其阻力范围为170～220kPa；凸出18mm时其阻力范围为170～220kPa。胶膜在使用时应经常进行检查，如果胶膜弹性阻力不符合要求，应及时更换。

（3）液压系统

由电动机驱动活塞挤压适宜的液体（如化学纯甘油、含缓蚀剂的乙烯醇或低黏度硅油），在胶膜下面产生持续增加的液压压力，直至试样破裂。由于电子显示类的仪器都装有启动过载保护装置，一般比较安全。液体应与胶膜材料相适应，不应破坏胶膜的内表面。液压系统和使用的液体中应没有空气泡。

（4）压力测量系统

可采用各种原理进行测量，但其显示精度应相当于或高于±10 kPa或测量值的±3%。对于增加的液压压力其响应速度应为：所显示的最大压力误差应在峰值真值的±3%范围内。

2. 缪伦（Mullen）式耐破度测定仪

缪伦（Mullen）式耐破度测定仪的结构如图3-5所示，是采用液压递增原理测定纸和纸板的耐破度。上压环以一定的压力将试样压紧在上、下两压环（夹盘）间，使试样在整个测定过程中不得移动。电动机带动活塞推动油缸内的液体向弹性胶膜匀速施加压力，胶膜鼓起，顶起试样，直至试样破裂。压力表与油缸连接，加压

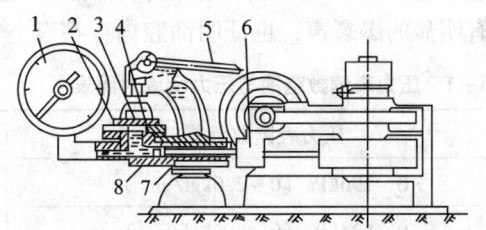

图3-5 缪伦（Mullen）式耐破度测定仪

1—压力表；2—压紧机构；3—橡胶膜；4—上压环；
5—压紧把手；6—电动机；7—螺杆；8—带皮碗的活塞

时，指针（主针与副针）随压力增大而同步运动，试样破裂压力撤销后，压力表主针自动回零，副针则指在试样破裂时所达到的最大压力值，此值即为试样的耐破度。

3. 仪器校准

（1）压力表的校准

先将压力管内空气全部抽尽，并灌入20°Bé的甘油，然后将压力表牢固地安装于活塞式静压校对仪上，在校对仪的砝码架上放上不同质量的砝码，校对若干点，压力表的读数与所加砝码和标准压力表的读数之间误差应在（±1）%范围内。如果超过允许的误

差,该表应进行修理或做出补正曲线。

(2) 试样夹盘平行度及同心度的校准

上下夹盘平行度的检查:将一张新复写纸夹在两张组织均匀的白色薄页纸中间,并放入上、下夹盘中夹好,然后施加一定压力并保持5~10s时间后,撤去压力,从夹环中取出薄页纸,观察薄页纸上的印痕是否均匀清晰,夹盘夹住的整个面积轮廓是否分明。然后将上压环旋转180°,重复上述试验。如果发现压环不平行或压力分布不均匀,则应加以调整。

上下夹盘同心度的检查:用两张复写纸夹一张白色薄页纸,用正常夹持力夹紧,检查上、下夹盘压出的印痕是否重合,在0.25mm内符合要求。若不符合,应加以调整。

(3) 试样夹持压力校准

耐破度测定仪有液压和气压两种夹持装置。借用压力表调节其夹持力时,必须将压力表校准,再根据活塞直径与夹盘表面的接触面积,准确得出夹持压力的值。手轮式或杠杆式夹紧装置,均需用测力计校准后,确定手轮的落下位置或弹簧的压缩程度,得出所需的夹持压力。

(4) 仪器内残存空气的检查

在安装压力表或更换胶膜、甘油时,可按下列方法检查仪器内腔是否有残存空气:在下压环内(胶膜上面)注满水,上面再放置一片薄胶膜,在胶膜上再放一张坚固的金属薄片,将上压环落下并夹紧金属片,以防胶膜起皱。转动传动轴加压至压力表上有反应,再转动一定角度,压入仪器0.4mL甘油(一般转180°相当于进油0.4mL),观察所产生的压力,如果压力表读数高于表3-1中有关规定,说明系统内有较多残存空气,应重新安装仪器。对于纸板耐破度仪,压入甘油1.4mL(约转一周),压力表指示应在全量程读数的30%以上。也可采用胶膜鼓起,然后透光观察有无气泡。如果在试样破裂时有明显的爆裂声,也证明油腔内存在有空气。

表3-1 压力表读数范围与压力示度对照表

压力表读数范围	压力示度
0~196kPa(0~2.0kgf/cm^2)	0.85
0~834kPa(0~8.5kgf/cm^2)	2.50
0~1960kPa(0~20.0kgf/cm^2)	6.50

(5) 仪器密封性的校准

将0.5~1.0mm厚的一个薄铝片或其他金属片夹在上下压环之间,用手转动传动轴加压至980kPa放置30min,若压力下降不大于49kPa,则仪器密封性良好;若压力表下降大于49kPa,则需要检查仪器的各个接头看是否有漏油的现象。

三、试验步骤

1. 按标准规定取样,将样品在标准温湿度条件下进行处理(见第二章第一节),并在同样大气条件下进行后继操作。

切取试样20张以上，试样的面积必须超过上夹盘的整个面积，瓦楞纸板试样为100mm×100mm。在试验中不得使用曾被夹盘压过的试样。

2. 开启试样的夹盘，将试样夹紧在两试样夹盘的中间，启动仪器以速率（170±15）mL/min逐渐增加压力至试样破裂。在试样爆破时，读取压力表上指示的数值。然后松开夹盘，使读数指针退回到开始位置。当试样有明显滑动时应将数据舍弃。

3. 以正、反面各10个贴向胶膜进行测定，以所有测定值的算数平均值（kPa）表示。

四、影响因素分析

1. 瓦楞纸板所用原纸的纤维性能与质量的影响

瓦楞纸板所用原纸主要有箱板纸和瓦楞原纸，其原纸的纤维性能与质量各不相同。不同的纤维性能与质量影响原纸的质量，原纸的质量直接影响瓦楞纸板的耐破度。具体参见第一节瓦楞原纸平压强度影响因素。

2. 瓦楞纸板所用原纸的相关物理性能的影响

（1）瓦楞原纸定量的高低是影响瓦楞纸板强度的主要因素。实践证明：同材质的原纸定量越高，其耐破度值就越高，所生产的瓦楞纸板的耐破强度也就越高。

（2）瓦楞原纸的紧度也是影响瓦楞纸板强度的一个重要方面。原纸的紧度即为原纸在单位体积中的重量，越高表明纸张的纤维密度越大。从实际生产和检测的情况看，其耐破强度越高。

（3）瓦楞原纸的施胶（表面吸水性）和水分。施胶度越高，其水分含量相对越低；反之，水分含量越高。其影响瓦楞纸板的因素在于施胶度过高，即水分过低，原纸纤维会变得松脆，会影响其耐破强度。若施胶度过低，会吸收空气中的潮气，使原纸水分偏高。水分会充塞在纤维的空隙（纸孔）中，使纤维膨胀，纸张变得松软。其耐破度会降低而影响瓦楞纸板的相关物理性能。

3. 相对湿度对试验结果的影响

瓦楞纸板耐破度与纸纤维长度、韧性以及纤维之间的结合力有密切的关系，纸板所含水分对纤维之间结合力影响较大，因而耐破度受相对湿度的影响也十分显著。有资料表明瓦楞纸板的耐破度与相对湿度之间存在一定的关系：在相对湿度为0%~40%时，随着相对湿度的增加，瓦楞纸板的耐破强度逐渐增加，纸板耐破度值在相对湿度为40%时为最大，然后随着相对湿度的增加，瓦楞纸板的耐破度逐渐下降。

4. 试样夹紧力的影响

试样在夹紧时，纸板内部结构发生变化，使其局部受损，紧度有所提高，瓦楞纸板变脆，伸长特性下降，从而导致耐破值随压力增加而降低。据实验表明：随着夹紧力的增加，瓦楞纸板的耐破度逐渐下降，当夹紧力超过5000N后，耐破度值减小的变化趋于平稳。可见夹紧力对试验结果的影响是比较显著的。

5. 仪器橡胶膜弹性误差的影响

耐破度仪压力表中表示的耐破度值，实际上包含有使胶膜发生弹性变形所需的压力，也就是弹性阻力，显然有下式：耐破度值＝压力表读数－胶膜弹性阻力。如果橡胶膜弹性阻力误差大,则纸板耐破度值误差也相应增大。对于新换的橡胶膜,由于未受过拉伸的作用,它的弹性不稳定,因此,一定要先做一定次数的空测,使胶膜弹性稳定后,再做正式测量使用。试验证明,新胶膜需空测30次为宜。

第四节 瓦楞纸板黏合强度测定

对于瓦楞纸板来说,两张挂面纸板和瓦楞芯纸必须牢固地黏合在一起,才能作为一个结构整体发挥强度效应。瓦楞纸板黏合强度又称剥离强度,是瓦楞纸板和瓦楞纸箱的一个重要物理性能,它反映了瓦楞纸与面纸、里纸及芯纸之间结合的牢固程度,它的大小直接影响瓦楞纸板的边压强度和瓦楞纸箱的抗压强度。国标 GB/T 6548—1998 "瓦楞纸板黏合强度的测定方法"规定了用单侧法对瓦楞纸板黏合强度进行测试。

一、试验原理

将针形剥离架插入试样的楞纸与面纸之间或楞纸与里纸、芯纸之间,然后用专用压缩仪对插有试样的针形剥离架施压,使其做相对运动,直到被分离部分分开,此时楞峰与面纸或楞峰与里纸、芯纸结合面所承受的最大分离力即为黏合强度值。

二、测试仪器

1. 压缩强度测定仪

根据国标要求,采用与瓦楞纸板边压强度测试时所使用的弹簧板式压缩强度测定仪,具体的"仪器结构"、"工作原理"和"仪器校准"参见本章第二节"测试仪器"部分内容。

2. 切取试样的装置

由于瓦楞纸板厚度大,受压易变形,使中间瓦楞原纸形状发生变化,导致测试结果误差较大,因此,必须使用专用切刀或模具制作试样,裁切出光滑、笔直而且垂直于纸板表面的边缘。切口不允许有机械压痕、印刷压痕和损坏。

3. 附件

附件是由上部分附件和下部分附件组成,是对试样各黏着部分施加均匀外力的装置。每部分附件由等距插入瓦楞纸板空间中心的针式件和支撑件组成,如图3-6所示,针式附件和支撑件的平行度应小于1%。

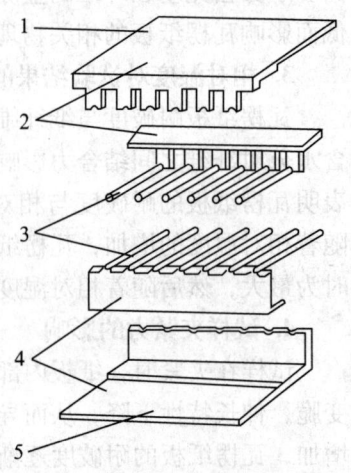

图3-6 附件
1,5—支撑件;2—上部附件;
3—针式件;4—下部附件

三、试验步骤

检测实践中曾用于瓦楞纸板黏合强度测试的方法有双侧法和单侧法两种,见图3-7(a),(b)。双侧法是根据不同楞型，分别采用14种直径、隔距不同的梳形插针，测试时将上下梳针从试样的两侧插入，对同楞层的两结合面同时剥离，黏合强度弱的一面先行分离，其测试数据反映了同一楞层黏合强度较差的结合面的力值。需要指出的是，双侧剥离法是非标准方法。单侧法是根据不同的瓦楞楞型，分别采用3种不同直径的钢性插针，测试时将插针依次插入单瓦楞的同侧空间连同支撑架进行剥离，此种方法可以准确测出任意结合面楞峰与面纸或楞峰与里纸、芯纸之间的黏合力，是GB/T 6548所规定的标准方法。缺点是操作比较烦琐。

按照国标瓦楞纸板黏合强度的测定法进行试验，具体步骤如下：

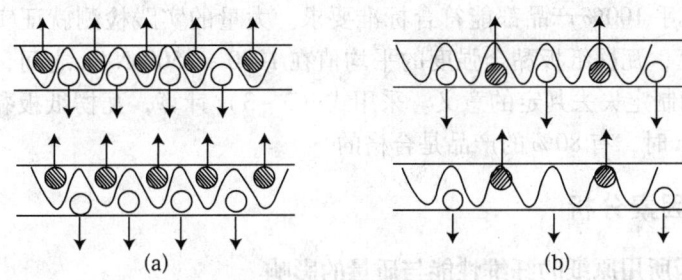

图3-7 黏合强度测定原理示意图

1. 按标准规定取样，将样品在标准温湿度条件下进行处理（见第二章第一节），并在同样大气条件下进行后继操作。

用专用切刀切取25mm×80mm的10个试样，试样尺寸误差是±1mm，瓦楞方向与试样短边方向一致。

2. 将带有两排金属棒的针形附件插入试样的面纸和芯纸之间，并对好支撑柱，注意不要损坏试样。

3. 将安装好试样的附件放入压缩强度测定仪下压板的中央位置，开动仪器加压，以（12.5±2.5）mm/min的速度对装有试样的附件施加压力，直至楞峰、面纸（或芯纸）分离为止。读取仪器显示值，即试样所能承受的最大压力值，精确到1N。

4. 回复上压板，准备下一次试验。

四、数据处理及结果计算

在现行标准中瓦楞纸板黏合强度的单位有两个，一个是N/m，另一个是N/（m·楞数）。内销商品黏合强度的检测多采用N/m为单位，出口商品黏合强度的检测多采用N/（m·楞数）为单位。由于这两个单位之间不能简单的进行换算，使得以不同单位出具的数据不具备可比性。

计算10次试验的平均值，然后按GB/T 6548—1998中规定瓦楞纸板黏合强度的计算公式（3-3）计算瓦楞纸板的黏合强度：

$$p = \frac{F}{L} \tag{3-3}$$

式中：p——黏合强度，N/m；

F——试样被全部分离时所需最大力，N；

L——试样长边的尺寸，m。

五、瓦楞纸板黏合强度的判定

GB/T 6544—1999 规定瓦楞纸板的黏合强度应不低于 588N/m，此值显然是取自 GB 5034—1985 和 SN/T 0262—1993 中黏合强度的判定标准 588N/（m．楞数），二者单位不同，所表达的物理意义不同，只是简单的将数字引用是不科学的。按照 GB/T 6544—1999 的判定标准最大黏合力只需达到 47N，瓦楞纸板的黏合强度就是合格的。若以此为依据，几乎 100% 产品都能符合标准要求。大量的实践检测就证实了这一点，按式（3－3）计算，瓦楞纸板黏合强度的平均值在 1000~2500 N/m 之间，远大于标准要求，使该指标的制定失去判定的意义。采用式（3－3）计算，瓦楞纸板黏合强度的判定标准取 1300N/m 时，有 80% 的产品是合格的。

六、影响因素分析

1. 瓦楞纸板所用原纸的纤维性能与质量的影响

瓦楞纸板所用原纸主要有箱板纸和瓦楞原纸，其原纸的纤维性能与质量各不相同。不同的纤维性能与质量影响原纸的质量，原纸的质量直接影响瓦楞纸板的黏合强度。

2. 瓦楞纸板所用原纸的相关物理性能的影响

（1）瓦楞原纸定量的高低是影响瓦楞纸板强度的主要因素。实践证明：同材质的原纸定量越高，其边压强度值就越高，所生产的瓦楞纸板的边压强度也就越高。

（2）瓦楞原纸的施胶和水分。施胶度越高，其水分含量相对较低；反之，水分含量越高。瓦楞原纸的施胶度过高或过低，或水分含量过高或过低，对瓦楞纸板的黏合强度都会受到较大的影响。

3. 黏合剂对瓦楞纸板黏合强度的影响

黏合剂的质量及黏结力，直接影响瓦楞纸板的黏合强度。好的黏合剂不仅在黏合过程中渗透力强，而且结膜快、干燥时间缩短，还能起到抗潮作用而使纸板强度稳定。黏合强度也随着黏合剂用量增加而增强，但是到一定量后，黏合强度反而会下降。

4. 预热器、压力辊及热板温度的影响

瓦楞纸板的黏合强度与预热器、压力辊及热板的温度密不可分，能否使黏合剂将面（里）纸与瓦楞纸牢固地黏合在一起，就取决于各辊及热板是否达到需要的温度及温度是否均匀。一般控制在 160~180℃，黏合剂中的水分才能大部分蒸发而结膜，淀粉颗粒渗透在纸孔中才能完全固化，使瓦楞纸与面（里）纸牢固地黏合在一起，从而提高瓦楞纸板的黏合强度。

5. 计算公式的影响

从式（3－3）的单位上来看，表面上虽表示长度为 1m 的试样上的黏合强度，实际上内含试样宽度为 25mm，可简称为"面积"计算法。测试时，试样的面积一定，只要测出剥离时的最大力就可得出黏合强度，比较简单明了。但是，使用"面积"计算法存在如下问题：根据"面积"计算法，在试样面积一定情况下，无论什么楞形的瓦楞纸板，只要实测剥离力越大，就可以认为该纸板的瓦楞楞峰和面纸的黏合越牢固。实际测试结果表明，在规定的20cm^{2}试样面积上，试样的用料、生产工艺均一样的情况下，随着楞形不同，实测剥离力相差很大，其大小依次为B楞、C楞、A楞。事实上，哪怕用料、生产工艺以及制造商完全不一样，甚至在黏合不良的情况下，使用B楞时的实测剥离力一般都将大于A楞或C楞。这是因为虽然试样面积相同，但因楞形不同，使相同长度的瓦楞纸板所含楞的个数不同。单位长度所含楞的个数越多，单位面积所占楞数也越多，黏合力则相对越大。而计算公式并没有将相同长度的瓦楞纸板有不同的楞数这一特点反映出来。

GB 5034—1985 和 SN/T 0262—1993 中瓦楞纸板黏合强度的单位用 N/（m·楞数）来表示，但两个标准都没有给出黏合强度的计算公式。由其单位的物理意义可知黏合强度是指将一个单位长度的瓦楞剥离开所需要的剥离力，因此可给出计算公式 $P = F/(0.025 × 楞数)$，其中 P—黏合强度，F—试样全部分离时所需的最大力，楞数—80mm长的试样上的楞数，此式可简称为"单楞长度"计算法。从对标准的正确理解和方法的统一角度讲，采用"单楞长度"计算法时，取试样上包含的全部完整楞数是正确的。"单楞长度"计算法考虑了受力黏合线的条数，把瓦楞纸板黏合强度细化到每一个楞上，消除了瓦楞纸板楞形对黏合强度的影响。与"面积"计算法相比，应该说"单楞长度"计算法更加科学、合理。

小 结

目前，对瓦楞纸板原纸及瓦楞纸板的检验日趋完善，为了达到较高的要求，必须通过检验以保证纸箱材料的质量符合包装要求。通过对本章的学习，重点掌握瓦楞原纸及瓦楞纸板具有的各项性能及其测定方法、测定步骤和测定仪器的使用等，同时，了解瓦楞原纸及瓦楞纸板的性能的影响因素。

思考与练习

一、简答题

1. 耐破度测定仪的结构有哪几部分组成？压力是如何传递的？
2. 瓦楞纸板的平压、边压及黏合强度如何测定？
3. 瓦楞纸板的平压、边压及黏合强度分别表示纸板的什么性能？
4. 压缩强度测定仪如何进行校准？
5. 耐破度值与耐破度指数是什么关系？
6. 耐破度仪的校准分为哪几个部分？分别如何进行校准？
7. 黏合强度测定试验分为哪两种？分别测定的是纸板的何处黏着力？

二、实训项目

对五层（双瓦楞）瓦楞纸板的黏合强度进行测试。
由于国标中对双瓦楞纸板黏合强度测试时并未提及，所以试验前，大家需要思考：

是否需要测试每个黏合面的黏合强度，实测获取的每个黏合面的黏合强度值如何处理，整块纸板的黏合强度如何获得。

要求：1. 对于多层瓦楞纸板，必须测定其所有黏合面的黏合强度。不能仅测定面纸或里纸与楞纸构成的黏合面的黏合强度来代表整体的黏合强度，同时也不能仅对所测得的面、里纸与瓦楞纸的黏合强度值进行简单算术平均，而得出瓦楞纸板的整体黏合强度。2. 对所测量的五层瓦楞纸板的黏合强度进行判断，是否满足性能要求。应分别测定每个黏合面的黏合强度值，与相应的标准值进行比较，确保黏合强度最低的黏合面都符合标准要求，才能判定该瓦楞纸板的黏合强度合格，以避免发生误判。

第四章 塑料包装材料性能检测

塑料包装材料具有优良的物理性能和化学稳定性，质量轻、透明、加工成型简单多样等优点使得塑料包装材料得以广泛的应用，目前用量仅次于纸质包装材料。常用于包装的塑料薄膜有聚乙烯（PE）、聚丙烯（PP）、聚氯乙烯（PVC）、聚苯乙烯（PS）、聚对苯二甲酸乙二醇酯（PET）等，以及由这些材料和纸、铝箔等复合而成的一些复合材料，如 BOPP/PP、纸/PE、PE/AL/BOPP。复合材料比单一塑料包装材料具有更好的物理性能、化学稳定性及阻隔性能等。

在利用各种塑料包装材料包装产品时，要充分地了解塑料包装材料的各种性能，透气性、透湿性、拉伸性能和抗冲击性能等，这些材料的性能直接影响着所采用的包装工艺技术实现的好坏，间接对产品的包装质量和产品自身的质量造成影响，如防潮包装、真空包装和充气包装等包装技术实现的好坏和塑料材料的透气性、透湿性能密不可分。不了解包装材料的各种性能就不能选择使用最合适的包装材料。

塑料终究是一种化工制品，在利用塑料包装材料包装产品或者制作塑料包装容器时还应当充分掌握不同塑料原材料与被包装物之间的相容性，以免对被包装物造成危害。一个典型的例子就是利用低密度聚乙烯来包装食用油，由于两者的相容性极差，致使塑料材料被食用油溶解的现象发生。这不仅损坏了包装容器，更为严重的是食用油中溶入了塑料分子，从而变得不可食用了。因此在设计或选择塑料包装容器时，必须对塑料包装材料的各种特性有一个深入了解。

本章内容主要介绍塑料包装材料长宽度、拉伸强度、撕裂强度、抗冲击强度、透气性和透湿性等测试的试验原理、试验仪器、试样的准备和试验步骤等。塑料包装材料的光学性能、热学性能、电学性能测试不作介绍。

第一节 塑料包装材料试样的状态调节

试样制备后存放的环境与存放的时间不同，导致试样内分子链热运动后的状态及与空气中水分交换达到的某种平衡状态也不相同，这必然要影响到试样的测试结果。塑料包装材料试样在进行试验之前要对其进行状态调节，具体操作是把试样在规定的标准环境下放置一定时间，使试样与所处的温度、湿度环境建立某种"平衡"，以消除试样在制备与存放过程中各条件对试样的影响。

一、标准环境

我国参照 ISO 标准制定了 GB/T 2918—1998 塑料试样的状态调节和试验的标准环境。表 4-1 给出了我国标准要求的塑料试样状态调节的环境。在进行塑料性能测试时，若没有特殊规定，则按此环境预处理试样。在进行试验的时候，除非另有规定，一般状态调节后的试样应在与状态调节相同的环境或温度下进行试验。在任何情况下，试验都应在将试样从状态调节环境内取出后立即进行。状态调节环境是进行试验前保存样品或试样的恒定环境。试验环境是指在整个试验期间样品或试验所处的恒定环境。在 GB/T 2918—1998 中，通常选择标准环境作为状态调节环境和试验环境。

表 4-1 塑料试样的标准环境

标准环境代号	状态调节要求	温度 t℃	相对湿度 U%	气压 kPa	时间 h	备 注
23/50	一般要求	23 ± 2 27 ± 2	50 ± 10 65 ± 10	86 ~ 106	≥88	应该使用这种标准环境，除非另有规定
27/65	严格要求	23 ± 1 23 ± 1	50 ± 5 65 ± 5	86 ~ 106	≥88	对于热带地区，如各方商定可以使用

二、标准温度和室温

如果湿度对所测性能没有影响或其影响可忽略不计，则不必控制相对湿度。相应的环境条件称作"温度 23"和"温度 27"。

同样，如果温度和相对湿度对所测试性能都没有任何显著影响，则温度和相对湿度都不必控制。在这种情况下，该环境称为"室温"。

"室温"指的是这样一种环境：其空气温度保持在规定范围内，而不考虑相对湿度、大气压或空气循环流速的影响。通常，空气温度范围为 18 ~ 28℃，应称作"18 ~ 28℃的温度"。

三、状态调节

当对某一种材料进行状态调节时，状态调节周期应在材料的相关标准中规定，当在相应标准中未规定状态调节周期时，应采用下列周期：

1. 对于标准环境 23/50 和 27/65，不少于 88h；
2. 对于 18 ~ 28℃的室温，不少于 4h。

第二节 塑料包装材料厚度测量

在进行塑料包装材料相关的一些性能测试试验时，常常需要知道材料的厚度，国标 GB/T 6672—2001 "塑料薄膜和薄片厚的测量法"规定了机械测量法测量塑料薄膜或薄片样品厚度的试验方法。但是该标准不适用于压花的薄膜或者薄片厚度测量。

一、测量仪器

试验中用来测量塑料包装材料厚度的仪器精度应该满足以下要求：测量范围≤100μm 时，精度为 1μm，100μm < 测量范围≤250μm 时，精度为 2μm，测量范围 > 250μm 时，精度为 3μm。要求仪器下测量面光滑平整，上测量面可以是平面或曲面，上、下表面都应抛光。当上、下两测量面都是平面时，测量面的直径应在 ϕ (2.5 ~ 10) mm 范围内，且两平行面的平行度应小于 5μm，下测量面应可以调节，以满足上述要求。测量头对试样施加的载荷应在 0.5 ~ 1.0N 范围内；当上测量面是曲面时，测量仪器的下测量面直径不小于 ϕ5mm，

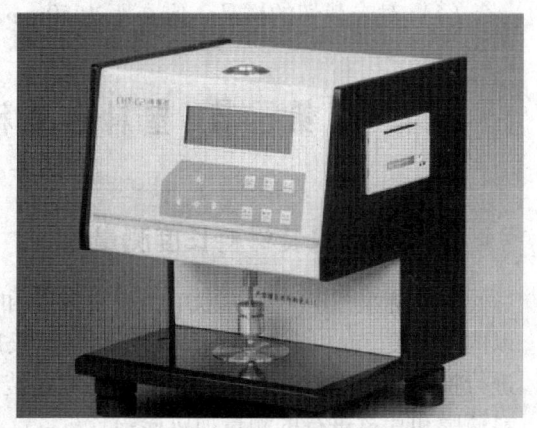

图 4-1 CHY-C2 型测厚仪

上测量面的曲率半径应在 15 ~ 50mm 范围内。测量头对试样施加的载荷应在 0.1 ~ 0.5N 范围内。可以使用图 4-1 所示的 CHY-C2 型测厚仪进行测量。

本试验仪主要由控制系统、测量系统、打印输出系统三部分组成。测量系统对薄膜进行测量，并输出相应电信号；控制系统用以参数的设定、修改、传输信号的处理、测量结果的显示等；打印输出系统的功能是统计结果的输出，打印试验结果。测量范围：0 ~ 2mm（常规）；分辨率：0.1μm；测量压力：(17.5 ± 1) kPa（薄膜）；接触面积：50mm^2（薄膜）。机械接触式测量方法，接触面积、测量压力、移动速度等严格遵循相关标准的规定，且要求上下面都为平面。

二、试样制作与状态调节

在距样品纵向端部大约 1m 处，沿横向整个宽度截取试样，试样宽 100mm。除为提交或包装而折叠样品，试样应无折皱，也不应有其他缺陷。

将试样在 (23 ± 2)℃ 条件下状态调节至少 1h，对湿敏薄膜，状态调节时间和环境应按被测试材料的规范，或按供需双方协商确定。

三、试验步骤

1. 检查试样表面和测量仪器的各测量面是否有油污、灰尘等污染。
2. 测量前检查测量仪器零点,并且在每组试样测量结束后应重新检查其零点。
3. 测量时应平缓放下测量头,避免试样变形。
4. 按等分试样长度的方法以确定测量厚度的位置点,方法如下。
   (1) 试样长度≤300mm,测量10点。
   (2) 300mm<试样长度<1500mm,测量20点。
   (3) 试样长度≥1500mm,至少测量30点。
   (4) 对未裁切的样品,应在距边50mm开始测量。

第三节 塑料包装材料长度和宽度测量

一、塑料包装材料长度测量

国家标准GB 6673—2001"塑料薄膜和片材长度和宽度的测定"适用于长度100m以内、宽度5m以上的塑料薄膜和片材的长度和宽度的测定。该方法是对其他测量方法进行检验的基准方法。如果采用自动测量装置,则应按本试验方法规定的步骤对每种塑料薄膜和片材进行的测量加以检验。

1. 测量设备

所使用试验设备包括锋利的刀或剃须刀片、钢卷尺或钢直尺、测量平台和放料装置。钢卷尺或钢直尺的长度大于被测卷料的宽度。测量平台长度至少10m,宽度至少与被测卷料宽度相等。沿平面的两条长边,每间隔1m有一刻度,其中至少有一边要分标到0.1m刻度。塑料薄膜或解卷的片材可通过放料装置而无拉伸。放料装置至少与薄膜或片材的宽度相等,安装于测量平台前方50cm并约在平台之上30cm处。

2. 测量方法

(1) 展开薄膜或片材卷料成叠层,每层长度不超过5m。测量长度之前,材料应至少保持这种叠层状态1h。
(2) 拿起材料层的最上切割端,沿平面拉开,注意确保对材料仅施加最小的拉伸。
(3) 沿平面移动被测材料,使画标记处与零刻度重合,在材料另一端画出标记。
(4) 重复上一步,直至整卷材料全部通过测量平台并被测量。必要时,可采用修齐初始切割端的方法修齐最终切割端。

以所有测得的长度之和作为卷材长度,精确到0.1m。

二、塑料包装材料宽度测量

根据被测材料宽度大于或小于100mm,有两种宽度测量法。

1. 宽度大于100mm薄膜的测量方法

所用试验设备是测量平台和钢直尺。测量平台的宽度至少与被测卷料宽度相等。钢直尺的分度是1mm。具体测量步骤如下：

（1）展开薄膜或片材卷料成叠层，每层长度不超过5m。测量之前，材料至少应保持这种叠层状态1h。对非卷料试样，进行状态调节30min。

（2）将被测材料置于平面上，并将钢直尺置于材料上，使钢直尺与材料纵向成直角，尺上的零刻度与材料左侧长边成一直线。确定材料右侧长边在钢直尺上的精确位置，精确到1mm，并记录其结果。

（3）进行测量的次数取决于被测卷料或者试样的总长度。长度在5m以内的材料，至少沿试样长度以近似相等的间距测量宽度3次。长度在5m以上的材料，至少沿长度以近似相等的间距测量宽度10次。

（4）记录每次所测宽度，计算算术平均值，并以此值作为卷料或试样宽度。

2. 宽度在5~100mm薄膜的测量方法

所用设备是测量平台和放大镜。测量平台的宽度大于100mm，其横向刻有分度为1mm的100mm直尺，或宽度大于100mm的平面和分度为1mm的直尺。放大镜的放大倍率是10，镜面上有标尺。具体测量步骤如下：

（1）展开薄膜或片材卷料成叠层，每层长度不超过5m。测量之前，材料至少应保持这种叠层状态1小时。对非卷料试样，进行状态调节30min。

（2）使记录尺的零刻度与材料左侧长边成一直线，用放大镜检查是否完全调准。将放大镜移至材料右边，检查材料对边的位置，以校正其在平面基准刻度上的位置。读取与材料右边相距最近的最后一个毫米数值之后，使放大镜镜面标尺的零点与在基准刻度上所读取的最后一个毫米重合，并用放大镜镜面标尺测出该重合点与材料右边缘之间的宽度差，精确到0.1mm。

（3）进行测量的次数取决于被测卷料或试样的总长度。长度在5m以内的材料，至少沿试样长度以近似相等的间距测量宽度3次。长度在5m以上的材料，至少沿长度以近似相等的间距测量宽度10次。

（4）记录每次测量宽度，报告算术平均值，并以此值作为卷料或试样宽度。

第四节 塑料包装材料拉伸性能测定

塑料包装材料的拉伸性能是塑料力学性能中最重要、最基本的性能之一。几乎所有的塑料包装材料在使用之前都要对其拉伸性能的各项指标进行测试，以帮助使用者决定所选择的材料性能是否满足要求。塑料薄膜是使用量很大的一类塑料包装材料，一般是指薄片或卷状的厚度在0.25mm以下的平整而柔韧的塑料制品。国家标准GB 13022—1991"塑料薄膜拉伸性能试验方法"规定了塑料薄膜和厚度小于1mm的塑料片材的拉伸试验方法。

拉伸试验是在规定的温度、湿度和拉伸速度下，通过对试样的纵轴方向施加拉伸载荷，使试样产生形变直至材料破坏。通过拉伸试验可以获得一系列该塑料包装材料的拉伸性能数据，如拉伸强度、断裂伸长率、弹性模量等。

一、术语

1. 拉伸强度

在拉伸试验中,试样直至断裂为止所承受的最大拉应力。

2. 拉伸断裂应力

在拉伸试验中,试样断裂时的拉伸应力。

3. 拉伸屈服应力

在拉伸应力—应变曲线上屈服点处的应力。

4. 断裂伸长率

在拉力作用下,试样断裂时标线间距离的增加量与初始标距之比,以百分率表示。

拉伸强度、拉伸断裂应力、拉伸屈服应力以 σ_t(MPa)表示,按式(4-1)计算:

$$\sigma_t = \frac{P}{Bd} \tag{4-1}$$

式中:P——最大负荷、断裂负荷、屈服负荷,N;
　　　B——试样宽度,mm;
　　　d——试样厚度,mm。

断裂伸长率或者屈服伸长率以 ε_t(%)表示,按式(4-2)计算:

$$\varepsilon_t = \frac{L - L_0}{L} \times 100 \tag{4-2}$$

式中:L_0——试样原始标线距离,mm;
　　　L——试样断裂时或屈服时标线间距离,mm。

拉伸弹性模量以 E_t(MPa)表示,按式(4-3)计算:

$$E_t = \frac{\sigma}{\varepsilon} \tag{4-3}$$

式中:σ——应力,MPa;
　　　ε——应变。

弹性模量反映了物体的刚性,在厚度相同的情况下,弹性模量的高低直接影响到塑料薄膜的挺度,从而影响塑料薄膜的包装效果。弹性模量小,塑料薄膜就柔软,刚性差,制袋的过程中可能造成切割、运行不畅,甚至出现散包、薄膜堵塞的现象。弹性模量在薄膜初始生产完和库存15天后会升高并且有较大的差异,主要因为薄膜成型后,有一个继续结晶即结晶完善的过程,在15天后结晶基本完善。塑料薄膜的弹性模量和温度也有很大关系,一般来说每升高2℃,弹性模量会下降150~250Pa。

二、试验原理

塑料薄膜拉伸强度的试验原理是,在塑料标准试样的长度方向施加递增的拉伸载荷,使之发生变形直至破坏,试样破坏时所需要的最大拉伸应力就是拉伸强度。试样拉伸长度的变化用断裂伸长率表示。

三、试验仪器

根据 GB 13022 对试验仪器的要求,选择济南兰光机电技术有限公司的 XLW(PC)型智能电子拉力试验机(图 4-2)进行试验。本机采用机电一体化设计,主要由测力传感器、微处理器、负荷驱动机构、计算机构成。

1. 试验功能

利用该仪器可以完成塑料包装材料的拉伸性能试验、抗拉强度与伸长率、拉断力与伸长率、热封强度、撕裂强度的测试,还能够进行软质复合塑料材料的 180°剥离(含 T 型)、90°剥离试验。

2. 技术指标

规格:500N、50N;

精度:0.5 级;

试样宽度:0mm—30mm—50mm;

试验速度:50、100、150、200、250、300、500(mm/min);

行程:1000mm;

环境要求:温度:10~40℃,湿度:20%~70%RH。

图 4-2 XLW(PC)型智能电子拉力试验机

四、试样制作与状态调解

本方法规定使用四种类型的试样,Ⅰ、Ⅱ、Ⅲ型为哑铃形试样,Ⅳ型为长条形试样,宽度为 10~25mm,总长度不小于 150mm,标距至少为 50mm。在选择试样的时候,可以根据不同的产品或按已有的产品标准的规定进行选择。如榨菜包装用复合膜、袋的拉断力和断裂伸长率测试,在 QB 2197—1996 中已经对试样的形状进行了具体规定:长条形试样,长度为(150±1)mm,宽度为(15±0.1)mm,标距(100±1)mm。一般情况下,伸长率较大的试样不宜采用太宽的试样。试样应沿样品宽度方向大约等间隔裁取。哑铃形及长条形试样均可用冲刀冲制,长条形试样也可以用其他裁切刀裁取。长条形试样制作方便,如产品标准没有具体要求,因裁取方便可以选择长条形试样,试样边缘平滑无缺口。按试样尺寸要求准确画出标线,此标线应对试样不产生任何影响。试样按每个试验方向为一组,每组试样不少于 5 个。按本章第一节内容中的一般要求对试样进行状态调节,时间不少于 4h,并在此环境下进行试验。按本章第二节内容进行试样厚度的测量。

【注意】:测量塑料材料的厚度,如果材料的厚度大于 1mm,则应选择 GB/T 1040—1992"塑料拉伸性能试验方法"进行试验,本节所述试验方法不适用。

五、试验步骤

1. 打开机器电源开关,进入提示屏状态,同时运行"智能电子拉力试验机"软件。

2. 在提示屏的状态下，按除"复位"键以外的其他任何键均可进入试验项目选择屏。

3. 试验项目选择屏显示了利用该机器所能完成的七项试验项目，分别是"拉伸试验"、"抗拉强度与伸长率"、"拉断力与伸长率"、"热封强度"、"撕裂强度"、"180°剥离"、"90°剥离"，按相应的试验项目所对应的数字键，即可进入相应试验项目的主屏幕，在本次试验中按数字键1，选择"拉伸试验"项。

4. 进入"拉伸试验"主屏幕进行试验参数设置，试样的长度（总长度，非标距）、宽度和厚度均可以直接按相应的数字键进行设定，试验速度的设定则需按数字键2~8进行设置：2（50mm/min）、3（100mm/min）、4（150 mm/min）、5（200 mm/min）、6（250 mm/min）、7（300 mm/min）、8（500 mm/min）。

本试验试验速度（空载）如下：

(1)（1±0.5）mm/min；

(2)（2±0.5）mm/min 或（2.5±0.5）mm/min；

(3)（5±1）mm/min；

(4)（10±2）mm/min；

(5)（30±3）mm/min 或（25±2.5）mm/min；

(6)（50±5）mm/min；

(7)（100±10）mm/min；

(8)）200±20）mm/min 或（250±25）mm/min；

(9)（500±50）mm/min。

具体试验速度的选择应按被测材料有关规定要求的速度进行选择，如榨菜包装用复合膜、袋的拉断力和断裂伸长率测试，在 QB 2197—1996 中已经对拉伸速度（空载）进行了规定，为（100±10）mm/min。如果没有规定速度，则硬质材料和半硬质材料应选较低的速度，软质材料选用较高的速度。

5. 设置完所有的试验参数后，按"试验"键进入试验屏幕，此时机器为待机状态。

6. 装夹试样，通过"微升""下降""停止"键调整上夹头位置，使上下两夹头之间的距离满足试样的要求，将试样置于试验机的两夹具中，使试样纵轴与上、下夹具中心线相重合，并且要松紧适宜，以防止试样滑脱和断裂在夹具内。

7. 按"试验"键，开始试验，试验结束后夹头自动回位，在仪器屏幕上显示试验数据，并且根据设置可以打印数据。如果已经连接计算机运行测试软件，则在计算机上还会显示试验结果曲线。

六、影响因素分析

拉伸试验是用标准形状的试样，在规定的标准化状态下测定塑料的拉伸性能。标准化状态包括：试样的制作、状态调节、试验环境等，这些因素都将直接影响试验结果。此外，试验仪器、实验者个人操作熟练程度、工作责任心等也会对测试结果产生影响。

1. 试样尺寸

同一种塑料所选取试验的尺寸不同，其拉伸强度有很大差别。试样越厚，其拉伸强度越低。试样的宽度对拉伸强度也有影响。一般，试样越宽，拉伸强度和伸长率越低。所以在试样制备时应保证在标准规定的范围内。软材料用裁刀裁切试样时，要经常检查裁刀锋利的情况，刀刃锋线是否均匀、细直、平行，稍微有缺陷要即时研磨或更换。

试样尺寸对测试结果有这么大的影响，主要原因是材料在制造加工过程中，不可避免地要产生缺陷，如气孔、杂质、低分子物质及局部应力集中等，缺陷存在的多少（概率）与试样的体积或表面积有关，试样尺寸大，缺陷存在概率就高，而试样受力破坏时，首先是在最危险的缺陷处发生。

2. 试验环境

由于塑料为黏弹性材料，其力学松弛过程与温度关系很大，当温度升高时，分子链段热运动增加，松弛过程加快，在拉伸过程中必然表现出较大的变形和较低的强度。热塑性塑料在升高温度后强度下降幅度很大，而热固性塑料在升高温度后强度下降幅度较小。

试验环境的相对湿度对拉伸试验也有一定影响。对于一般吸水性小的塑料，受湿度的影响不显著，而吸水性强的材料，湿度提高，等于对材料起增塑作用，即塑性增加，强度降低。

3. 拉伸速度

塑料属黏弹性材料，它的力学松弛过程不仅与温度有关，而且也与时间（拉伸速度）有关。通常降低拉伸速度，伸长率提高，拉伸强度降低；提高拉伸速度时，拉伸强度增大，断裂伸长率减小。

4. 状态调节和放置时间

塑料材料在加工过程中，由于加热和冷却的时间、速度不同，产生不同程度的局部应力集中。经过一定温湿度和时间的状态调节，可以消除内应力。状态调节的温湿度和时间以及试样测试前在测试温湿度下的放置时间，对拉伸强度和伸长率都有一定的影响。这就要求试样按产品技术条件和试验标准中规定的预处理方法进行预处理和放置后，方能进行试验。

塑料在大气中储存和使用会逐渐老化，老化后强度下降。因此试样在制取前、后不能暴晒，不能储存过久，以免因老化而影响测试结果。

5. 拉力试验机

拉力试验机影响拉伸试验结果的因素主要有：测力传感器的精度、速度控制精度、夹具和同轴度等。测力传感器是拉力试验机的核心部件，它的精度直接影响到试验数据和误差大小，一般要求传感器的精度在 0.5% 以内。拉伸速度要求平稳均匀，速度偏高或偏低都会影响拉伸结果。夹具内应衬橡胶之类的弹性材料，以免试样在夹具内打滑。试验机的同轴度不好，拉伸位移将偏大，拉伸强度有时将受到影响，结果偏小。

影响塑料材料拉伸性能试验结果的因素很多，除许多内在因素如塑料成分的变化、分子量大小及分布、分子结构、内部缺陷等直接影响拉伸性能外，还有许多外部因素和人为因素，这些因素最终将影响试验结果。因此，试验人员必须具有高度的责任心，严格执行国家标准和操作规程，才能消除影响试验结果准确性的因素或降低其影响程度，获得准确的试验结果。

第五节 塑料包装材料抗冲击性能测定

冲击试验是用来评价塑料包装材料在高速载荷状态下的韧性或对断裂的抵抗能力的试验。在运输、储存、搬运的过程中，塑料包装容器常常受到偶然的冲击而导致破坏。塑料包装材料的冲击强度反映了不同材料抵抗高速冲击而致破坏的能力。冲击试验可分为摆锤冲击法和落镖法等。

一、塑料薄膜抗摆锤冲击性能测定

国标 GB 8809—1988 "塑料薄膜抗摆锤冲击试验法"对塑料薄膜抗摆锤冲击试验进行了规定。采用该方法进行测试时，对薄膜的厚度没有严格要求的规定，但是塑料薄片的冲击性能测试不适用该方法。

【注意】厚度小于 1mm 的塑料薄片可以利用自由落镖法进行抗冲击性能试验。

1. 试验原理

使摆锤式薄膜冲击试验机的半球形状冲头，在一定的速度下冲击并穿过塑料薄膜，测量冲头所消耗的能量，以此能量评价塑料薄膜的抗摆锤冲击能量。

2. 试验仪器与校准

选用兰光机电技术有限公司的 FIT-01 塑料薄膜冲击试验仪进行试验，机器如图 4-3 所示，该仪器的组成有：主机、1J 基本摆体、容量 2J 砝码一个、容量 3J 砝码一个、Φ25.4mm 标准冲头一个、Φ19mm 标准冲头一个、Φ89mm 标准试验夹板一对、Φ60mm 标准试验夹板一个。该机试样气动夹紧，夹持力均匀，摆锤气动释放，结果准确。

进入仪器的"校验"界面，抬起摆锤体超过摆锤释放杆，按"试验"键，摆锤释放杆顶出，把摆锤体轻轻放下，使摆锤释放杆托住摆锤体。此时界面上参数"A"所显示的数值为摆锤即时角度，按"试验"键，释放摆锤，等摆锤不再摆

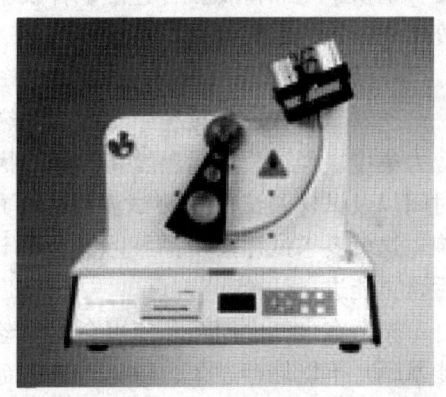

图 4-3 FIT-01 塑料薄膜冲击试验仪

动时，调整四个调平底脚，使摆角参数"A"数值为"120.00"。再做两次空摆试验，若摆锤停下来时"A"数值都为"120.00"，表示左右平衡已经调好。输入校验码后，根据量程砝码选择合适的冲击能量"FS"，做空摆试验，此时"A0"显示的数值即为空摆冲击角度，按"确认"键，设备自动记忆此角度，完成仪器的校验。

仪器重新放置位置、改换容量砝码、每次试验前等都需要对试验仪器进行校准。

3. 试样制作与状态调解

在外观无气泡、折痕和其他明显缺陷的塑料薄膜宽度方向上均匀地裁切试样，外形尺寸 100mm×100mm，或者直径 100mm，每组试样数量为 10 个。将试样放置在温度

(23±2)℃，相对湿度45%~55%的环境中放置至少4h，并在此环境中进行试验。

4. 试验步骤

（1）按照本章第二节内容测量试样厚度，在每个试样的中心测量一点，取10个试样测试结果的算术平均值。

（2）根据试样所需要的摆锤冲击能量选用冲头，使读数在满量程的10%~90%之间；可以选择冲头直径Φ25.4mm，配合夹具内圈直径Φ60mm；也可以选择冲头直径Φ19mm，配合夹具内圈直径Φ89mm。

（3）接通气源，将气源总压力调节到0.6~0.8MPa。

（4）仪器水平调节及校验，顺时针或逆时针调节四个调平底脚，直至水平台上的水平泡处于中间位置；仪器校验方法如本节2内容所述。

（5）装夹试样，选择合适的摆锤量程。在试验状态下，抬起摆锤体，摆锤释放杆自动顶出，将摆锤体托住，将试样平展地放入夹具中，应使试样的受冲击面一致。按下"确认"键，将试样夹紧，试样不应有褶皱或者四周张力过大的现象。按下"试验"键，释放摆锤体，观察冲击能量值是否在摆锤最大量程的20%~80%之间，否则增加或更换量程砝码，如果更换量程砝码时，需要重新对仪器进行校准。

（6）试验，调整好量程后，再按照上一步做一组冲击试验，此时该组试样的冲击能量值和它的算数平均值可以在显示屏上读出。当冲头冲击试样时，试样在夹具内滑移是产生试验误差的最大原因，如果有滑移，则该试样结果应该舍弃。检查滑移的方法是：在摆锤冲击前，沿下夹具内壁在试样表面用某一颜色的笔画一个圆圈，但对试样只能施加笔本身的压力，不要划伤试样，待摆锤冲击后，沿下夹具内壁，在试样表面用另一颜色的笔再画一个圆圈，如果在圆周的任一位置出现双线，则表明存在滑移，需要舍弃该试样。

（7）试样结束，打印试验报告。

5. 影响因素分析

抗摆锤式冲击试验，虽然仪器简单，操作方便，但影响试验结果的因素却多而复杂。

（1）冲击过程的能量消耗

冲击过程实际上是一个能量吸收过程，当能量达到产生裂纹和裂纹扩展所需要的能量时，试样便开始破裂直到完全断成两部分，但在冲击试验中要单独测出试样断裂所需要的能量（吸收能）是很困难的。在冲击试验过程中有以下几种能量消耗：

①使试样发生弹性和塑性变形所需的能量；
②使试样产生裂纹和裂纹扩展断裂所需的能量；
③试样断裂后飞出所需的能量；
④摆锤和支架轴、摆锤冲头和试样相互摩擦损失的能量；
⑤摆锤运动时，试验机固有的能量损失如空气阻尼、机械振动等。

上述第①②两项是试验中所需要测得的，第④⑤两项属于系统误差，只要对试验机进行很好的维护和校正，工程试验中可以忽略。第③项试样的飞出功，这部分能量反映在最后试验数据上，有时占相当大的比例。对同一跨度来说，试样越厚，飞出功越大。

因此，常要对这部分能量进行修正，特别是对消耗冲击能量小的脆性材料。

（2）温度和湿度

温度对塑料包装材料的冲击强度有着很明显的影响。冲击强度值随温度的降低而降低。在低温下，冲击强度急剧降低。在接近玻璃化温度时，冲击强度的降低则更为明显。相反，在较高的测试温度下，冲击强度有明显的提高。通常，标准试验方法均规定了冲击试验的标准环境温度。

湿度对有些塑料包装材料的冲击强度也有影响。某些吸湿性较大的材料例如尼龙在干燥状态下和吸湿后状态下测试，其冲击强度有明显的不同。在相同的温度下吸湿越多，其冲击强度值也越高。因此，在试样测试过程中都需要严格控制环境湿度。

（3）试样的厚度

同一种塑料包装材料，同一成型条件，而试样的厚度不同，则试样的结果也不一样。

（4）冲击速度

通常，冲击试验机摆锤的冲击速度为 3~5m/s，无论是简支梁冲击试验还是悬臂梁冲击试验，冲击强度值均随冲击速度的增加而降低，且热塑性塑料比热固性塑料影响更为显著。

（5）试验过程

试验过程中有一些操作和仪器设备等因素也会给结果带来影响，如冲击速度，由于仪器使用和维护方面的问题，有可能使速度降低或者提高。此外不同的冲击试验机，冲击速度也不同。这样对一些形变速度敏感的材料就有影响。

二、塑料包装材料落镖冲击性能测定

自由落镖法是在给定高度的自由落镖冲击下，测定 50% 塑料薄膜和厚度小于 1mm 的塑料薄片试样破损时的能量，以冲击破损质量表示塑料薄膜或薄片的抗冲击能力。GB 9639—1988 "塑料薄膜和薄片抗冲击性能试验方法自由落镖法" 对该试验方法进行了规定。

冲击破损质量是指在规定的试验条件下，有 50% 试样破损时的落体质量，以 M_f 表示。落体质量是落镖、砝码和锁紧环的质量之和。受冲击时试样破损的判断可以是下列几种情况：

破裂——肉眼能够观察到的不贯穿全厚度的裂缝；

断裂——贯穿材料全厚度的裂缝；

贯穿——落镖完全贯穿试样的破损；

破碎——塑料薄片试样断裂成两片或更多部分。

此外，经有关双方商定的凹陷的陷坑深度也可作为破坏与否的判断依据。

1. 试验原理

当落镖从自由落镖冲击试验机的一定高度处下落时，它以一定的动能冲击试样，落镖质量越大，动能越大，冲击能量也就越大。落镖对试样所做的功按式（4-4）计算：

$$W = mgh - \frac{1}{2}mV^2 \tag{4-4}$$

式中：W——落镖对试样所做的功，N·mm；
m——落镖质量，g；
h——落镖的下落高度，m；
V——落镖对试样的冲击强度，m/s。

当试样破损时，$V=0$，则有 $W=mgh$，即落镖对试样所做的功与其质量成正比。因此，可以用落镖质量来衡量塑料薄膜或薄片的抗冲击能力的大小。

2. 试验方法与仪器

国标 GB 9639—1988 "塑料薄膜和薄片抗冲击性能试验方法自由落镖法"中，包括两种试验方法：A 法及 B 法。A 法适用于冲击破损质量为 50～2000g 的塑料薄膜或厚度小于 1mm 的薄片材料。选择 A 法进行试验时，落镖头部的直径为（38±1）mm，落镖冲击面到试样表面的垂直距离为（0.66±0.01）m。B 法适用于破损质量为 300～2000g 的塑料薄膜或厚度小于 1mm 的薄片材料，采用 B 法进行试验时，落镖半球形头部的直径为（50±1）mm，落镖冲击面到试样的垂直距离为（1.50±0.01）m。

每一落镖质量偏差为±0.5%，落镖头部的表面应无裂痕、擦伤或其他的缺陷。两种方法试验时，可以按照需要选择砝码。砝码系列如表 4-2 所示。

表 4-2 砝码系列

方法	砝码直径/mm	砝码质量/g	砝码个数
A 法	30	5	大于 2 个
		15	8
		30	8
		60	8
B 法	45	15	大于 2 个
		45	8
		90	8

用 BMC-B1 落镖冲击试验仪进行试验，仪器构造如图 4-4 所示。利用该仪器可以完成 A 法和 B 法两种试验方法，试样自动夹紧、释放，试验数据系统自动识别、计算，无须人工干预，增强了试验结果的可靠性和准确性。该仪器的工作原理为：试验开始时，首先选择实验方法，估计一个初始质量和 ΔM 值进行试验，如果第一个试样破损，用砝码 ΔM 减少落镖质量，如果第一个试样不破损，则用砝码 ΔM 增加落镖质量，依次进行试验。利用砝码减少或增加落镖质量，取决于前一个试样是否破损。20 个试样试验后，计算破损试样总数 N，如果 N 等于 10，试验完成；如果 N 小于 10，补充试样后继续试验，直到 N 等于 10 为止；如果 N 大于 10，补充试样后，继续试验，直到不破损的总数等于 10 为止。

3. 试样制作与状态调节

试样应该无气泡、折痕或其他明显的缺陷。其长度与宽度尺寸均大于 153mm，数量不少于 30 个，按本章第一节内容中的正常标准环境下进行状态调节至少 8h，并在同样环境下进行试验。

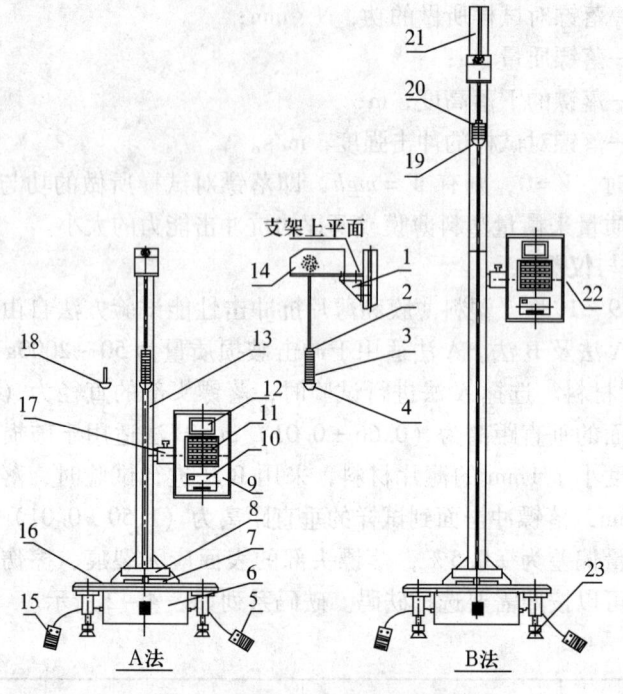

图 4－4　BMC－B1 落镖冲击试验仪

1—可调支架；2—锁紧环；3—砝码（A 法）；4—落镖（A 法长镖）；5—右脚踏开关（试验）；
6—气动元件盒（内有汽缸）；7—下夹具及胶垫；8—上夹具及胶垫；9—控制箱；10—打印机；
11—按键区；12—显示屏；13—立柱（1150mm）；14—吸持机构（电磁铁）；15—左脚踏开关（夹样）；
16—底板；17—控制箱可调机构；18—落镖（A 法短镖）；19—落镖（B 法中镖）；
20—砝码（B 法）；21—立柱（840mm，B 法时用）；22—电源开关；23—调平底脚

4. 试验步骤

（1）打开机器电源，按任意键进入试验主界面，此时"试验"项为默认项，按"确认"键，进入试验界面；

（2）根据试验材料的特性，选择试验方法。即在试验界面中输入"A 法"或者"B 法"，如果试验使用的是 A 法，则在键盘上直接按"A 法"键，如果试验使用的是 B 法，则在键盘上直接按"B 法"键。系统自动将试验方法切换到该方法所在的屏幕；

（3）确定冲量值。冲量值是一个估计值，并不十分准确，可以事先估计一个数值输入到冲量中，也可以通过试验预做获得该数值。试样预做和正式试验相仿，不同的是，预做不需要输入冲破或者未破状态，用户先估计一个冲击质量，然后在此质量的基础上，递增或递减砝码。当递增或递减到刚好能冲破时，把此落镖（空镖和砝码）的质量作为冲量值，输入到冲量中。输入操作步骤如下：按"质量"键，其对应的区域高亮度显示，按"更改"键，从数字区输入落镖质量值，然后按"确认"键进行保存，完成冲量值的设置；

（4）确定量差值，即 ΔM 值。在步骤（3）的基础上，递增或递减砝码，当达到递增一定质量的砝码时，试样能冲破，递减同样质量的砝码时，试样不能冲破，这时这"一定质量"的砝码就可作为 ΔM 值输入。ΔM 值的输入操作是：首先按"量差"键，

然后按"更改"键，输入想要输入的数据，中间输入有误时，可按"更改"或"删除"键进行修改，最后按"确认"键对输入数据进行保存。需要注意的是，"一定质量"的砝码可能是一个砝码，也可能是几个砝码的组合重量。再者，对冲量和ΔM值的估计误差，不会影响最后的试验结果，影响的只是用户完成试验所做的次数和试样的用量；

（5）确定试验结束时，是否自动打印试验数据；

（6）可以按照下述方法检查试样是否有滑动迹象。在落镖下落前，沿上夹具内壁在试样表面用圆珠笔画一个圆圈，但是对试样只能施加圆珠笔本身的压力。待落镖下落后，沿上夹具内壁在试样表面用另一颜色的笔画一圆圈，如果在圆周的任一位置出现双线，则表明存在滑动；

（7）正式试验，当冲量、ΔM值等参数确定后，按"放样"键，或踩标有"放样"标志的脚踏开关，汽缸抬起，为放置试样做准备；放置大小合适的试样后；按"夹样"键或踩"放样"标志的脚踏开关，汽缸夹紧，用笔沿夹具的边缘在试样上轻轻画圆，目的是在冲击后检查试样是否有松动；然后按"电磁"键，电磁铁上电，将落镖插入到吸持机构；最后，按"试验"键或踩标有"试验"的脚踏开关，落镖落下，冲击试样后，若弹起，应捉住它。在此过程中，用户要注意安全，避免身体在落镖下落的区域内停留。冲击后，检查是否有松动，有松动，试验失败，丢弃试验数据；如果无松动现象，在后面背光的情况下，检查试样是否破损，然后根据其情况，按"冲破"或"未破"键，最后对输入的结果按"确认"键确认。当试验件数不为空的时候，说明试验已经开始了，这时所有的试验参数都不能在设置了，接着根据破损的情况增加或减少ΔM值，操作时，用户无须输入数字，直接按"+ΔM"或"-ΔM"即可，系统会自动刷新冲量值，并会保留住上次试验的破损状态，提示用户下次该按"+ΔM"，还是该按"-ΔM"，上下箭头键可查询试验的详细信息。按上述的情况，一直循环试验，直到系统自动结束、自动打印试验结果为止。

5. 影响因素分析

落镖冲击试验是以落镖直接冲击试样，因此除了落镖的下落高度及质量大小之外，落镖冲头的形状尺寸对试验结果影响很大。一般冲头都是半球状，冲头直径小则冲击破损能低，反之则高。因此试验时应按照国标标准规定选取合适的冲头。冲头表面是否光整，如果有机械损伤，则应该即时更换，否则会对试验结果造成明显影响。

第六节 塑料包装材料耐撕裂性能测定

塑料包装材料的耐撕裂性能是塑料薄膜和薄片在实际使用中不可缺少的重要性能之一，撕裂强度可以提供塑料产品质量控制，使用范围等所需要的依据。在很多商品包装上有撕裂的应用，如方便面包装袋的封口撕裂标志处、牛奶袋封口撕裂标志处等。塑料薄膜和薄片的耐撕裂性能的试验方法有很多种，其中埃莱门多夫法和裤形法撕裂已被各国广泛应用。这两种方法在受力方式、适用范围等方面均有不同。埃莱门多夫法只适用于软质的薄膜、薄片的测定；裤形撕裂法的适用范围更为广泛，可以测定1mm以下的硬质、软质及压花塑料薄膜和薄片。在对塑料包装材料进行撕裂性能测试时，首先要正确的选择试验方法，否则将会影响试验结果的可靠性和准确性。试验操作者清楚掌握每种试验方法所适用的塑料包装材料的种类和厚度范围是十分有必要的。

一、埃莱门多夫法撕裂性能测定

国标 GB11999—1989 规定了用埃莱门多夫法测定塑料薄膜和薄片的耐撕裂性，该标准适用于测试由软聚氯乙烯、聚烯烃、聚酯、复合薄膜和薄片等材料所制成的成品和半成品切取的试样，测试其试样的耐撕裂力。

耐撕裂力是指用规定的方法撕裂试样所需的力，单位是 N。

1. 试验原理

使具有规定切口的试样承受规定大小摆锤储存的能量所产生的撕裂力，以撕裂试样所消耗的能量大小计算试样的耐撕裂性。

2. 试验仪器及校准

选用 SLY–S1 型撕裂度仪进行试验。机器如图 4–5 所示，主要由摆锤支架、扇形摆锤体、摆轴、固定夹具、活动夹具、增重砝码、冲刀、摆锤释放机构和测试软件组成。摆体容量为：200gf、400gf、800gf、1600gf、3200gf、6400gf。仪器气动夹持试样，夹持更加牢固，同时气动释放摆锤。该仪器工作原理是：将摆锤提升一定高度，使其具有一定的势能，当摆锤在自由下摆时，利用其自身储存的能量将试样撕裂，由计算机控制系统计算出撕裂试样时消耗的能量，从而得到撕裂试样所需要的力。

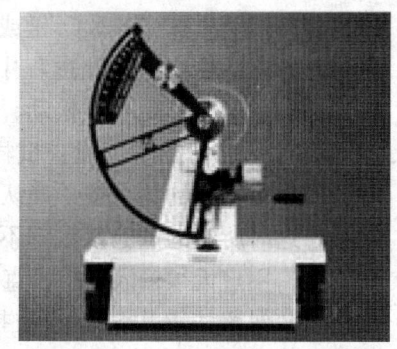

图 4–5 SLY–S1 型撕裂度仪

仪器校准步骤如下：

（1）打开测试软件，点击"平衡"或者"标定"图标，会弹出"平衡校验"界面，此时将摆锤体扬起，下端摆锤释放杆自动顶出将其挡住，此时摆锤显示"180.00"，若不是，需要调整其摆锤固定螺旋并紧固。摆锤中心处所配带的是 200gf 的基本摆体。

（2）按"夹紧"件，汽缸夹紧，按一下冲刀，再按一下"试验"键，摆锤释放。当摆锤停止摆动时，显示值"110.039"，若不是此值，调整正对仪器右侧两底脚来调整此值。左侧两底脚用来调整仪器左右水平。

（3）反复空摆几次摆锤，记录摆锤所摆的最大角度值。若此值不再变化，将"平衡校验"界面中的红色区域数据改为实际摆的角度值，并点击"设定上位点"进行设定。至此完成对仪器的校准。

3. 试样制作与状态调节

除非试验材料规格有特殊规定，否则均应在试验材料的纵、横向上各取 5 个试样。试样有两种形状，一种是恒定半径试样，另一种是矩形试样。仲裁试样为恒定半径试样，因为其具有较好的重复性。本仪器所使用的试样形状为矩形试样，其形状和尺寸如图 4–6 所示。试样的表面应无污渍、褶皱和针孔等缺陷。试样切好后在其长度方向的中心切一条（20±0.5）mm 的切口，该切口应光滑无刻痕。本仪器带有固定的配套刀具，可以在试样装夹在机器夹具上后，使用这种刀具将试样切口，同时需要经常检查刀具是否锋利和切口尺寸是否满足要求。

试样制作好后，除非材料规格另有规定，否则试样应按本章第一节所述内容，在温度（23±2）℃，相对湿度为50%±5%的环境条件下，至少放置12h以上，并且在此环境中进行试验。

4. 试验步骤

（1）打开仪器电源和气源；
（2）运行测试软件，进行参数测试；
（3）根据本节2的内容进行仪器校验；

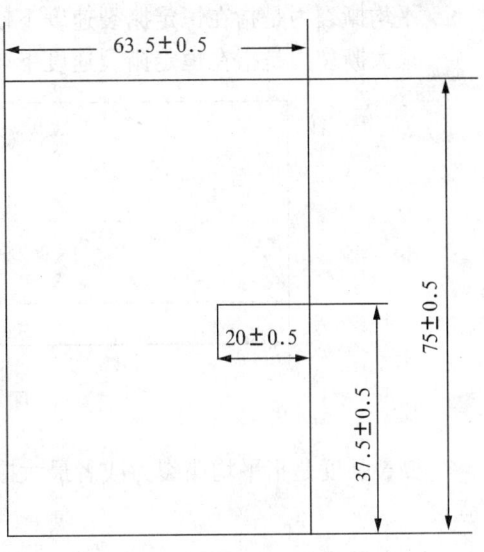

图4-6 矩形试样

（4）调整好后，进入"平衡校正"界面，将带有200gf砝码拧到标定支架上，在将其插入两夹头之间，按下"试验"键，摆锤体释放，此时应该显示50%±0.2%，如果在此范围之内，则可以开始正式试验。如果不在此范围之内，则需要根据本节2的内容重新进行仪器的校准；

（5）若在此范围之内，将试样夹到两夹头之间，按"夹头"键，将试样夹住，按一下冲刀，将试样切一条长（20±0.5）mm 的切口，再按下"试验"键，摆锤释放，将试样撕裂，测试软件自动计算出撕裂力、释放角度等，并将计算结果进行显示。观察撕裂力值是否在仪器最大量程的20%~80%之间。若超出，需要更换增重砝码，或采用多层试样，本仪器采用更换砝码的方法；

（6）一次试验完毕，再次装夹试样进行下次试验。若在试验过程中出现试验数据异常，可以按"撤销"键，将当前所作试验删除，或者撕裂线偏离切口线10mm以上时，该矩形试样也要求放弃，如果撕裂线始终都偏离切口线10mm以上时，需要改用恒定半径试样试验；

（7）试验完毕，保存和打印试验数据，关闭电源和气源。

5. 影响因素分析

影响塑料包装材料耐撕裂性能的因素很多，其中试样的切口是否光滑，如果不够光滑，将会使得撕裂线偏离切口线，有可能导致试验数据受到影响；试样状态调节，经过状态调节的试样内部应力可以被消除，保证试验数据的准确性；还有试验过程操作人员的工作态度，以及撕裂仪自身的误差等都会影响试验结果的准确性。

二、裤形法撕裂性能测定

裤形撕裂法适用于厚度在1mm以下的软质、硬质包装材料的薄膜和薄片所切取的标准裤形试样的耐撕裂性能的测定。泡沫材料的耐撕裂性能不适用该方法。在进行试验前需要了解以下定义：

平均撕裂力是指在恒定撕裂速度下使裂纹横贯图4-7所示的试样所需要的平均力；
最大撕裂力是指在恒定撕裂速度下撕裂图4-7所示的试样所需要的最大力；

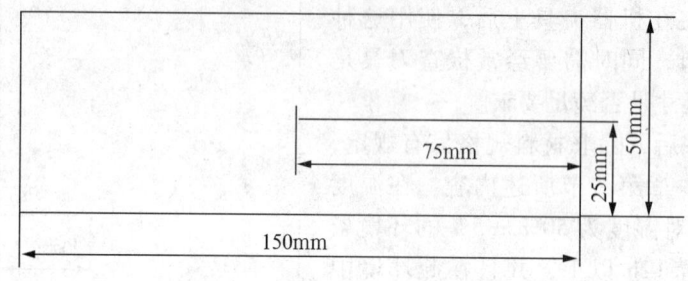

图4-7 试样

撕裂强度是指平均撕裂力或者最大撕裂力除以试样的厚度，由式（4-5）计算撕裂强度

$$\frac{F_t}{d} \tag{4-5}$$

式中：F_t——试样的平均撕裂力（或最大撕裂力），N；
　　　d——试样的厚度，mm。

1. 试验原理

在试样长轴方向上切缝至1/2处，使其切口所成的两"裤腿"上经受拉伸试验，测出沿长轴方向上撕裂所需的力。

2. 试验仪器

根据国标 GB/T 16578—1996 内容对拉力试验机的要求选择 XLW（pc）型智能拉力试验机，试验速度为 (200±20) mm/min。

3. 试样制作与状态调节

试样的形状和尺寸如图4-7所示，长度150mm，宽度50mm，试样中央的切口长度为 (75±1) mm。试样应裁切得边缘光滑无缺口。某些类型的薄膜和片材耐撕裂性能可能随膜面方向的不同而变化，所以试样应分别从纵向和横向裁切，裁切方法如图4-8所示。裁切试样的数量应保证在受试材料的纵向和横向上至少各测出5次撕裂力。除非另有规定外，试样应按本章第一节内容所述得标准环境中进行状态调节，时间不少于4h，并在此环境下进行试验。

4. 试验步骤

（1）根据本章第二节内容所述的测量方法，在试样切口顶端到试样的对边之间等距离的三个点以上测量厚度，取算术平均值；

（2）调整拉力试验机夹具夹头的初始距离为75mm，安装试样，使试样主轴线与夹具中心的连线重合，拧紧夹头将试样夹牢；

（3）选择"拉伸试验"项目，然后进行参数设置，夹头距离设置为75mm，速度设置为200mm/min，同时运行测试软件；具体过程可以参照本章第四节内容；

（4）按"试验"键，开始试验，软件在屏幕上实时显示负荷随时间变化的曲线图；

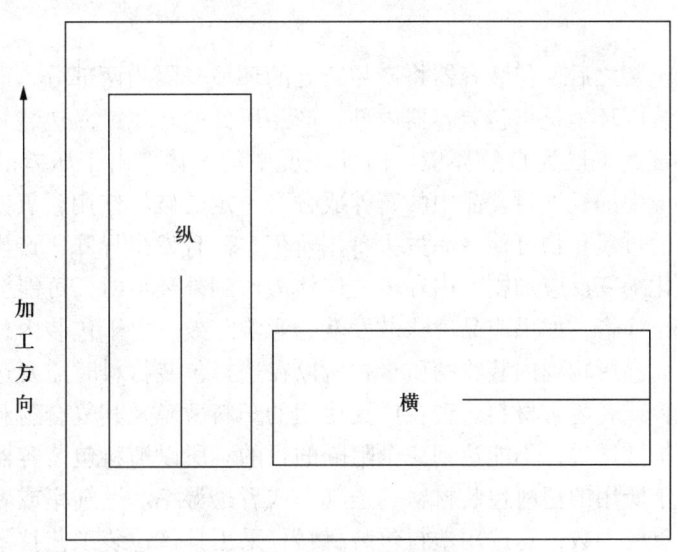

图4-8 试样的裁切方法

(5) 试验结果的表示。对于具有如图4-9所示的"负荷—时间曲线图形特征"的薄膜和薄片的平均撕裂力是略去撕裂无切口长度的前20mm和最后5mm的负荷后,取剩下的中间50mm长度上的撕裂负荷的近似平均值,即通过图形中这一部分的波浪形平台画一条与横轴平行的中线,读取这一中线所对应的负荷值。对于具有如图4-10所示的"负荷—时间曲线图形特征"的薄膜和薄片取负荷最大值作为最大撕裂力。

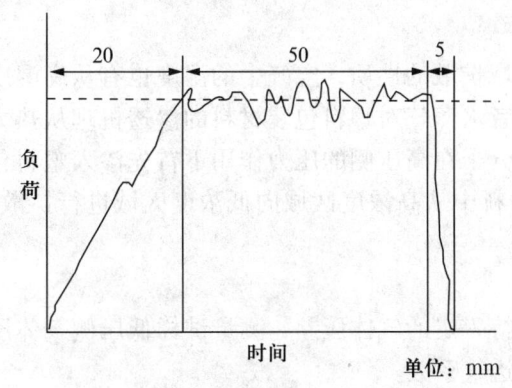

图4-9 低延伸性薄膜的负荷—时间图

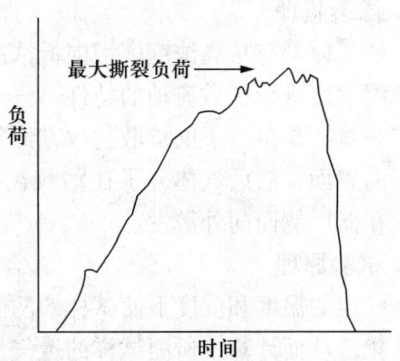

图4-10 高延伸性薄膜的负荷—时间图

第七节 塑料包装材料透气性能测定

塑料的阻隔性能是指塑料制品对小分子气体、液体、水蒸气、香味等的屏蔽作用。用于表征塑料阻隔能力大小的指标为透过系数,塑料的透过系数越小,其阻隔能力越高。国际上对氧气透过系数小于$3.8cm^3 \cdot mm/(m^2 \cdot 24h \cdot MPa)$的聚合物称为阻隔性聚合物。

对产品进行包装之后，包装容器将产品所处的环境分隔为两部分，即包装内环境和包装外环境。包装内环境是指包装容器内部，产品所处的环境，而包装外环境是指整个包装件所处的环境，一般为自然环境。内外环境中的气体，由于压差的存在会相互渗透。渗透到内环境中的氧气对食品中的营养成分有一定的破坏作用，氧使食品中的油脂发生氧化，产生的过氧化物可使食品失去食用价值，而且发出异味，产生有毒物质，氧能使食品中的氧化褐变反应加剧。内环境的气体渗透到外环境时，可能会降低产品的使用价值，如伤风止痛膏，如果产品气味散发就会影响疗效。由于包装内外环境气体渗透现象的发生，从而会影响到内装物的质量，所以在选择包装材料时需要选择阻隔性能较好的塑料包装材料或者复合材料。现在广泛使用的塑料薄膜及其复合材料，由于气体和水蒸气的分子能扩散透过，不能达到完全阻隔的目的。所以塑料包装容器的阻隔性能在很大程度上取决于所用的塑料包装材料的透气率或者透湿率。透气率或者透湿率是包装材料阻隔性能的重要参数，是选用塑料包装材料，采用具体包装工艺技术和确定产品货架寿命的主要依据。所以对塑料包装材料进行透气性能的测定是十分必要的。

一、压差法塑料薄膜气体透过性能测定

目前进行塑料材料透气性测试的方法有等压法与压差法，两种方法的测试原理不同，测试条件差别较大，但是在阻隔性能测试领域中都占有重要的地位。压差法在透气性测试中一直作为基础方法使用，科研检测机构多采用这种方法。等压法相对压差法，它的试验时间有一定的缩短，广泛用于商贸检测中。

1. 渗透机理

一般气体都有从高浓度区域向低浓度区域扩散的性质，空气中的湿度也有从高湿度区向低湿度区进行扩散流动的特性。气体或者水蒸气对塑料包装材料的渗透机理从热力学观点来看，是单分子的扩散过程，即气体分子在高压侧的压力作用下首先渗入塑料包装材料内表面，然后气体分子在塑料包装材料中从高浓度区域向低浓度区域进行扩散，最后，在低压侧面向外散发。

2. 试验原理

在一定的温度和湿度下使试样的两侧保持一定的气体压差，测量试样低压侧气体压力的变化，从而计算出所测试样的透气量和透气系数。

透气量是指在恒定温度和单位压力差下，在稳定透过时，单位时间内透过试样单位面积的气体的体积，以标准温度和压力下的体积值表示，单位是 $cm^3/m^2 \cdot d \cdot Pa$。

气体透过系数是指在恒定温度和单位压力差下，在稳定透过时，单位时间内透过试样单位厚度、单位面积的气体的体积，以标准温度和压力下的体积值表示，单位是 $cm^3 \cdot cm/cm^2 \cdot s \cdot Pa$。

3. 试验仪器

目前，常用的塑料包装材料气体透过性测定仪是 BTY－B1 透气性测试仪，该测试仪的测试范围宽、使用简单，可以进行多种气体的测试，试验成本低，透气性测试仪由主机、计算机辅助处理系统和气源三部分组成。主要技术指标如下：

测试气体：纯度为99.9%的干燥氧气、氮气和二氧化碳气体；

测试面积：S1 0~10000 cm^3/m^2·d·0.1MPa；

　　　　　S2 10000~70000 cm^3/m^2·d·0.1MPa；

　　　　　S3 >70000 cm^3/m^2·d·0.1MPa；

测试精度：0~（100±2）示值、>（100±1）%示值；

系统分辨率：0.001Pa；

试样尺寸：Φ85mm；

透过面积：S1=36.30cm^2、S2=4.906cm^2、S3=0.5024cm^2；

试样数量：3件或者2件或者1件；

气源输出压力：0.4~0.6MPa（4~6kgf/cm^2）；

试验压差：1atm；

4. 试样制作与状态调节

将准备进行试验所用的塑料包装材料，如PE、PP、LDPE或者复合薄膜等材料按本章第一节内容所叙述的在标准环境中进行48h以上的状态调节或按产品标准规定处理，然后利用设备配置的专用取样器切去Φ85mm的圆形试样，每组试样至少3个，要求切取的试样表面平整、无划痕、无穿孔、无其他附着物、无毛边，无弹性或者非弹性拉伸。如果测试试样是单层膜，则其正面与反面的测试结果一样，测量一面即可，如果测试试样是涂覆膜、复合膜和多层共挤膜等，则正面与反面的透气性测试结果不一样，正面和反面应分别测量。

5. 试验步骤

（1）按本章第二节内容测量试样厚度，至少测量5点，取算数平均值；

（2）打开透气性测试仪主机电源进行预热；

（3）打开计算机运行测试软件，对各个参数进行设置，此处试验温度的设置为23℃，即状态调节后的试样应在与状态调节前相同的环境或温度下进行试验；

（4）在确定减压阀关闭的情况下，打开气源总阀门；

（5）装夹试样，用柔质材料擦净测试下腔表面的灰尘，以及之前试样留下的真空油脂等。在下腔的多孔纸放置区域之外到测试台密封胶圈之间均匀地涂上一层真空油脂。注意真空油脂用量要适中，将多孔纸放置在测试下腔表面的指定位置内，不能让多孔纸接触到真空油脂。在密封圈之内平整地放上试样，尽可能地让多孔纸和密封胶圈处于同心的位置，不能让试样的边缘和下腔密封胶圈接触或叠加。小心盖好上腔，注意不要移动上腔以免使试样移位，三个旋转手柄同步旋转压紧上腔，否则可能造成系统的漏气；

（6）调节输出压力阀，将指针停在0.7MPa。此步骤十分重要，需要特别注意，以防止由于压力超过传感器量程而导致传感器的损坏；【注意】减压阀顺时针旋转为增加压力，逆时针旋转为减小压力。

（7）点击测试软件上的"试验"按钮，开始试验；

（8）试验结束后，打印输出试验结果。关闭机器时，应先关闭钢瓶，但此时压力表上仍显示有一定的压力，这时应将表头内的压力卸载掉。具体做法是：点击测试软件上的"试验"按钮，一直等到压力表示数为零，卸载了压力之后，将密封手柄旋转松，以释放手柄对仪器上板的压力,然后关闭主机电源,最后关闭计算机。

6. 影响因素分析

利用压差法进行透气性试验时,影响试验结果的因素很多,如透气性测试仪传感器的精度、有效量程、系统泄漏和试验环境等。其中试验环境温度的波动、试样脱气状态和系统泄漏对试验的影响显著。

温度的波动能引起聚合物阻隔性能的大幅度变化。温度变化对塑料包装材料阻隔性能试验的影响分为对试样的影响以及对渗透质的影响两个方面。聚合物分子链越长其构象越多,当温度升高时,由于热运动,分子链构象变化越快,聚合物内聚度下降,材料的阻隔性能会降低。当气体作为渗透质在聚合物内部扩散时,温度升高,气体分子能量增大,使得能量更容易达到在分子链间扩散所需要的能量值,这样气体分子对聚合物的扩散系数变大,材料的阻隔性能下降。

试样脱气时间的长短能够直接影响试验结果,延长脱气时间可以有效减弱试样脱气对试验结果的影响。可是在实际试验过程中,脱气时间长会显著降低试验效率,延长试验时间。

系统泄漏对试验的影响不因材料的不同而变化。每台设备的系统泄漏量程都是一定的,操作者无法改良。由于压差法的微小变化对气体渗透量的影响微弱,即使出现微小的渗漏也不会影响试验结果。一般所说的系统渗漏多指测试仪器下腔的泄漏,它直接与压力测试元件相连,微小的泄漏都有可能对试验结果产生明显的影响。

二、等压法塑料薄膜气体透过性能测定

1. 等压法测试原理

目前,应用于透气性测试的等压法主要是传感器法,该方法测试原理如图4－11所示,利用试样将渗透腔隔成两个独立的气流系统,一侧(A侧)为流动的测试气体(纯氧气或者是含氧的混合气体),另一侧(B侧)未流动的干燥氮气,试样两边的压力相等,但是氧气分压不同。在氧气浓度差的作用下,氧气透过薄膜并被氮气流送至传感器中,传感器精确测量出氮气流中携带的氧气量,从而计算出塑料包装材料的氧气透过率。

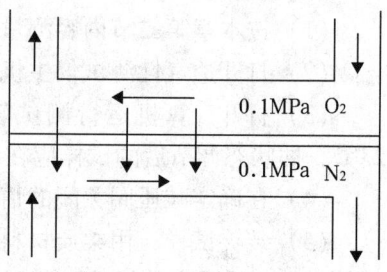

图4－11 传感器法测试原理

在检测氧气透过率时使用的是氧气传感器,当然如果将一传感器换为二氧化碳传感器,就能检测塑料包装材料的二氧化碳透过率。由于氮气作为载荷用于输送渗透通过试样的测试气体,所以目前利用这种测试结构检测氮气透过率还是无法实现的。等压法测试的塑料包装材料透过率的单位是 $cm^3/m^2 \cdot d$。因此等压法和压差法得到的未经校正的原始数据从理论上讲不具备可比性。等压法在测试试样两侧保持常压,使得试样两侧的压力相等,这也给塑料包装容器透氧性检测奠定了基础,可以避免由于容器两侧压差过大导致容器爆裂情况。

目前,利用等压法进行透气性测试的仪器有美国Mocon(摩康)OX—TRAN系列,

以及济南兰光机电技术有限公司的 TOY—C1 型透气性测试仪。该类仪器由于试样两侧压力相同，有利于减少试验过程中可能出现的泄漏，提高了试验的精度。该类仪器对于氧气透过量低的试样检测精度高，但由于传感器使用寿命的限制不适宜经常检测氧气透过量较高的试样。

2. 等压法与压差法比较

压差法的测试原理相对简单，只需要对气压进行精确的测量，而且可以测试材料对多种气体的阻隔性。但是压差法在其准确性及应用方面，仍有较大的局限性，因为：

（1）在测试时，需要在样品的两侧形成一个大气压的压差，这个压差的存在会破坏材料本身的性能结构，如产生裂纹、加大针孔、材料变薄、透气面积变大，这些改变会影响测试的准确性；

（2）目前镀铝膜等高阻隔包装材料的透氧率已经达到很低，铝箔复合膜则更低，压差法设备的最低测试范围也不能达到，所以压差法已经不能适用于这些材料的检测了；

（3）压差法设备不能测试完整的包装件，只能测试膜材，有时，材料本身的透氧率不存在问题，而软包装的封边、瓶盖的密封等因素，都会严重地影响完整包装的透氧率，对包装件的透气率进行测试就显得尤为重要了；

（4）压差法设备不能控制测试湿度，不能检验一些亲水性材料（如尼龙、EVOH等）在高湿环境下的透氧率突变情况；

（5）测试的重复性较差，台间差也会达到15%～20%以上，只能用原厂的标准膜进行验证，但是由于国内外都没有溯源标准膜的供应，所以不同生产商的设备之间没有一个统一的参考值；

（6）测试效率低，尤其是对一些较高阻隔性能的材料的透氧率进行测试时，需要大量时间才能完成。

和压差法相比，等压法是一个更精确、先进的测试方法，因为：

（1）测试时，样品膜两侧的气压相同，不会破坏材料本身的性能结构，更接近于包装材料真实使用的环境，确保了试验结果的准确性；

（2）等压法设备的测试范围很低，足以准确地检测压差法不能够测量的那些高阻隔性材料；

（3）可以测试完整的包装件或瓶，只需要加装很小的附件；

（4）可以对试样测试环境的温度、湿度进行精确度控制；

（5）测试重复性很好，一般只有±1%，而且可以利用追溯美国标准研究院 NIST 的标准膜来验证设备，使得台间差也只有2%～3%，不同实验室的测试结果能够有很好的对比性；

（6）测试效率高，由于不需要抽真空，一般阻隔样品只需要一个白天就能完成，高阻隔材料也最多只需要1～2天时间。

综上所述，等压法透氧测试法更适合于用于高阻隔材料的准确测试，而且还能对完整包装件进行检测，并且可以溯源，是最先进和准确的方法，在美国，欧洲及日本应用广泛。我国现行的标准 GB1038（压差法），于1988年制定，被广泛引用。而新的等压法标准 GB/T 19789（库仑电量法）已于2005年制定，有关产品标准还在完善之中。相信随着包装材料的不断提高和国标的完善，等压法会受到更多的关注和应用。

第八节 塑料包装材料透湿性能测定

透湿性是用于鉴定塑料包装材料防潮性能的质量指标，也是评价包装材料对内装物保护能力的一个非常重要的指标。通常将厚度为 25μm、透湿量低于 5g/（m²·24h）的薄膜，称为高阻湿性包装材料；透湿量在 5～20g/（m²·24h）之间的称为阻湿性包装材料；透湿量大于 20g/（m²·24h）的称为低阻湿性包装材料。透湿性的测试方法主要有利用分析天平称重的称重法和利用传感器测量相对湿度变化的传感器法两种。

传感器法是利用传感器直接测量由水蒸气的渗透引起的干腔内的相关参数的变化量，并输出电信号，将传感器输出的电信号与相对应的标准电信号比较，并通过给出的关系式计算出试样的水蒸气透过率。标准电信号是由测试参考膜得到的，它所对应的水蒸气透过率由称重法设备测量得到。使用传感器测量湿度及相关数据变化的有红外检定法，用红外线探测器或可调红外线传感器测量渗透进入干腔内的水蒸气量；动态相对湿度测定法，采用灵敏 RH 传感器反复测量干腔内的相对湿度变化情况；电解传感器法，通过电解水蒸气得到渗透进入干腔内的水蒸气量。使用传感器法为保持湿腔内的相对湿度可以采用直接在湿腔中保持一定量的蒸馏水或者饱和盐溶液，也可以使用饱和海绵，但是要保证蒸馏水或者饱和盐溶液不与试样接触。传感器法不适用于较厚的试样的透湿性测定。

在透湿性测试领域中最早使用的是称重法，通过长时期的完善，称重法已经成为一种十分成熟的透湿性测试方法，应用也最为广泛。称重法是在规定的温度条件下，在试样的两侧保持一定的水蒸气压差，然后利用分析天平或者称重传感器把透湿杯的重量变化"称"出来，再根据试样的面积、厚度、称量间隔时间以及试样两侧的湿度差计算出塑料材料的透湿性能参数。由于其特征测试元件是透湿杯，所以称重法又叫杯式法。当透湿杯内湿度高，外侧干燥时，水蒸气渗透离开透湿杯，称为减重法；当透湿杯内干燥，外侧湿度高时，水蒸气渗透进入透湿杯，称为增重法。采用增重法测试塑料材料的透湿性时，由于透湿杯所处的测试环境与称重环境不同，称重过程会破坏原来测试条件下的水蒸气扩散和渗透平衡，影响实验结果的准确性；操作者称量动作不够迅速、振动干燥剂不够充分以及干燥剂吸湿总量接近吸湿上限（GB1037—1988 规定干燥剂吸湿总量不得超过 10%）时干燥剂的吸湿率是否降低（尚无资料证明），上述原因会使得增重法难以长时间地在试样两侧保持稳定的水蒸气压差，对于吸湿量较大的试样影响更为明显。增重法的测试结果重复性较差，测试周期较长。鉴于增重法上述缺点的存在，以及增重法和减重法实际测试数据没有明显差异，目前在测试塑料材料的透湿性能时较多的采用减重法，在此采用减重法进行试验。

减重法能够很好的克服增重法所存在的缺点，减重法透湿杯中盛放蒸馏水或者饱和盐溶液能够长时间保持试样两侧稳定的水蒸气压差，避免了增重法中测试环境的变化及人为操作习惯影响造成的测检测结果差异；同时透湿杯无须在测试环境和称量环境往复移动，只需在测试环境中就可以完成对透湿杯的称量，使得测试在一个稳定状态下进行，提高了实验结果的准确性；由于不需要人为干预保持测试环境的相对湿度，所以减重法能够实验全自动检测。采用减重法测试塑料包装材料的透湿性能不失为一个好的方法。

一、试验原理

在规定的温度、相对湿度条件下，试样两侧保持一定的水蒸气压差，测量透过试样的水蒸气量，计算水蒸气透过量和水蒸气透过系数。

水蒸气透过量（WVT）：在规定温度、相对湿度、一定的水蒸气压差和一定厚度条件下，在24h内透过$1m^2$试样的水蒸气量，单位是$g/m^2 \cdot 24h$。

水蒸气透过系数（P_v）：在规定的温度、相对湿度环境中，单位时间内，单位水蒸气压差下，透过单位厚度，单位面积试样的水蒸气量，单位是$g \cdot cm/cm^2 \cdot s \cdot Pa$。

二、试验仪器及校验

目前采用减重法测试塑料材料透湿性能的仪器有：济南兰光机电技术有限公司生产的TSY-T1、TSY-T2、TSY-T3透湿性测试仪，本试验选用图4-12所示的TSY-T1透湿性测试仪，该仪器主要由测试仪主机、专用PC、透湿杯、测试软件、取样器、校验砝码构成，需要放置在无震动、无电磁波干扰且很少有人走动的实验室内，所处环境温度为（23±2）℃，环境相对湿度较低。透湿仪面板按键功能如表4-3所述，仪器工作原理如图4-13所示：在38℃的温度下，使试样的一侧保持恒定的饱和蒸汽压，另一侧保持干燥。饱和水蒸气透过试样进入干燥侧，通过测定透湿杯内蒸馏水蒸发重量随时间递减的变化量求出试样的透湿量。

表4-3 面板按键功能表

面板按键	功　　能
复位	使系统回到最原始状态
←、→	用于在水平多项间进行左、右移动选择
↑、↓	用于在上下多项间进行上、下移动选择
退出	用于返回上一级的界面，直到主界面
存储	对设置的各参数进行存储
确认	试验开始键或者进入下一级菜单

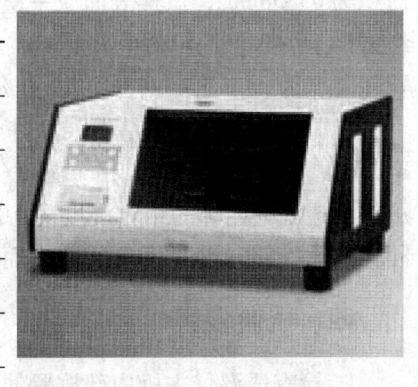

图4-12 TSY-T1透湿性测试仪

当测试仪初次安装时需要对仪器进行校验，仪器重新移动放置到其他位置时，如果所处的新环境与原环境温度有较大波动时，不但需要等待稳定、均温18h以上后才可以进行测试，而且同时还需要对仪器调整水平和重新校验。进入测试仪主界面后，选择"校验"项，按"确认"键进入校验界面，按"↓"键选择"称重校验"，连续按八次"确认"键（防止错误操作）进入校验开始界面，按"存储"键，记忆零点值，然后按"→"键选中"终点"，再按"存储"键，在传感器的托盘上放置标准砝码后，按"确

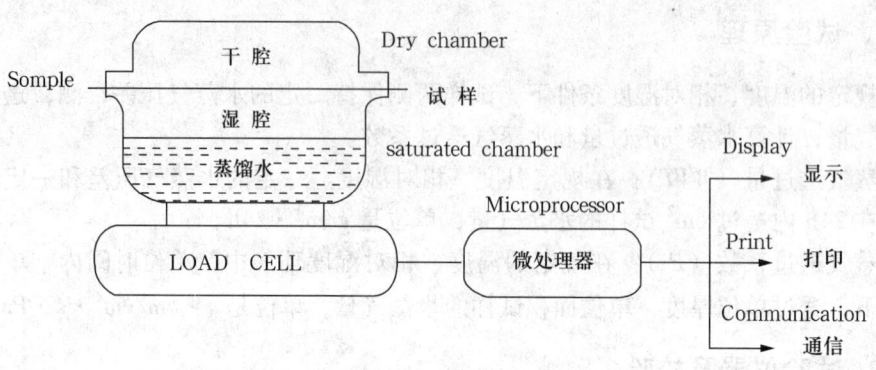

图 4－13 透湿仪工作原理

认"键开始进行校验，待系统稳定之后，将提示校验结果，拿下标准砝码，完成称重校验。在校验时称重传感器上的支架和托盘不要拿下来，否则系统将提示"欠量程"或者对校验无响应。温度和湿度传感器已经由厂家在仪器出厂前进行校验，操作者不需要再进行校验。

三、试样制作与状态调节

试样的准备及状态调节。用标准圆形取样器，切取直径 $\phi100mm$ 的圆形试样，测试面积为 $63.58cm^2$，试样表面应平整、均匀、不得有孔洞、针眼、褶皱和划伤等缺陷。每组试样至少 3 个，对两个表面材质不相同的样品，在正反两面各取一组试样。将试样放置在温度为 23℃，相对湿度为 50% 的环境中至少 4h 以上，进行塑料试样的状态调节。

试验条件分为两种情况，条件 A：温度 (38 ± 0.6)℃，相对湿度 (90 ± 2)%；条件 B：温度 (23 ± 0.6)℃，相对湿度 (90 ± 2)%。减重法中，透湿杯盛放的是蒸馏水时则可认为透湿杯内部的相对湿度为 100%，试验环境温度 (38 ± 0.6)℃、相对湿度 10%，同样也承受相对湿度 90% 的由内而外的稳定压差。

四、试验步骤

1. 检查透湿仪主机内部放置的变色硅胶。如果变色硅胶变为粉红色应及时更换，视湿度值应加入无水氯化钙 200～500g，以保证透湿杯所处环境的相对湿度为 10%。打开透湿仪主机电源，因为该仪器要预热 18h 以上，所以在使用该仪器前至少提前 18h 开机。

2. 正确装夹试样。在带有密封圈的透湿杯内加入蒸馏水，杯中水位高度为杯槽高度的 2/3，在加水过程中要避免水滴飞溅到透湿杯壁和螺纹上，影响测试结果准确性；接着把平垫圈放入透湿杯内，如果测试的试样质地较软或者平整性较差，则继续放置支撑盘在平垫圈上，再把试样放置在支撑盘上，如果质地较硬则可以不放置支撑盘，将塑料试样直接放置在平垫圈上；放置好试样之后在试样上方放置密封圈；最后旋紧压盖完成试验的装夹过程。在整个装夹试样过程中都要注意防止蒸馏水溢出测试杯槽。

3. 放置透湿杯。将装夹好试样的透湿杯放置在测试仪主机内的称重托盘上,要放置在托盘的中间位置,然后关闭密封门。移动和放置透湿杯过程中要尽可能保持透湿杯水平,减少蒸馏水与试样接触的机会,减少试验误差。

4. 参数设置。透湿仪各界面如图4-14所示,在透湿仪主界面中选择"设置"项,按"确认"键进入试验参数设置界面,进入设置界面时,选项默认为"预热时间",按"确认"键进入预热时间界面,按"↑、↓"键改变预热时间,为了试验结果精确度高,一般设定为480min,然后按"退出"键,返回上一层界面;按"↓"键和"确认"键进入设置温度界面,按"↑、↓"键改变设定温度,此处温度设定为38℃,然后按"退出"键,返回上一层界面;按"↓"键和"确认"键进入加热方式设置界面,默认"是",按"存储"键完成设定,或者按"→"键,再按"确认"键,最后按"存储"键选择"否",然后按"退出"键,返回上一层界面;按"→"键进入时钟设置界面,按"←、→"键,再按"↑、↓"键更改时间,然后按"退出"键,返回上一层界面;按"↑"键进入通信设置界面,设置过程同"加热方式"设置过程;完成通信设置后按"↑"键进入打印设置,设置过程同"加热方式"设置过程,设置之后按"存储"键完成全部参数设置,按"退出"键退出参数设置界面返回主界面。如果通信项设置为"是",则启动透湿仪测试软件,进入软件主界面后点击软件主界面左上方"参数设置"按钮,进行参数设置,参数输入完毕后,点击"保存"按钮完成参数设置。此处参数设置需要输入塑料试样厚度,以得到试样的透湿系数,试样厚度的测量过程如本章第二节内容所述。

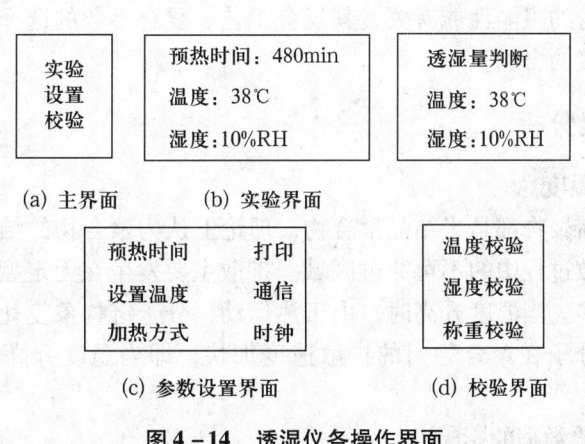

图4-14 透湿仪各操作界面

5. 在主界面中选择"试验"选项,按"确认"键进入试验状态,此时透湿仪测试软件开始实时接收透湿仪主机试验数据,试验时间、温度、湿度将在软件试验数据显示区实时显示。试验状态分为两部分,一是预热状态,二是判断状态,当设定的预热时间达到后,进入透湿量判断状态。

6. 试验自动结束后,测试仪主机打印出试验结果数据,同时试验结果与试验图形即时显示在测试软件主界面中。

7. 关闭测试仪主机和计算机。

五、数据计算

试验结束后测试仪主机打印出试验结果数据，数据内容包括：温度、相对湿度和试样透湿量，根据式（4-6）计算得出透湿系数。如果使用了透湿软件也可以从试验结果界面中查到试样透湿系数。

$$P_v = 1.157 \times 10^{-9} \times \frac{WVT \cdot d}{\Delta p} \tag{4-6}$$

式中：P_v——水蒸气透过系数，$g \cdot cm/cm^2 \cdot s \cdot Pa$；

WVT——水蒸气透过量，$g/m^2 \cdot 24h$；

d——试样厚度，cm；

Δp——试样两侧的水蒸气压差，Pa。

计算结果以每组试样的算术平均值表示，取两位有效数字。对复合塑料薄膜、压花膜和人造革不计算水蒸气透过系数。

理论上认为单层薄膜的防潮性能取决于所选材料本身的防潮性能，复合薄膜的防潮性能是各层薄膜防潮性能的总和。当复合膜各层的透湿量分别为 $W1$、$W2 \cdots Wn$ 时，复合薄膜的透湿度相当于：

$$\frac{1}{W} = \frac{1}{W1} + \frac{1}{W2} + \cdots + \frac{1}{Wn} \tag{4-7}$$

这种情况下复合的薄膜的透湿量不受各层薄膜复合顺序的影响。复合薄膜的透湿性不仅与复合薄膜本身的阻隔性能有关，其复合工艺、复合参数的选择与控制都对复合薄膜的透湿性能有直接的影响。

六、影响因素分析

1. 透湿性测试温度

绝大多数结晶高聚物都是半结晶聚合物，理论上认为聚合物的结晶部分是渗透度分子在聚合的内部扩散过程中的不可穿过区域。扩散主要发生在无定型部分。聚合物分子链越长，其构象越多。当温度升高时，由于热运动，分子链构象变化得越快，聚合物内聚度下降，渗透质分子在聚合物内的扩散速度加快，即当温度升高时材料的阻隔性会降低。

2. 湿度差对试验数据的影响

由于水蒸气是极性分子，在水蒸气对极性聚合物的渗透过程中，一些聚合物会首先吸收水蒸气，出现溶胀现象，使其中的自由体积增大。材料的透湿系数具有明显的水蒸气浓度依赖性，相应的材料的透湿量也受湿度变化的影响，表现为部分聚合物的透湿量与其两侧的相对湿度差呈非线性的变化。这种渗透量与分压差（对于透湿性测试来讲即是相对湿度差）不呈线性关系的现象就是水蒸气与常见无机气体在聚合物渗透过程中最显著的区别。

小 结

本章主要介绍了塑料包装材料的力学性能：拉伸性能、抗冲击性能、撕裂性能、阻隔性能、透气性能和透湿性能这些最基本最重要的性能的测定试验方法，对塑料包装材料的其他一些不太重要或者包装关系不大的性能，如电学性能、燃烧性能等的测定方法未进行讲述。为了使得到的试验数据具有可比性和准确性，本章所讲述的各个试验方法严格遵守国家标准所规定的方法，同时为我们正确选择塑料包装材料、指导塑料包装材料生产企业研发新型包装材料、改进原有包装材料的性能提供了指导和科学依据。对影响试验结果的因素进行了详细的分析，帮助试验操作人员对试验结果进行准确性评价和分析。

思考与练习

一、名词解释

拉伸强度　透气率　撕裂强度　冲击强度

二、简答题

1. 影响拉伸强度的因素有哪些？
2. 比较压差法和等压法透气性测试试验原理有何异同？
3. 影响抗冲击强度的因素有哪些？
4. 埃莱门多夫撕裂法和裤形撕裂法所适用的塑料包装材料的范围有何不同？
5. 透湿性测试原理是什么？

三、实训项目

通过对各种塑料包装材料的性能进行检测，为××油炸土豆片选择合适的塑料包装材料，并制作包装袋，根据包装件所处的存储环境和流通环境，对包装容器性能进行检测，并且确定该产品的货架寿命。

产品特性及包装要求：油炸土豆片含油量高，对氧气敏感，会发生氧化反应，容易变味；包装材料耐油，遮光；脆性产品，对水蒸气敏感，受潮后变软，口感变差；在流通和存储中受到挤压和碰撞后易碎；采用充气包装工艺，充入氮气。

1. 根据产品特性和包装要求，选择合适的塑料包装材料；
2. 确定需要检测的塑料包装材料性能，制订试验方案；
3. 选择试验仪器和设备；
4. 整理试验数据；
5. 确定最终塑料包装材料，制作包装容器（塑料袋）；
6. 确定需要检测的塑料包装容器的性能，制订试验方案；
7. 确定合理的塑料袋热封工艺条件，计算产品的货架寿命；
8. 完成试验报告。

第五章　包装容器性能检测

包装容器主要有纸质包装容器、塑料包装容器、玻璃容器、木质容器、金属容器、陶瓷容器和复合材料容器等类型,这些容器的强度和密封性能等对包装实现保护产品等功能起着决定性作用。本章主要介绍使用广泛的瓦楞纸箱以及塑料薄膜容器的性能检测,对试验原理、试验仪器、试样的制作和试验步骤等内容进行详细介绍。

第一节　瓦楞纸箱空箱抗压强度测定

瓦楞纸箱抗压强度是指在压力试验机均匀施加动态压力至瓦楞纸箱体破损时最大负荷及变形量,或者是达到某一变形量的压力负荷。瓦楞纸箱的抗压强度既是评价纸箱的重要指标,又是设计瓦楞纸箱的重要条件。一般可按图5-1建立压力负荷与变形量关系曲线,然后加以判断。

在图5-1中,曲线 A 段为预加负荷阶段,以确保纸箱与试验机压板接触;曲线 B 段为横压线被压下阶段,此时从曲线变化可见,当负荷略有变化时,变形量变化很大;曲线 C 段为纸箱垂直箱面受压阶段,当负荷增加时,变形量增加缓慢;曲线 D 点为纸箱压溃点,此时纸箱完全破坏。

另外,由于瓦楞纸箱抗压强度是通过一组多个试样($\geqslant 3$)的平均测定值来表示的,在测试值分布方面就存在测试值偏差,不管一组瓦楞纸箱试样在测试时的最大负荷有多大,如果强度测试值的偏差很大,那么在实际使用中强度低的纸箱将首先破损。

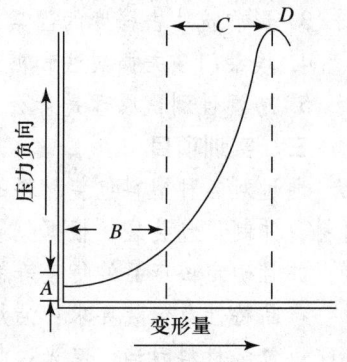

图5-1　瓦楞纸箱抗压试验曲线

所以,正确评价瓦楞纸箱的抗压强度,要包括以下几个方面:最大负荷(越大越好);变形量(越小越好);测试值偏差(越小越好)。瓦楞纸箱的抗压强度可以通过公式计算得到,也可以通过压力试验机试验测试得到。

一、瓦楞纸箱抗压强度计算

根据瓦楞纸箱抗压强度计算公式,可以按预定条件计算必需的瓦楞纸箱强度,看其能否满足要求,也可以反之,即根据所预定的强度要求来选择一定的瓦楞纸板,进而选取一定的瓦楞纸板原纸。抗压强度计算公式很多,但大体上可以分为两类:一类是根据瓦楞纸板原纸,即瓦楞面纸和瓦楞芯纸的测试强度来进行计算;另一类是根据瓦楞纸板的测试强度进行计算。

抗压强度计算公式有:凯里卡特(K. Q. Kellicutt)公式,该公式根据瓦楞纸板瓦楞原纸的环压强度计算纸箱的抗压强度;马丁荷尔特(Maltenfort)公式,该公式根据瓦楞纸板内、外面纸的横向康哥拉平压强度平均值来计算瓦楞纸箱抗压强度,由于康哥拉平压强度测试仪的使用在国际上并不普及,所以马丁荷尔特公式得到了广泛应用;沃福(Wolf)公式,该公式以瓦楞纸板的边压强度和厚度作为瓦楞纸板的参数,以箱体周边长、长宽比和高度作为纸箱结构的因素来计算瓦楞纸箱的抗压强度;马基(Makee)公式,该公式把瓦楞纸板的边压强度和挺度作为影响瓦楞纸箱强度的主要因素,而且认为瓦楞纸箱抗压强度随纸箱周边长的平方根而变化;APM 计算公式等。其中,凯里卡特公式应用最为广泛,在此详细介绍一下,其他的公式在此不做详细介绍,感兴趣的读者可以自行查阅相关资料。

1. 一般凯里卡特公式

一般凯里卡特公式:

$$P = P_x \left(\frac{4aX_z}{Z}\right)^{\frac{2}{3}} ZJ \tag{5-1}$$

式中:P——瓦楞纸箱抗压强度,N;
P_x——瓦楞纸板原纸综合环压强度,N/cm;
aX_z——瓦楞常数(见表5-1);
Z——瓦楞纸箱周边长,cm;
J——纸箱常数(见表5-1)。

其中瓦楞纸板原纸的综合环压强度计算公式如下:

$$P_x = \frac{\sum R_n + \sum C_n R_{mn}}{15.2} \tag{5-2}$$

式中:R_n——面纸环压强度测试值,N/0.152m;
R_{mn}——瓦楞芯纸环压强度测试值,N/0.152m;
C_n——瓦楞收缩率,即瓦楞芯纸原长度与面纸长度之比。

对于单瓦楞纸板来说,公式(5-2)为:

$$P_x = \frac{R_1 + R_2 + R_m C_n}{15.2} \tag{5-3}$$

对于双瓦楞纸板来说,公式(5-2)为:

$$P_x = \frac{R_1 + R_2 + R_3 + R_{m1} C_1 + R_{m2} C_2}{15.2} \tag{5-4}$$

以上各公式中的15.2(cm)为测定原纸环压强度时的试样长度。

公式(5-1)中的 Z 值计算公式如下:

$$Z = 2(L_o + B_o) \tag{5-5}$$

式中:Z——瓦楞纸箱周边长,cm;
L_o——纸箱长度外尺寸,cm;

B_o——纸箱宽度外尺寸，cm。

单瓦楞纸板的 aX_z、J、C_n 值可查表 5-1。

多瓦楞纸板的 aX_z、J 值可根据公式（5-6）和公式（5-7）计算：

$$aX_{z(\sum n)} = \sum aX_{z(n)} \tag{5-6}$$

$$J_{(\sum n)} = \frac{(n+1+\sum C_n)\sum J_{(n)}}{(2n+\sum C_n)n} \tag{5-7}$$

式中：$aX_{z(\sum n)}$——多瓦楞纸板的瓦楞常数；

$aX_{z(n)}$——单瓦楞纸板的瓦楞常数；

$J_{(\sum n)}$——多瓦楞纸板的纸箱常数；

n——瓦楞层数；

C_n——瓦楞收缩率；

$J_{(n)}$——单瓦楞纸板的纸箱常数。

根据公式（5-6）和公式（5-7）计算出双瓦楞和三瓦楞的凯里卡特常数，见表 5-2 和 5-3。

表 5-1 单瓦楞纸箱凯里卡特常数值

常数＼楞型	A	B	C
aX_z	8.36	5.00	6.10
J	1.10	1.27	1.27
C	1.532	1.361	1.477

表 5-2 双瓦楞纸箱凯里卡特常数值

常数＼楞型	AA	BB	CC	AB	BC	AC
aX_z	16.72	10.00	12.20	13.36	11.10	14.46
J	0.94	1.08	1.09	1.01	1.08	1.02

表 5-3 三瓦楞纸箱凯里卡特常数值

常数＼楞型	AAA	BBB	CCC	ABA	ACA
aX_z	25.08	15.00	18.30	21.72	22.82
J	0.89	1.02	1.03	0.93	0.94
aX_z	18.36	20.56	16.10	17.20	19.46
J	0.98	0.98	1.02	1.02	0.98

2. 凯里卡特简易公式

凯里卡特公式的计算需要用到方根，所以显得非常复杂。为使计算简化，可将公式

(5-1) 中的常数项进行合并,而且,一旦纸箱尺寸确定,其周长 Z 也可以作为常数处理,即

$$F = \left(\frac{4aX_z}{Z}\right)^{\frac{2}{3}} ZJ \tag{5-8}$$

$$P = P_x F \tag{5-9}$$

式中:P——瓦楞纸箱抗压强度,N;

P_x——瓦楞纸板原纸综合环压强度,N/cm;

F——凯里卡特简易常数。

有关 F 值可以从相关资料中查取。

二、瓦楞纸箱空箱抗压强度试验

为了检验瓦楞纸箱的耐压性能以及包装对内装物的保护能力,通常要在实验室模拟瓦楞纸箱在流通过程(如运输、装卸、储存等)中处于堆码最底层时的受压情况。影响纸箱抗压强度的因素包括储存时间、环境湿度和堆码方式。国标 GB/T 4857.4—1992 "包装运输包装件压力试验方法"规定了瓦楞纸箱抗压强度的测定方法。该标准适用于评定运输包装件在受到压力时的耐压强度及包装件对内装物的保护能力。

1. 试验原理

将试样样品置于试验机两平行压板之间,然后均匀施加压力,记录载荷和压板位移,直到试验样品发生破裂,或载荷、压板位移达到预定值为止。瓦楞纸箱抗压性能测试示意图如图 5-2 所示。

2. 试验仪器

(1) 压力试验仪

根据 GB/T 4857.4—1992 对压力试验机的要求,选择 XYD-15K 纸箱抗压试验机进行试验。该机由电气控制及机械部分组成,电器控制核心采用单片微型计算机,主要组成单元有 CPU、压力传感器、模拟前置通道、A/D 转换器、光电编码器、脉冲整形、电机

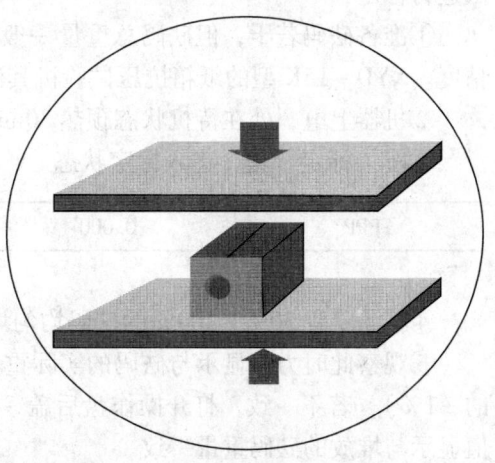

图 5-2 空箱抗压测试示意图

驱动电源及控制电路、微型打印机等。图 5-3 为纸箱抗压试验机。

本试验机用于对纸箱抗压力及变形量的检测,可以做以下四种试验:

①设定压力值,测变形量——设定将要在纸箱上施加的力值,检测施加到该压力值时试件的变形量。

②设定变形量,测抗压力——设定纸箱要达到的变形量,检测该试件压到此变形量时所具备的抗压力值。

③测最大压溃力——测将试件压溃时最大力值及此最大力值时试件的变形量。

④堆码试验——多次设定将要施加的力值,每次设定均在前次力值基础上设定,检

测总变形量。

(2) 仪器工作原理

采用直流电动机拖动传动系统，通过链条形成压板的施压运作，高精度力值传感器准确反映试件的负荷状况，微电脑系统采集处理试验参数，输出显示试验结果。

(3) 技术指标

量程：15kN；

测试精度：1级；

力值分辨率：1daN；（1daN = 10N）

形变分辨率：0.1mm；

试验速度：57mm/min、107mm/min、12.7mm/min；

试验空间：1m（L）×1m（B）×1.3m（H）；

外形尺寸：1.2m（L）×1.5m（B）×2.3m（H）。

(4) 仪器的校准

图5-3 纸箱抗压试验机

试验机出厂前均已标定好，一般不需要再标定，如果在使用过程中超出允许误差范围（±1%），或者试验仪重新放置时，可以按以下方法进行标定：

①准备砝码若干，但砝码总重量一般要达到满量程的30%～100%，以确保标定的精度。XYD-15K型的纸箱抗压试验机其满量程是15kN。

②机器上电，处在待机状态预热30min。

③按"标定"键，进入标定状态。

PPP	0.000	000.0	PPP

④将满量程30%～100%的砝码均匀堆放在抗压机的托盘上。

⑤观察此时力值显示与砝码的实际重量是否一致（力值显示的最大允许误差为示值的±1%），若不一致，打开操作盘后盖，调整线路板上部中间的"标定电位器"，使力值显示与堆放的砝码重量一致。

⑥将所有的砝码全部卸掉。

⑦按"复位"键，使其处于待机状态，再按"标定"键，重新进入标定状态，再重复第③-⑥步。

⑧经以上几个循环一般即可标定完毕。

3. 试样准备与状态调节

试验样品的数量一般不少于3件，根据瓦楞纸箱使用后作为包装件的特性及其在流通过程中可能遇到的环境条件，选定表5-4的温湿度条件之一和4h、8h、16h、48h、72h或者7d、14d、21d、28d的调节处理时间之一进行温湿度处理。试验应在与状态调节时相同的温湿度条件下进行。如果达不到相同的条件，也应尽可能在与之相接近的温湿度条件下进行试验。

4. 试验步骤

仅对纸箱正常运输状态，即水平放置时的平面抗压强度进行测试。

（1）选择试验速度，即将速度挡位选择在 10mm/min 挡，打开试验机电源。

【注意】试验进行中严禁转换速度挡位。

（2）调节上压板的高度，将手轮向外拉出，使其脱离与电动机的啮合。顺时针旋转使上压板上升，将试样纸箱水平放置在下压板的中心部位，然后逆时针旋转手轮使上压板下降，让上压板离试样最高点接近但是试样不要接触上压板，调整好上压板位置后将手轮向里推至复位。上压板位置的调节也可以采用另一种方法：按控制面板上的"上升"键，上压板自动上升，当达到要求高度时按"停止"键，放入试样。

（3）根据国标规定"试验前先加 220N 的初始载荷，以使试样与上下压板接触良好"设定预压值，按"预置"键，预置灯亮，按"+"或者"-"键，调整预压值为 22daN，完成压力设之后，按"监控"键，推出预压值设置状态，系统回到待机状态。

表 5-4 温湿度条件

条件	温度（公称值）		相对湿度（公称值）(RH)/(%)
	℃	K	
1	-55	218	无规定
2	-35	238	无规定
3	-18	255	无规定
4	+5	278	85
5	+20	293	65
6	+20	293	90
7	+23	296	50
8	+30	303	85
9	+30	303	90
10	+40	313	不受控制
11	+40	313	90
12	+55	328	30

（4）选定具体试验项目，按"A"键，进行"设定压力值，测变形量"试验；按"B"键，进行"设定变形量，测抗压力值"试验；按"C"键，进行"测最大压溃力"试验；在待机状态下选择"A"键，A 功能指示灯亮，然后设定压力参数、试样的高度参数和试验序号，按"监控"键，将设定的压力值、试样的高度值和试验序号在控制面板上显示出来。

（5）开始试验，完成参数设置后，再次按"A"键，则系统自动运行试验状态。试验时，上压板开始缓慢向下移动，力值和变形量逐渐增加，当试样受力达到预压值 22daN 时，蜂鸣器鸣叫一声，位移量自动清零，然后随着上压板继续下移，力值继续增加、变形量重新开始逐渐增加，当力值达到设定的压力值时，系统自动停机，显示试样的变形量并将试验结果打印出来。

（6）试验结束，按"复位"键系统回到待机状态，选择"A"、"B"或"C"按键，进入下一次或者下一个项目的试验。

5. 实验注意事项

按"C"键进行"最大压溃力"试验时，试样受力达到设定的预压值时，蜂鸣器鸣叫一声，位移量自动清零，然后上压板继续下降试样受力值不断增加，系统不断记录其较大值，当试样被压溃时，其承受力值逐渐变小，当压力值降低到最大值的 70% 时，系统才自动停机，显示并打印出来试验结果，而不是一压溃就停机。

试样过程中，如果上压板下压的位移量超过设定的试样高度的0.6倍时，仍未达到设定的压力值，系统将会报警停机；如果传感器超载，系统也会报警停机；试验过程中，应避免接触试验机的上、下压板，在试验机附近剧烈的走动，这会对试验结果造成严重影响。

三、瓦楞纸箱抗压强度的影响因素分析

在瓦楞纸箱的质量控制项目中，抗压强度是最具重要意义的性能指标，也是目前瓦楞纸箱生产企业最为关注的测试项目。抗压强度高，则瓦楞纸箱使用性能好，因此瓦楞纸箱生产企业可从瓦楞纸箱原材料的质量控制入手，相关质检部门做好原材料的进厂检验，保证入厂的原材料达到要求的物理指标；而在瓦楞纸箱的设计阶段，业务及设计部门要充分考虑影响瓦楞纸箱抗压强度的结构因素；同时，在生产过程对瓦楞纸箱抗压强度影响较大的工序设置监控点。

影响瓦楞纸箱强度的因素可以分为两类：一类是无法避免的基本因素，也就是决定瓦楞纸箱强度的主要因素，包括：原纸的强度、瓦楞的楞型、瓦楞纸板的种类、含水率及流通领域外界环境的影响。另一类是在设计与制造瓦楞纸箱的过程中人为影响的可变因素，在设计与制造过程中可以设法避免，包括：箱体和箱形的尺寸比例、印刷面积及印刷设计、开孔面积与开孔位置、纸箱的制造技术问题、制箱机械的缺陷、质量管理。

基于以上两个因素，总的来讲，影响纸箱抗压强度的因素包括了从印前的生产设计到后道加工的各个环节，主要有用料性能、印前设计、生产工艺及环境等多个方面，其中原材料的性能是基础，生产工艺是关键，良好的设计是保证，要生产出抗压强度合格的纸箱，每个环节都不容忽视。

1. 原纸强度

瓦楞原纸是纸箱生产的基本材料，其物化性能如何与纸箱质量直接相关。瓦楞原纸种类较多，如牛皮卡纸、箱板纸、白纸板等，每一种的克重、水分含量、强度等指标各不相同。纸箱是由各层面的纸张构成的，采用强度合格的纸张并加以合理的搭配是保证纸箱抗压强度的基本条件。

纸张的环压强度是保证纸箱抗压强度的关键，原纸环压强度对瓦楞纸箱抗压力的影响，可参阅凯里卡特公式进行定量分析。纸张特别是瓦楞纸抗张强度不够时，纸箱在抗压测试中会出现力值与变形量一直平稳递加的现象，最终力值很高而有效力值很低，箱体测试后产生变形，影响其使用性能。

当然，纸张其他的物理性能也不容忽视，如吸湿性。纸张疏松多孔的纤维结构，极易吸收空气中的水分，而含水率大小对纸箱抗压强度的影响较大，所以纸箱在存放水产品等商品时，对原纸的防水性能要求较高。尽管有时所选用的原纸质量较高，纸箱的抗压强度也很好，但使用时若不注意防水，则在盛装这类产品时，纸箱就会因吸湿变形造成强度下降，堆码时造成垮塌。

2. 瓦楞楞型

瓦楞纸板的楞型对瓦楞纸箱抗压力的影响，主要是因为不同的楞型其纸板的厚薄不同，纸板越薄，其纸箱的抗压力越小，受到压力后，更容易弯曲变形、压垮。在材质等

相同的情况下，不同楞形纸箱抗压力大小的顺序为：A楞＞C楞＞B楞＞E楞。

纸板的强度大小固然重要，但增加负载后，也要考虑变形量对内装物品的影响。试验表明，在载荷大小相同的情况下，变形最大的是A楞，其次是C楞，然后是B楞。所以，如果B楞纸箱的抗压力已经达到要求，就不一定非要采用A楞以争取最大的抗压力，而要综合考虑变形量的影响。

楞型越大，纸箱的抗压强度越大，变形量越大；楞型越小，纸箱的抗压强度越小，变形量越小。如果纸箱过大，楞型却很小，纸箱在抗压测试时就很容易被压溃；纸箱过小，楞型却很大，抗压测试时会造成变形量过大，缓冲过程长，有效力值与最终力值偏差过大。因此，生产中应根据纸箱箱形选择合适的楞型，做到正确搭配。

3. 瓦楞纸板

瓦楞纸板种类不同，强度也就不同。一般情况下，瓦楞纸板层数越多，纸板强度也就越大。

4. 纸箱压痕线

瓦楞纸箱压痕线特别是横压线的宽度对强度有较大的影响。

5. 含水率

环境影响因素主要是温湿度的变化，尤其是湿度的变化对纸箱强度的影响，研究表明，水分对纸箱抗压强度的影响最大，水分含量越大，纸箱强度下降越明显。所以在纸箱的存放、运输过程中，应尽量避免外部环境对纸箱含水量的影响，以保持纸箱的干燥。另外，在仓储及运输过程中要尽量减少搬运次数，防止人为损伤对纸箱强度造成损失。

6. 流通领域内的因素

纸箱在流通过程纸箱的堆码方式、瓦楞纸箱在托盘上的位置、纸箱堆码方向和负荷时间都会对纸箱强度造成影响。

7. 箱型与箱形

箱形设计：在设计箱形时，设计人员要充分考虑影响纸箱抗压强度的结构因素，包括箱体的四周边长，箱体长、宽、高比例，箱体印刷面积及箱壁模孔的面积及位置。

一般情况下，纸箱的外形尺寸由客户提供，有时也需要纸箱生产厂家根据内装物品的大小和装运要求自行设计。散装产品用纸箱设计时要充分考虑纸箱的周长、长宽比例及内装物品的形状。经验表明，周长保持一定，长宽比例越接近1.4，纸箱的抗压强度越高，若仅从瓦楞纸板的抗压强度考虑，理想的尺寸比例是1.2~1.4。

目前使用的纸箱一般在侧壁设计有模切扣手、通气孔等。开孔的原则是尽量减少对瓦楞强度的破坏，并且开孔位置应离瓦楞纸箱的边角尽可能的远。此外，通气孔排列方式的不同对纸箱抗压强度的影响也不相同。所以，在设计阶段要充分考虑各种因素对纸箱抗压强度的影响，尽量采用对抗压强度影响小的方案。

8. 印刷面积与印刷设计

瓦楞纸板的强度对压力比较敏感，设计部门在进行纸箱设计时，要考虑纸板在印刷时的受力情况。如过大的印刷面积、满版印刷、横向条状印刷、多次套印等都将严重破坏瓦楞形状，从而降低瓦楞纸箱的抗压强度。一般瓦楞纸箱经过一次印刷后，抗压强度会损失5%左右，也有一些会高达45%。

瓦楞纸箱图案设计时要避免做满版印刷，满版或箱面四周印刷图文时，因为压印辊完全与瓦楞纸板接触，印版与压印辊间的压力会对瓦楞纸板的抗压强度产生很大的破坏，而且大面积油墨对纸的浸润作用，也会降低纸箱的抗压强度，经过满版印刷的瓦楞纸箱的物理性能指标降低量可达30%。因此，瓦楞纸箱在设计时图文应越简单越好，如果有些纸箱需要满版印刷，色组也不能过多，而且应注意印刷的压力在保证印刷效果的前提下尽量小。套印次数越多，纸箱所受的周期性压力也越大，抗压强度同样下降，所以应尽量减少套印次数。

瓦楞纸板印刷一般使用柔性树脂版，过小的图文和线条会增加印刷工艺的难度，压力较小时，图文发虚，增大压力又会导致网点变形，减少印版的寿命，另外瓦楞结构也会受到破坏，降低纸箱的强度。因此纸箱图文设计尽量避免小字印刷，并避开大面积的实地与网点印刷在同一版面上。此外，有些纸箱的图案上有横向的渐变线条，印刷时纸箱的这一区域会因受力集中而变形，甚至将瓦楞压溃，因此应避免带状印刷。

9. 开孔面积与开孔位置

水果及其他需要通风保鲜的运输纸箱、需要方便搬运的运输纸箱以及运输销售两用纸箱的开窗结构，由于通风孔、提手孔与开窗孔的瓦楞被切断，所以导致纸箱的强度降低。在设计开孔面积和开孔位置时，应掌握以下原则：（1）同一开孔形状，同一开孔位置，开孔面积越大，纸箱强度降低越大；（2）开孔位置越接近纸箱上下两边，纸箱强度降低越大；（3）开孔位置越接近箱棱箱角，纸箱强度降低越大；（4）开孔位置越接近箱面中心线，纸箱强度降低越小；（5）开孔位置越接近箱面中心点，纸箱强度降低越小；（6）同一开孔位置，同一开孔面积，切断瓦楞棱数越少，纸箱强度降低越小；（7）作为（6）的特例，矩形开孔，其长若平行于楞向，平行楞向开孔较垂直楞向开孔的纸箱强度降低小；（8）同一开孔位置，同样开孔面积，分散开孔比集中开孔纸箱强度降低。

第二节 塑料薄膜包装袋热封强度测定

塑料薄膜袋因为具有耐酸耐碱性、良好的密封性、阻隔性及热封性等优点，已在食品外包装及医药等方面得到广泛的应用。塑料薄膜作为包装材料，常常用热封的方法将被包装物封装在内，良好的热封质量对内装物很重要。

所谓热封，即指塑料薄膜在机械传动过程中，由专用的热封刀具焊缝达到一定的牢度，从而满足不同内装物的包装需求，热封强度是衡量复合包装袋质量的最重要性能指标之一，封口要有足够的热封强度才能承受一定内装物的压力，抵御运输、装卸和储存过程中的各种外力作用，达到包装保护产品的功能。热封强度是指可热封的薄膜在一定的温度、压力和时间下进行热封，待热封层完全冷却后，在热封强度测试程序下以一定的速度使封合部位被拉开所需的最大力，它反映的是样品在此种测试条件下的封合性能。塑料薄膜的热封强度对塑料薄膜包装袋性能有很重要的影响。

QB/T 2358—1998"塑料薄膜包装袋热合强度试验方法"规定了塑料薄膜包装袋热

合强度试验方法，适用于各种塑料薄膜包装袋的热合强度测定。标准中规定直接从热合好的塑料包装袋上进行取样，测试得出最佳的热合时间、热合温度和热封压力，所用到的塑料包装袋在实验室现场进行热封，这样可以掌握热封具体的时间、温度和压力热封工艺参数。

一、试验原理

首先利用热封仪在设定的温度、压力和时间热封工艺条件下将塑料薄膜材料进行封合，形成塑料薄膜包装袋。然后按标准切取试样，采用拉力试验机进行热封强度测试。将条形试样的两端夹在拉力试验的两个夹具上，进行拉伸，破坏试样封合部位的最大力值，就是热封的力值即热封强度（N/15mm）。

二、试验仪器

塑料薄膜包装袋热封性能测试主要用到以下试验仪器：热封仪、拉力试验机、游标卡尺、直尺等。

1. KR—H1 热封仪结构

试验要求热封仪的热封温度、压力和时间等多挡精确可调，本试验采用广州科锐包装技术有限公司的 KR—H1 热封仪，如图 5-4 所示。该热封仪由空气驱动系统、热封装置、温度调节系统和时间调节系统四部分构成。

（1）空气驱动系统

包括压力表、导棒、汽缸、气动阀、压力调节手柄等，向外拉动压力调节手柄，向右转可调高热封压力，向左转降低热封压力，压力设定后将手柄向主机侧按入，可锁住气压。

（2）热封装置

由上下热封棒组成，上热封棒与汽缸连接，上热封棒上部有隔热板，阻止热量向汽缸传递。热封棒为铝制，热封棒中央为加热器，下热封棒的上部有硅胶板，能缓和热封时的压力冲击，热封棒的后部均装有测温体。

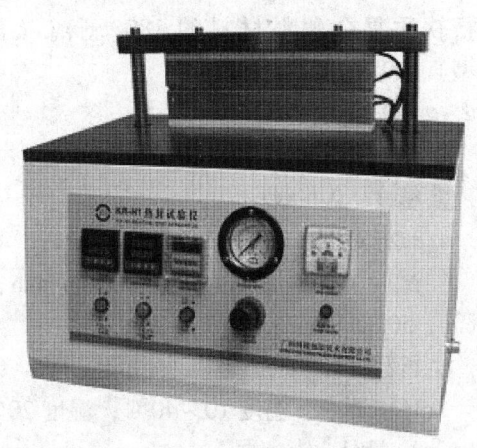

图 5-4　KR—H1 热封仪

（3）温度调节系统

上温度控制器控制上热封棒的温度，下温度控制器控制下热封棒的温度，通过调节表盘上按钮，可任意设定温度。

（4）时间调节系统

热封时间的设定可通过调节表盘上按钮，进行时间任意设定。时间设定的范围为 0.01～999.9s，在手动状态下，踩下脚踏开关，热封棒被压合；在自动状态下，上下热封棒的压合时间由计时器自动控制，过后自动恢复。计时器的单位通常为 0.1s，在计时器的面板上有时间调节按钮，可任意调节热封时间。

2. 热封仪技术参数

压缩空气：$6kg/cm^2$；

热封面：300mm×10mm 光滑（下封棒带硅垫）；

热封温度：室温~300℃（精度±1℃）；

热封时间：0.01~999.9s；

热封压力：0~0.8MPa。

3. 拉力试验机

拉力试验机要求实测示值应在表盘满刻度的15%~85%之间，读数示值误差应在±1%之内。本实验采用XLW（PC）型智能电子拉力试验机（如图5-5所示）进行试验。本机采用机电一体化设计，主要由测力传感器、微处理器、负荷驱动机构、计算机构成。

（1）试验功能

利用该仪器可以完成塑料包装材料的拉伸强度、抗拉强度与伸长率、拉断力与伸长率、热封强度、撕裂强度的测试，还能够进行软质复合塑料材料的180°剥离（含T型）、90°剥离试验。

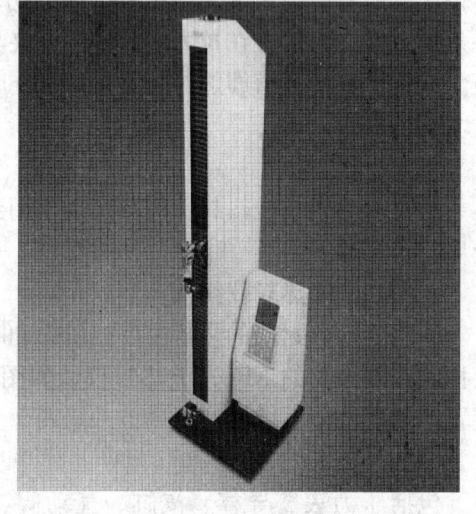

图5-5 XLW（PC）型智能电子拉力试验机

（2）技术指标

规格：500N、50N；

精度：0.5级；

试样宽度：0mm、30mm、50mm；

试验速度：50mm/min、100mm/min、150mm/min、200mm/min、250mm/min、300mm/min、500mm/min；

行程：1000mm；

环境要求：温度10~40℃；湿度20%~70%RH。

4. 量具

游标卡尺：要求精确度为±0.02mm。直尺：要求精确度为±1mm。

三、试验制作与状态调节

如图5-6所示，分别在塑料薄膜包装袋的侧面、背面、顶部和底部，与热封部位成垂直方向上任取试样，各自作为包装袋侧面、背面、顶部和底部的热封试样。从每个热封部位裁取试样10条，至少从3个塑料薄膜包装袋上裁取。将这些试样放置在第四章第一节内容所述的标准环境和正常偏差范围进行状态调解，时间不少于4h，并在此条件下进行后续试验。

试样宽度（15±0.1）mm，展开长度（100±1）mm，若展开长度不足（100±1）

mm 时，可按图 5-7 所示，用胶带粘接与袋相同材料，使试样展开长度满足（100±1）mm 要求。

试样宽度使用游标卡尺测量，试样长度使用直尺测量（详细测量方法，参见第四章第三节"塑料包装材料长度和宽度测量"）。

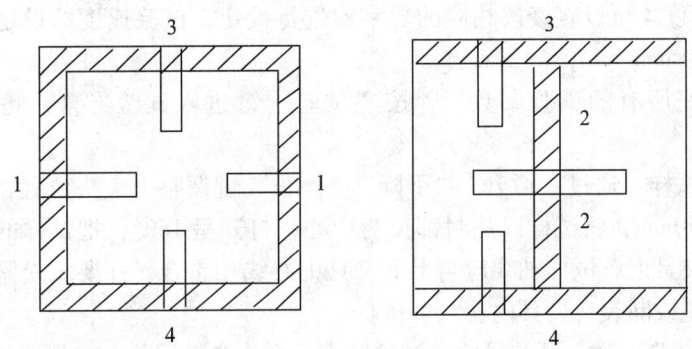

图 5-6 取样位置

1—侧面热封；2—背面热封；3—顶部热封；4—底部热封

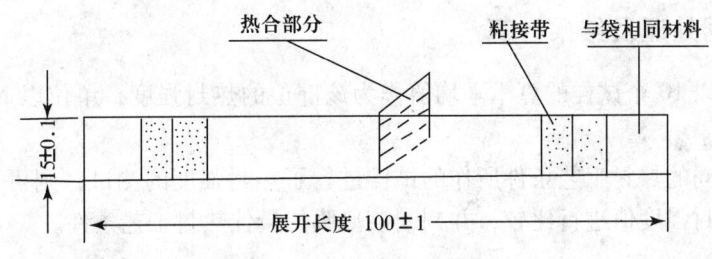

图 5-7 取样形状及尺寸

四、试验步骤

1. 热封塑料薄膜包装袋

使用热封试验机，分别采用不同热封时长、温度及压力进行薄膜热封（条件允许的话，可试验从恰好实现热封，到恰好破坏热封，即薄膜熔坏等间隔条件变更，间隔大小可视测试精度要求和实验室条件及时间长度而定）。

2. 试样的制作与状态调节

制作好塑料薄膜包装袋后，根据本节"3. 试样的制作与状态调节"内容，切取试样和调节状态。

3. 拉力试验

（1）打开机器电源开关，进入提示屏状态，同时运行"智能电子拉力试验机"软件；

（2）在提示屏的状态下，按除"复位"键以外的其他任何键均可进入试验项目选择屏；

（3）试验项目选择屏显示了利用该机器所能完成的七项试验项目，分别是"拉伸试验"、"抗拉强度与伸长率"、"拉断力与伸长率"、"热封强度"、"撕裂强度"、"180°剥离"、"90°剥离",按相应的试验项目所对应的数字键,即可进入相应试验项目的主屏幕,在本次试验中按数字键4,选择"热封强度"项;

(4) 进入"热封强度"主屏幕进行试验参数设置,试样的长度(总长度,非标距)、宽度和厚度均可以直接按相应的数字键进行设定,试验速度的设定则需按数字键"7"设置为300 mm/min;

(5) 设置完所有的试验参数后,按"试验"键进入试验屏幕,此时机器为待机状态;

(6) 装夹试样,通过"微升""下降""停止"键调整上夹头位置,使上下两夹头之间的距离为50mm,将试样以热封部位为中心,打开呈180°,把试样的两端夹在拉力试验机的两个夹具上,试样轴线应与上下夹具中心线相重合,并要求松紧适宜,以防止试验前试样滑脱或断裂在夹具内;

(7) 按"试验"键,开始试验,试验结束后夹头自动回位,在仪器屏幕上显示试验数据,并且根据设置可以打印数据。如果已经连接计算机运行测试软件,则在计算机上还会显示试验结果曲线。若试样断在夹具内,则此试样作废,另取试样补做。

五、数据处理及结果计算

试验结果以10个试样的算术平均值作为该部位的热封强度,单位以N/15mm表示,取二位有效数字。

如果对不同的热封工艺条件所作的试样进行了热封强度的测试,则可以对不同热封条件试样的热封强度值进行比较,并判断该薄膜的最佳热封工艺条件。

六、试验注意事项

在进行热封强度试验时,应注意以下几点:

1. 由于材料的各向异性,其纵向和横向的热封强度可能会有差异。

2. 不同材料的热封性能(其实是材料熔融温度的反应)有很大区别,所需的热封温度也不同,在试验中应根据材料种类和性能进行调节,选取能够达到较高热封强度的温度作为制样温度。

3. 对于已经成型的塑料软包装袋,其热封强度的检测可以按QB/T 2358—1998《塑料薄膜包装袋热合强度试验方法》的规定内容进行。

4. 若拉断部位不是在热封处,应注明材料拉断所测得的强度值为复合材料的拉断力,而不是热封强度。

七、塑料薄膜包装袋热封强度的影响因素

1. 热封材料对热封强度的影响

包装袋常用的热封材料有CPE、CPP、EVA、热熔胶以及其他一些离子型树脂的共挤或共混改性薄膜等。热封层材料的厚度一般为20~80μm,特殊的可达100~200μm。对于同一种热封材料,其热封强度会随热封材料厚度的增大而增大。诸如蒸煮袋的热封

强度一般要求达 40~50N/cm²。其热封材料厚度应在 60μm 甚至 80μm 以上。热封材料的种类、厚度以及材质质量对热封强度有决定性的影响。

2. 热封温度对热封强度的影响

各种材料的熔融温度直接决定复合袋的最低热封温度，而热封温度对热封强度的影响最为直接。在实际生产过程中，由于受到热封压力、制袋速度及复合基材的厚度等多方面因素的影响，热封温度往往要高于热封材料的熔融温度。因为热封温度若低于热封材料的软化点（熔融温度），则无论怎样加大压力或延长热封时间，均不能使热封层真正封合，但是若热封温度过高，又极易损伤焊边处的热封材料，使之熔融挤出，产生"根切"现象，大大降低封口的热封强度和复合袋的耐冲击性能。

一般而言，热封压力越小，要求热封温度越高；机速越快，复合膜的面层材料越厚、要求的热封温度也越高。

3. 热封压力对热封强度的影响

要达到理想的热封强度，一定的压力是必不可少的。

对于轻而薄的包装袋，热封压力至少要达到 20N/cm²，且热封压力要随着复合膜总厚度的增加而增大。若热封压力不足，两层薄膜之间难以达到真正的熔合，将导致局部热封不好，或者难以完全赶尽夹在焊缝中间的气泡，以致造成虚焊。当然，热封压力并非越大越好，热封压力应以不损伤焊边为宜。因为在热封温度较高时，焊边的热封材料已处于半熔融状态，若压力太大，易挤走部分热封材料，使焊缝边缘形成半切断状态，致使焊缝发脆，热封强度降低。在实际制袋过程中，热封刀具的压力常采用可旋转弹簧来调整。

4. 热封时间对热封强度的影响

热封时间也是影响复合包装袋热封强度和外观平整度的一个关键因素。

在相同的热封温度和热封压力下，热封时间越长，则热封层熔合越充分、结合越牢固。但热封时间太长，容易造成焊缝起皱变形，影响外观平整度。

5. 冷却过程对热封强度的影响

冷却过程就是在一定的压力下，用较低的温度对刚刚熔融热封后的焊缝进行定型。热封压力不够、冷却水循环不畅、水循环量不够、水温太高或冷却不及时等都会致使冷却不良，从而导致热封强度降低，还会影响焊缝的外观平整度。

6. 热封次数对热封强度的影响

热封次数越多，热封强度越高。

热封有纵向热封和横向热封之分。纵向热封次数取决于纵向焊棒的有效长度与袋长之比。横向热封次数则由机台横向热封装置的组数决定。要取得良好的热封效果，要求热封次数至少达到两次以上。

7. 层间剥离对热封强度的影响

相同结构和厚度的复合膜，复合膜层间剥离度越高，热封强度也越大。

层间剥离强度低的产品，往往焊缝处的复合膜会发生层间剥离，致使焊缝的热封强度大大降低，这是由于里层热封层独立承受破坏拉力，而面层材料失去补强作用所致。若复合膜层间剥离强度高，焊缝处就不致发生层间剥离现象，则实际热封强度就大得多。

8. 复合袋内装物对热封强度的影响

有些复合袋的包装内装物为粉末状物质，在进行罐装时易玷污封口，例如当采用 LDPE 材料作为内层材料时，封口处易破裂，这是因为 LDPE 对夹杂物的热封性不是很好。这时需更换内层材料或增加内层材料的厚度，才可提高热封强度。

9. 印刷墨层对热封强度的影响

复合袋热封后脱层还与印刷油墨的种类及性质有关。

在实际生产过程中，为实现印刷色彩的真实再现，难免会混用里印油墨和表印油墨，理论上，里印油墨与表印油墨是不亲和的或亲和力不好的，如果里印油墨与表印油墨混用，势必造成油墨附着力差、易分层，尤其热封焊缝处易分层，从而导致热封强度变差。所以，里印油墨与表印油墨应尽量分开用。

影响复合袋热封强度、造成复合袋焊缝处脱层的因素还有很多，在实际生产过程中还须好好总结。

第三节 塑料薄膜包装袋密封性能测定

食品在存放中，造成内装物腐烂变质的原因很多。其中，最常见的原因是薄膜阻隔性能和包装袋的密封性差。对于前者，设计包装袋时需要充分考虑每层材料的性能、厚度，以获得足够的阻隔性能。这里，我们着重谈谈包装袋的密封性。

所谓密封性能，是指软包装件防止其他物质进入或内装物溢出的特性。在复合包装袋的生产过程中，由于生产环节比较多，可能会产生热封合的漏封、压穿或材料本身的裂缝、微孔，而形成内外连通的小孔或强度薄弱点。这些都会对包装内装物产生很不利的影响，直接影响产品的质量。尤其是小孔，造成内装物部分直接暴露在空气中，失去了包装袋保护产品的意义。还有在产品流通和销售的环节中，会受到压力、冲击力等的破坏作用，都可能导致包装袋密封性能变差，甚至开裂。

通过试验可以有效地比较和评价软包装件的密封工艺和密封性能，为确定相关的技术指标提供科学依据。

一、常用的密封性检验方法

1. 无水浸透法

通常适用于在水的作用下，外层材料的性能在试验期间会显著降低的包装件，如外层采用纸质材料的包装件。

将试样内充入试验液体（如与滤纸有明显色差的着色水溶液），封口后将试样置于滤纸上，观察试验液体从试样内向外的泄漏情况。应正反两面都测。

上述方法也可以置于真空室内，在负压状态下测试。

2. 真空观察法

适用材料同上。通过对真空室抽真空，使试样产生内外压差，观测试样膨胀及释放真空后试样形状的恢复情况，以此判定试样的密封性能。

3. 水中减压法（真空法）

通常适用于在水的作用下，外层材料的性能在试验期间不会显著降低的包装件，如外层采用塑料薄膜的包装件。通过对真空室抽真空，使浸在水中的试样产生内外压差，观测试样内气体外逸或水向内渗入情况，以此测定试样的密封性能。测定密封性能最常用的手段就是带真空的试验装置。

二、塑料薄膜包装袋密封性能测定

国标 GB/T 15171—1994 "软包装件密封性能试验方法"规定了对塑料包装袋密封性能测定方法。本书采用水中减压法（真空法）进行塑料薄膜包装袋密封性能测定。

1. 试验原理

此方法用于在水的作用下，外层材料的性能在试验期间不会显著降低的包装件，如外层采用塑料薄膜的包装件。通过对真空室抽真空，使浸在水中的试样产生内外压差，观测试样内外气体外逸或水向内渗入情况，以此判定试样的密封性能。

2. 试验仪器

水中减压法（真空法）试验装置应包括以下部分：

（1）真空室

由透明材料制成的能承受100kPa压力的真空容器和密封盖组成。真空容器用于盛放试验液体和试验样品；密封盖用于密封真空室。抽真空时，密封盖应能保证真空室的密闭性。试验时，真空室内所能达到的最大真空度应不低于95kPa，并能在 30～60s 的由正常大气压力达到该真空度。

（2）试样夹具

用于将试样固定在真空室内的试验液体中，其材质和形状不得对试样性能和试验观测造成影响，最好选用透明材料制成。

（3）管路

包括气源连接管、与真空源相连的真空管和与大气相通的排气管。均应配有阀门控制开闭。

（4）真空表

用于测量真空室内真空度，其准确度不得低于1.5级。

（5）控制装置

包括抽真空开关、真空度调节装置、进气阀门等。

选用 MFY-01 型密封性能试验仪（如图 5-8 所示）进行试验，该仪器主要由透明真空室、微电脑集成电路板、真空发生系统等组成，真空度为 (0～-90) kPa，真空保持时间为 (0.1～60) min。

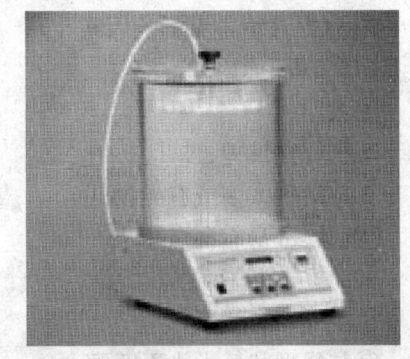

图 5-8　MFY-01 型密封性能试验仪

3. 试验样品

试样应该是具有代表性的装有实际内装物或其

模拟物的软包装件。同一批（次）试验的样品数量可根据样品的价值、尺寸、特性及试验目的确定。一般不少于3件。

4. 试验步骤

（1）接通正压空气（空气压缩机）；

（2）打开主机电源，进入待机状态；

（3）设置试验参数，"试验真空度"设置大于－60kPa，然后设置"真空保持时间"为30s，最后按"停止"键，存入时间设置；所调节的真空度值应根据试样的特性（如所用包装材料、密封情况等）或有关产品标准的规定来确定，但不得因试样的内外压差过大使试样发生破裂或封口处开裂；

（4）放入试样，打开真空罐注入适量清水，注入量以放入试样扣上盖后，罐内水位高于多孔板上侧10mm左右合适；

（5）按"试验"键启动时间，压缩空气进入真空发生系统，真空罐开始抽真空，当真空度由00达到－60时，程序控制自动切断压缩空气管路，系统自动开启真空保持阶段，时间递减，当达到0时，保持时间完成，系统开始反吹，真空罐内压力恢复至正常大气压；观测抽真空时和真空保持期间试样的泄漏情况，视其有无连续的气泡产生，单个孤立气泡可能是包装袋外附着的气体，不视为试样泄漏；

（6）试验结束，关闭主机和空气压缩机电源。

5. 试验结果评定

若试样在抽真空和真空保持期间无连续的气泡产生及开封检查时无水渗入，则该试样合格，否则为不合格。

6. 实验注意事项

（1）只要保证在试验期间能观察到试样的各个部位的泄漏，真空室内一次可以试验2个或更多的试样。

（2）无水浸透法日常测试可以施加一定压力。

（3）上述方法可以用于彩印厂包装袋热封后的出厂检测，也可以用于包装袋装入内装物进行跌落、耐压试验后试件的密封性能测试，来判定食品厂封装工艺是否合格。

7. 密封性能常见影响因素

（1）薄膜原因

①太厚；

②抗压穿性差；

③爽滑剂太多或有异物；

④薄膜本身有漏点。

（2）热封模具原因

①粗糙、有棱角；

②与袋形状、大小不匹配；

③上下模具不平行。

（3）工艺原因

①热封压力太大；

②热封压力太小；
③热封温度太高；
④热封温度太低；
⑤热封时间太长；
⑥热封时间太短。

小 结

本章主要介绍了瓦楞纸箱空箱抗压强度、塑料薄膜包装袋的热封强度、以及塑料包装袋密封强度测试等内容。通过对测试的依据，实验设备的介绍，实验步骤的叙述详细介绍了以上三种包装容器的性能检测方法。另外，玻璃、陶瓷、金属等包装容器同样需要细致的性能检测。如有兴趣，同学们可以自行查阅资料。

思考与练习

一、简答题

1. 瓦楞纸箱抗压强度与哪些因素有关？
2. 某牙膏盒外包装为0201型，已知面纸横向环压强度为360N/0.152m，瓦楞芯纸横向环压强度为150N/0.152m，$L_0 = 580$mm，$B_0 = 398$mm，求瓦楞纸箱的抗压强度P。
3. 在进行塑料薄膜包装袋热封强度检测时，应注意哪几点？
4. 塑料薄膜包装袋的热封性能与哪些因素有关？
5. 塑料薄膜包装袋的密封性能与哪些因素有关？

二、实训题目

某0201型牛奶纸箱外包装，外形尺寸为320mm×300mm×152mm，已知面纸横向环压强度为400N/0.152m，瓦楞芯纸横向环压强度为160N/0.152m，那么：

1. 请运用凯里卡特公式，查表计算牛奶纸箱的理论抗压强度P。
2. 设置试验温度：23℃；湿度：89%。选取制成牛奶纸箱的原纸，对其进行环压强度测试，测试标准式样的几何尺寸为：(152±5) mm×(32±0.1) mm；并采用抗压强度试验机对成型空箱进行压缩试验，测定出纸箱的抗压强度。
3. 根据凯里卡特公式，对于某一具体的纸箱，纸箱的抗压强度与原纸的综合环压强度之间呈线性关系，但试验抗压强度数据与凯里卡特公式的理论计算结果之间必然存在误差，请制作二者之间的统计分析表，并画图表表示。
4. 试分析试验数据与凯里卡特公式的理论计算结果之间存在误差的原因，并尝试提出校正意见。

第六章 运输包装件性能检测

运输包装件在流通时的装卸、运输、储存、搬运等过程中，必然受到不同程度的振动、冲击、压力、跌落等外力作用。因此，在包装件进入流通环节之前，必须对其进行全面的性能测试，根据测试结果来判定包装件的功能是否能满足使用要求和符合标准，并研究包装件破损的原因，从而提出预防措施，改进包装，提高包装质量，保障包装件中的产品在流通过程中不被损坏。本书对一般运输包装件的冲击、振动、压力等性能的测试方法进行讲述，对于在实验室不易进行的大型运输包装件、危险货物包装件、托盘和集装箱的性能测试方法不在此讲述。

第一节 运输包装件部位标示和调节处理

在进行运输包装件各项性能测试试验前，需要对包装件的各部位进行标示，国标 GB/T 4857.1—1992 "包装运输包装件试验时各部位的标示方法"对各种形状的运输包装件的各部位标示进行了规定。在试验前同时还需要对包装件进行温湿度的调节处理，国标 GB/T 4857.2—2005 "包装运输包装件基本试验第 2 部分：温湿度调节处理"规定了运输包装件和单元货物的温湿度调节处理的调节、设备、程序等内容。

一、运输包装件部位标示

1. 平行六面体包装件

包装件应按照运输时的状态放置，使它一端的表面对着标注人员，如遇运输状态不明确，而包装件上又有接缝时，则应将其中任意一条接缝垂直立于标注人员右侧。标示方法如下，如图 6-1 所示。

（1）面

上表面标示为 1，右侧面为 2，底面为 3，左侧面为 4，近端面为 5，远端面为 6。

（2）棱

棱是由组成该棱的两个面的号码标示（如包装件上表面 1 和右侧面 2 相交形成的棱用 1-2 标示）。

（3）角

角是由组成该角的三个面的号码标示（如 1-2-5 是指包装件上表面 1、右侧面 2 和近端面 5 相交组成的角）。

2. 圆柱体包装件

包装件按直立状态放置，标示方法如图 6-2 所示。

圆柱体的顶面两个相互垂直直径的四个端点用1，3，5，7表示，圆柱体底面相对应的四个端点，用2，4，6，8表示。这些端点分别连成与圆柱体轴线相平行的四条直线，各以1-2，3-4，5-6，7-8表示。

如果圆柱体上有接缝时，要把其中的一个接缝放在5-6线位置上，其余按上述方法进行标示。

3. 袋

袋应卧放，标注人员面对袋的底部。

如包装件上有边缝或纵向缝时，应将其中一条边缝置于标注人员的右侧，或将纵向缝朝下。标示方法如图6-3所示。

袋的上表面标示为1，右侧面为2，下面为3，左侧面为4，袋底（面对标注人员的端面）为5，袋口（装填端）为6。

4. 其他形状的包装件

其他形状的包装件，可根据包装件的特性和形状，按本节2，3，4所述的方法之一进行标示。

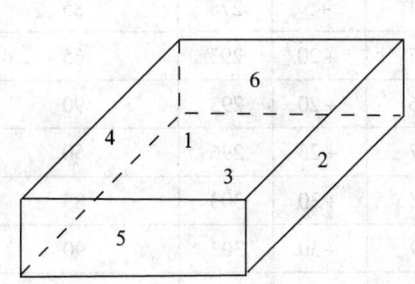

图6-1 平行六面体标示方法

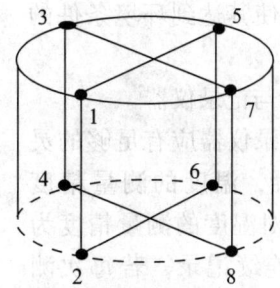

图6-2 圆柱体标示方法

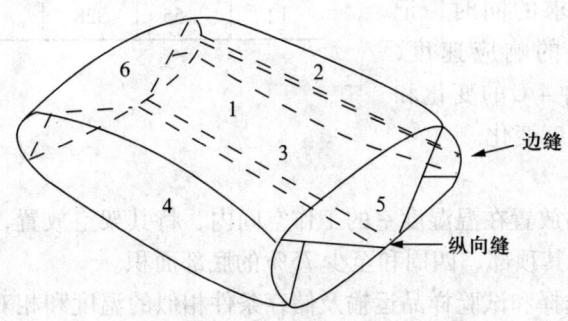

图6-3 袋标示方法

二、温湿度调节处理

绝大部分运输包装件的抗压强度、堆码性能、抗冲击性能等都与运输或者存储环境的温湿度有关。因此，在进行运输包装件各项性能测试的试验之前，必须对包装件进行温湿度调节处理，运输包装件的温湿度调节处理是使试验样品在预定的温湿度条件下，经历预定的时间。

1. 温湿度条件

根据运输包装件的特性及其在流通过程中可能遇到的环境条件，选择如表6-1所示的温湿度条件之一和4h、8h、16h、48h、72h 或者7d、14d、21d、28d 的调节处理时间之一进行温湿度处理。试验应在与状态调节时相同的温湿度条件下进行，如果达不到相同的条件，也应尽可能在与之相接近的温湿度条件下进行试验。

2. 仪器设备

（1）温湿度箱（室）

温湿度箱（室），规定工作空间的范围，工作空间应能保持规定的调节处理条件，可以连续记录温度和湿度，且保持在规定的允许误差之内。

（2）干燥箱（室）

如果有必要，降低某些试验样品的含水率，使其达到环境条件的要求以下。

（3）测量与记录仪器

测量与记录仪器应有足够的灵敏度和稳定性，温度的测量精度为0.1℃，相对湿度的测量精度为1%，并能作连续记录，若每次测试记录的时间间隔不超过5min，则也认为该记录是连续的。在达到上述测量精度要求的同时，记录仪器应该有足够的响应速度，以能准确记录每分钟4℃的变化和每分钟5%的相对湿度变化。

表6-1 温湿度条件

条件	温度（公称值） ℃	温度（公称值） K	相对湿度（公称值）（RH）/（%）
1	-55	218	无规定
2	-35	238	无规定
3	-18	255	无规定
4	+5	278	85
5	+20	293	65
6	+20	293	90
7	+23	296	50
8	+30	303	85
9	+30	303	90
10	+40	313	不受控制
11	+40	313	90
12	+55	328	30

3. 调节步骤

（1）将试验样品放置在温湿度室的工作空间内，将其架空放置，使温湿度调节处理的空气可以自由通过其顶部、四周和至少75%的底部面积。

（2）尽可能的选择和试验样品运输及储存条件相似的温度和相对湿度，并且将其暴露在规定的条件下一段时间。温湿度调节处理的时间从达到规定条件1h后算起。

（3）如果试验样品是由具有滞后现象特性的材料构成的，则需要在温湿度调节处理之前进行干燥处理。具体做法是：将试验样品放置在干燥室内至少24h，在该环境条件下，当被转移到试验条件下时，试验样品已经通过吸收潮气接近平衡。当规定的相对湿度不大于40%时，不作干燥处理。

第二节 运输包装件压力试验

运输包装件在运输、储存及搬运等环节中经常会受到压力的作用。国标 GB/T 4857.4—1992"包装运输包装件压力实验方法"规定了对运输包装件进行压力试验时所用试验设备的主要性能要求及试验步骤等内容，适用于评定运输包装件在受到压力时的耐压强度及包装对内装物的保护能力。

一、试验原理

将试验样品置于试验机两平行压板之间，然后均匀施加压力，记录载荷和压板位移，直到实验样品发生变形、破裂或载荷或压板位移达到预定值为止。

二、试验仪器

本试验可以选用 XYD-15K 纸箱抗压试验机进行试验。具体的机器结构、工作原理、技术指标和校准等，参考第五章第一节内容。

三、试验样品准备

一般用正常运输包装件作为被试包装件。考虑到包装件内装物特性和价值，如：产品价值较高或者产品对环境和人体造成一定危害，可以采用模拟内装物，模拟内装物尺寸及物理性质均应接近预定内装物的尺寸及物理性质，并按发运前的正常程序对包装件进行封口。试验样品的数量一般不少于 3 件。根据本章第一节的内容对样品进行部位标示和温湿度的调节处理。

四、试验步骤

1. 平面压力试验

（1）记录实验场所的温湿度。

（2）将试验样品按预定状态置于下压板中心部位，使上压板和试验样品接触。先加 220N 的初始载荷，以使试验样品与上下压板接触良好。调整记录装置，以此作为位移记录的起点。

（3）以（10±3）mm/min 的速度均匀移动压板距离。应加压到下列情况之一：
① 压缩载荷未达到预定值，试验样品出现破裂；
② 试验样品尺寸变形或压缩载荷达到预定值。

2. 对角和对棱的压力试验

如果需要对试验样品的对角和对棱的耐压能力进行测定，须采用上下压板均不能自由倾斜的压力试验机。试验步骤同平面压力试验。

3. 试验后检查包装及内装物的损坏情况，并分析试验结果

被试包装件的验收准则，应根据包装件或其内装物质量的降低程度、内装物的减少程度、包装件或其内装物变质的程度、或者根据已损坏包装件是否代表在随后的流通系统中的一种危害或潜在的危害等来确定。这些因素可用定量数值表示，包装件或其内装物损坏程度可以定量如下：

（1）内装物在数量、体积、质量上的损失。
（2）用适当的试验方法测量内装物的损坏。
（3）包装件及其内装物在其他方面的损坏：
①尺寸改变；
②损坏尺寸；
③修理时间或成本。

可以用积分法来作定量评价。在这个方法中用计分值表示不同类型内装物损坏的程度和不同类型内装物损坏的相对重要性。

五、试验报告

试验报告包括下列内容：
1. 内装物的名称、规格、型号、数量等；如果使用的是模拟内装物，应予以详细说明；
2. 试验样品的数量；
3. 详细说明包装容器的名称、尺寸、结构和材料规格、附件、缓冲衬垫、支撑物、固定方法、封口、捆扎状态及其他防护措施；
4. 试验样品和内装物的质量，以千克计；
5. 试验场所的温度和相对湿度；
6. 试验时实验样品的放置状态，系列试验时的试验阶段；
7. 试验设备、仪器的说明；
8. 每个试验样品进行试验时承受压力和变形的曲线图或数据及承载持续时间；
9. 记录观察到的任何可以帮助正确解释试验结果的现象；
10. 记录试验后的检查结果；
11. 提出试验结果分析报告；
12. 试验日期，试验人签字。

第三节 运输包装件冲击试验

根据对包装件在流通过程中各个环节的分析，包装件承受冲击负荷可以归纳为以下形式：
垂直冲击，冲击力垂直于水平面，即跌落。如：装卸作业中的跌落；起吊时的突然加速；停放时的突然减速；汽车行驶时越过路面的凹凸不平处等，都会产生垂直方向上的冲击。根据包装件跌落时与地面的接触位置不同，跌落分为角跌落，跌落时包装件的一个角与地面接触；棱跌落，跌落时包装件的一条棱与地面接触；面跌落，跌落时包装件的一个面与地面接触；三种跌落方式中以角跌落最容易使包装件受损，棱跌落次之，面跌落最不容易使包装件受损。

水平冲击，冲击力平行于水平面。如：运输工具紧急制动、车辆连挂及其他类似的情况都会产生对包装件的水平冲击作用。

任意方向的随机冲击。冲击力没有固定的方向，是随机变化的。流通中的许多情况，如：交通意外、堆垛倒塌都会使货物倾倒、翻滚、碰撞，此时就会产生随即冲击。这种冲击在较短的时间内会发生若干次，因此是多次连续冲击。同单次高强度的集中冲击（如跌落）相比，多次连续冲击的强度较低，但累积效应造成的损坏，并不亚于单次冲击。

模拟冲击环境的各种特性，冲击实验可以相应的分为垂直冲击实验、水平冲击实验和多次连续冲击实验三种。

一、垂直冲击试验

垂直冲击试验方法采用国家标准 GB 4857.5 – 84 "包装运输包装件跌落试验方法"所述的试验方法，用得最多的是自由跌落试验。

垂直冲击试验是模拟包装件在人工或机械装卸和搬运过程中发生跌落冲击的情况，用于评定运输包装件在受到垂直冲击时的耐冲击强度及包装对内装物的保护能力。

1. 试验原理

跌落试验是模拟包装物的自由落体运动而设计的。把试验样品提起至预定高度，然后使其按预定状态自由落下，与冲击台面相撞。按照试验规定，在完成面跌落、棱跌落和角跌落几个不同姿态的若干次跌落后，检查货物（容器和内装产品）的完好程度。

该试验最重要的是确定跌落高度。跌落高度与包装件的运输方式、质量有关（参考表 6 – 2）。跌落次数的确定取决于运输和搬运过程中可能出现的跌落的危险性的大小。

表 6 – 2　高度与包装件质量和运输方式的关系

运输方式	包装件质量（kg）	跌落高度（mm）	运输方式	包装件质量（kg）	跌落高度（mm）
公路、铁路、空运	<10	800	水运	<15	1000
	10～20	600		15～30	800
	20～30	500		30～40	600
	30～40	400		40～45	500
	40～50	300		45～50	400
	50～100	200		>50	300
	>100	100			

2. 试验样品准备

一般用正常运输包装件作为被试包装件。考虑到包装件内装物特性和价值时，如：产品价值较高或者产品对环境和人体造成一定危害，可以采用模拟内装物，模拟内装物尺寸及物理性质均应接近预定内装物的尺寸及物理性质，并按发运前的正常程序对包装件进行封口。试验样品的数量一般不少于 3 件。根据本章第一节的内容对样品进行部位标示和温湿度的调节处理。温湿度的变化会明显影响某些缓冲材料的缓冲特性,使缓冲效果下降,所以必须对包装件进行温湿度调节处理。

3. 试验仪器

(1) 冲击台

冲击台面为水平平面,试验时不移动,不变形,并且冲击台为整块物体,质量至少为试验样品质量的 50 倍,要有足够大的面积,以保证试验样品完全落在冲击台面上,在冲击台面上任意两点的水平高度差不得超过 2mm,冲击台面上任何 100mm^2 的面积上承受 10kg 的静负荷时,其变形量不得超过 0.1mm。

(2) 提升装置

在提升或者下降过程中,不应损坏试验样品。

(3) 支撑装置

支撑试验样品的装置在释放前应能使试验样品处于所要求的预定状态。

(4) 释放装置

在释放试验样品的跌落过程中,应使试验样品不碰到装置的任何部件,保证其自由跌落。

4. 试验步骤

(1) 提起试验样品至所需的跌落位置,并按预定状态将其支撑住。其提起高度与预定高度之差不得超过预定高度的 ±2%。跌落高度是指准备释放时试验样品的最低点与冲击台面之间的距离。

(2) 按下列预定状态,释放试验样品:

①面跌落时,使试验样品的跌落面与水平面之间的夹角最大不超过 2°;

②棱跌落时,使跌落的棱与水平面之间的夹角最大不超过 2°,试验样品上规定面与冲击台面夹角的误差不大于 ±5°或夹角的 10%(以较大的数值为准),使试验样品的重力线通过被跌落的棱;

③角跌落时,试验样品上规定面与冲击台面之间的夹角误差不大于 ±5°或此夹角的 10%(以较大数值为准),使试验样品的重力线通过被跌落的角;

④无论何种状态和形状的试验样品,都应使试验样品的重力线通过被跌落的面、线、点。

(3) 实际冲击速度与自由跌落时的冲击速度之差不超过自由跌落时的 ±1%。

(4) 试验后检查包装及内装物的损坏情况。并分析试验结果。

5. 试验报告

试验报告应包括下列内容:

(1) 内装物的名称、规格、型号、数量等;

(2) 试验样品的数量;

(3) 详细说明包装容器的名称、尺寸、结构和材料规格、附件、缓冲衬垫、支撑物、固定方法、封口、捆扎状态以及其他防护措施;

(4) 试验样品和内装物的质量,按千克计;

(5) 试验场所的温度和相对湿度;

(6) 详细说明试验时试验样品的放置状态;

(7) 试验样品的跌落顺序、跌落次数；
(8) 试验样品的跌落高度，以毫米计；
(9) 试验所用设备类型；
(10) 试验结果的记录，以及在试验中观察到的任何有助于解释试验结果的现象；
(11) 试验日期、试验人签字。

二、水平冲击试验

国标 GB/T 4857.11—2005 "包装运输包装件基本试验第 11 部分：水平冲击试验方法"规定了对运输包装件和单元货物进行水平冲击试验（水平、斜面和吊摆试验）时所用试验设备的主要性能要求和试验步骤等。适用于评定运输包装件和单元货物在受到水平冲击时的耐冲击强度和包装对内装物的保护能力。国标 GB/T 4857.15—1999 "包装运输包装件控制水平冲击试验方法"规定了通过控制冲击输入等级进行水平试验时的试验设备和试验步骤等。本书仅对水平冲击试验进行讲述。

1. 试验原理

使试验样品按预定状态以预定的速度与一个同速度方向垂直的挡板相撞。也可以在挡板表面和试验样品的冲击面、棱之间放置合适的障碍物以模拟在特殊情况下的冲击。

2. 试验仪器

（1）水平冲击试验机

水平冲击试验机由轨道、台车和挡板组成。两根平直钢轨，平行固定在水平平面上。台车应有驱动装置，并能控制台车的冲击速度。台车台面与试验样品之间应有一定的摩擦力，使试样与台车在静止到冲击前的运动过程中无相对运动。但是在冲击时，试样相对台车应能自由移动。挡板安装在轨道的一端，其表面与台车运动方向成 $(90 \pm 1)°$ 的夹角。挡板冲击平面应平整，其尺寸应大于试样受冲击部分的尺寸。挡板冲击表面应有足够的硬度与强度。在其表面承受 $160 kg/cm^2$ 的负荷时，变形量不得大于 $0.25mm$。

（2）斜面冲击试验机

斜面冲击试验机由钢轨道、台车和挡板组成。两根平直且相互平行的钢轨，轨道平面与水平面的夹角为 $10°$，轨道表面保持清洁、光滑。并沿斜面以 $50mm$ 的间距划分刻度，轨道上装有限位装置，以便台车能在轨道的任意位置停留。台车的滚动装置，应保持清洁，滚动良好。台车应该有自动释放装置，并与牵引机构配合使用，使台车能在斜面任意位置上自由释放。试样与台面之间应有一定的摩擦力，使样品与台车在静止到冲击前的运动过程中无相对运动。但在冲击后，试样相对台车应能自由移动。挡板应安装在轨道的最低端，其冲击表面与轨道平面成 $(90 \pm 1)°$ 的夹角，挡板冲击平面应平整，其尺寸应大于试样受冲击部分的尺寸。挡板冲击表面应有足够的硬度与强度。在其表面承受 $160kg/cm^2$ 的负荷时，变形量不得大于 $0.25mm$。

（3）吊摆冲击试验机

吊摆冲击试验机由悬吊装置和挡板组成。悬吊装置一般由长方形台板组成，该长方形台板四角用钢条或钢丝绳等材料悬吊起来。台板应具有足够的尺寸和强度，以满足试验的要求。当自由悬吊的台板静止时，应保持水平状态，其前部分边缘刚好触及挡板。

悬吊装置应能在运动方向自由活动，并且将试样安置在平台上时，不会阻碍其运动。挡板的冲击面应垂直于水平面，挡板冲击表面应有足够的硬度与强度。在其表面承受 $160kg/cm^2$ 的负荷时，变形量不得大于 0.25mm。

3. 试验样品准备

一般用正常运输包装件作为被试包装件。考虑到包装件内装物特性和价值时，如：产品价值较高或者产品对环境和人体造成一定危害，可以采用模拟内装物，模拟内装物尺寸及物理性质均应接近预定内装物的尺寸及物理性质，并按发运前的正常程序对包装件进行封口。试验样品的数量一般不少于3件。根据本章第一节的内容对样品进行部位标示和温湿度的调节处理。试验时的温湿度条件应该和预处理的温湿度条件相同，如果没有办法相同，则必须在试验样品离开预处理环境5min之内开始试验。

4. 试验步骤

（1）将试验样品按预定状态放置在台车（水平冲击试验机和斜面冲击试验机）或台板（吊摆冲击试验机）上。

①利用斜面或水平冲击试验机进行试验时，试验样品的冲击面或棱应与台车前缘平齐；利用吊摆冲击试验机进行试验时，在自由悬吊的台板处于静止状态下，试验样品的冲击面或棱恰好触及挡板冲击面。

②对试验样品进行面冲击时，其冲击面与挡板冲击面之间的夹角不得大于2°。

③对试验样品进行棱冲击时，其冲击棱与挡板冲击面之间的夹角 α 不得大于2°。如试验样品为平行六面体，则应使组成该棱的两个面中的一个面与挡板冲击面的夹角 β 误差不大于±5°，或在预定角的±10%以内以较大的数值为准（如图6-4所示）。

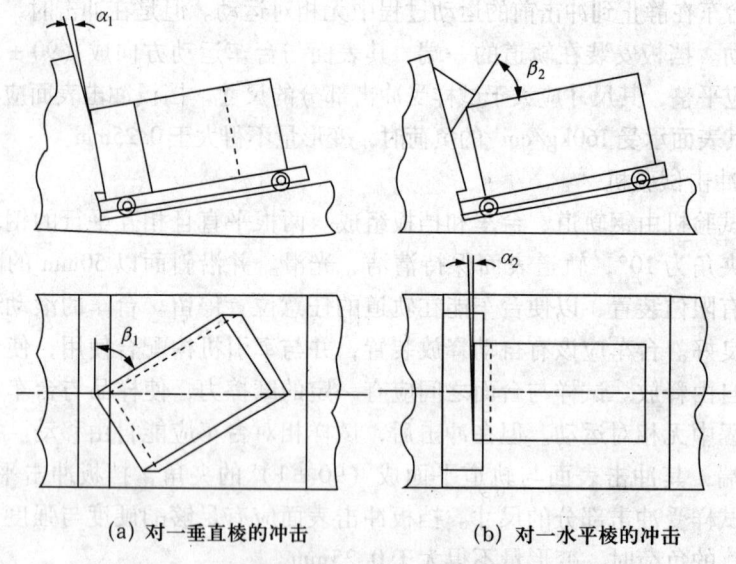

(a) 对一垂直棱的冲击　　　(b) 对一水平棱的冲击

图6-4 对一棱的冲击试验样品的位置允许误差

④对试验样品进行角冲击时，试验样品应撞击挡板，其中任何与试验角邻接的面与挡板的夹角 β 误差不大于±5°或在预定角度的±10%以内以较大的数值为准（见图6-5）。

（2）利用水平冲击试验机进行试验时，使台车沿钢轨以预定速度运动，并在到达挡板冲击面时达到所需要的冲击速度。

(3) 利用斜面冲击试验机进行试验时,将台车沿钢轨斜面提升到可获得要求冲击速度的相应高度上,然后释放。

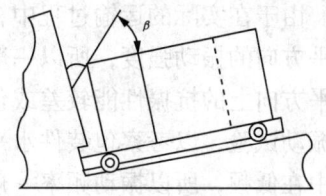

图 6-5 对一角的冲击试验样品的位置允许误差

(4) 利用吊摆冲击试验机进行试验时,拉开台板,提高摆位,当拉开到台板与挡板冲击面之间距离能产生所需冲击速度时,将其释放。

无论采用何种试验机进行试验,冲击速度误差应在预定冲击速度的±5%以内。

(5) 试验后检查包装及内装物的损坏情况,并分析试验结果。

5. 试验报告

试验报告应包括下列内容:
(1) 内装物的名称、规格、型号、数量、性能等,如果使用模拟物应加以说明;
(2) 试验样品的数量;
(3) 详细说明包装容器的名称、尺寸,结构和材料规格,附件、缓冲衬垫、支撑物、固定方法、封口、捆扎状态及其他防护措施;
(4) 试验样品和内装物的质量,以千克计;
(5) 试验场所的温度和相对湿度;
(6) 试验所用设备、仪器的类型;
(7) 试验时,试验样品放置状态;
(8) 试验样品、试验顺序和试验次数;
(9) 冲击速度,必要时,测试冲击时最大加速度;
(10) 如果使用附加障碍物,说明其放置位置及其有关情况;
(11) 记录试验结果,并提出分析报告;
(12) 试验日期、试验人员签字。

第三节 运输包装件振动试验

振动试验是在试验室内,模拟运输包装件流通过程中可能受到的振动影响,以检验包装是否起到隔振的作用,评定包装对内装物的保护能力。振动试验可分为正弦定频振动试验、正弦变频振动试验和随机振动试验;按振动方向分为垂直振动和水平振动。国标 GB/T 4857.7—2005 "包装运输包装件基本试验第 7 部分:正弦定频振动试验方法"对运输包装件和单元货物进行正弦定频振动试验的设备、试验步骤等进行了规定。国标 GB/T 4857.10—2005 "包装运输包装件基本试验第 10 部分:正弦变频振动试验方法"对运输包装件和单元货物进行正弦变频振动试验的设备、试验步骤等进行了规定。国标 GB/T 4857.23—2003 "包装运输包装件随机振动试验方法"对运输包装件和单元货物进行随机振动试验的设备、试验步骤等进行了规定。

定频试验就是让振动台在某一固定频率下振动,用来简单地考察包装件的抗振性能。由于在实际的运输过程中,特别是在公路运输的情况下,垂直方向的振动强度大于水平方向的振动强度,所以一般主要考虑包装件垂直方向上的振动性能,但是当产品在水平方向上的抗振性能较差或包装件在水平方向上的防振性能较差时,就有必要进行水平振动试验,以考察包装件水平方向的抗振性能。在实际运输过程中,振动的能量主要集中在低频,所以振动频率一般在 $3 \sim 4.6 Hz$ 之间,振动最大加速度值定位 $5 \sim 11 m/s^2$。变频试验是让振动台在进行正弦振动时,振动频率在一定的频率范围内,按一定规律不断变化,即振动频率逐渐地从低频率到高频率,或者从高频率到低频率。随机振动是让振动台在一定的频率范围内,按照实际振动情况的能量分布进行振动,所以随机振动试验能最好的模拟包装件实际运输情况。包装件在流通过程的运输振动环境很复杂,它与运输工具、运输环境、包装件装载方式等有直接的关系,这些因素基本上都是随机,无法在时域范围内归纳出固定的振动频率,所以实际的运输振动环境的能量分布在较宽的频率范围内,具有很大的随机性,因此包装件的振动属于随机振动。在评价包装件在振动条件下的力学性能时,最好的试验方法是对包装件进行随机振动试验,但由于随机振动试验设备的要求较高,在实验室难以实现,本书仅对正弦定频试验方法进行讲述。

一、试验原理

将试验样品置于振动台上,使用近似的固定低频正弦振荡使其产生振动。试验时的温湿度条件、试验持续时间(见表6-3)、最大加速度、试验样品放置状态及固定方法皆为预定的。

必要时可在试验样品上添加一定载荷,以模拟运输包装件处于堆码底部条件下经受振动环境振动的情况。

表6-3 振动持续时间

振动时间/min	运输方式	路程/km	
		正常运输条件	恶劣运输条件
10	公路	运输时间<1h	
	铁路	运输时间<3h	
40	公路	1000~1500km	振动时间是正常运输条件下时间的2倍
	铁路	3000~4500km	
60	公路	超过1500km	
	铁路	超过4500km	

二、试验样品准备

试验样品的数量一般不少于3件。根据本章第一节的内容对样品进行部位标示和温湿度的调节处理。

三、试验仪器

1. 振动台

振动台应具有充分大的尺寸、足够的强度、刚度和承载能力。该结构应能保证振动台台面在振动时保持水平状态。其最低共振频率应高于最高试验频率。振动台应平放,与水平之间的最大角度为 0.3°。振动台可以配备低围栏,用以防止试样在试验中向两端和两侧移动;也可以配备高围栏或其他装置,用以防止加在试样上的载荷振动时移位;或配备用以模拟运输中包装件的固定方法的装置。

2. 试验仪器

试验仪器应包括加速度计、脉冲信号调节器和数据显示或存储装置,以测量和控制在试样表面上的加速度值。测试仪器系统的响应,应精确到试验规定的频率范围的 ±5%。

四、试验步骤

1. 记录试验场所的温湿度。

2. 将试验样品按预定的状态放置在振动台上,试验样品重心点的垂直位置应尽可能的接近振动台台面的几何中心。如果试验样品不固定在台面上,可以使用围栏。必要时可在试验样品上添加载荷,其加载程序应符合 GB/T 4857.3 的规定。

3. 方法 A

(1)操作振动台,产生可选范围在 0.5g 和 1.0 g 之间的加速度,并且使试验样品不与台面分离。

(2)选择一定(正负)峰值之间的位移,在相应的频率范围内确定试验频率,产生在 0.5 g 和 1.0 g 之间的加速度值,进行试验。

4. 方法 B

(1)操作振动台,产生可选范围的加速度,该加速度可以使试验样品从台面分离从而引起相对冲击。

(2)选择预定的振幅,开始使试验样品在 2 Hz 的频率下振动,并逐渐提高频率,直到试验样品即将与振动台分离的状态为止。

【注意】在试验期间沿试验样品的底部移动 -1.5 mm 到 3.0mm 厚,最小宽度为 50mm 的标准量具,在至少三分之一试验样品底面积的部分,该标准量具可以被插入,即被认为试验样品与振动台分离的状态。

5. 试验检查包装及内装物的损坏情况,并分析试验。

可以用积分法来作定量评价。在这个方法中用计分值表示不同类型内装物损坏的程度和不同类型内装物损坏的相对重要性。

五、试验报告

试验报告应包括下列内容:

1. 内装物的名称、规格、型号、数量等,如果使用的是模拟内装物,应予以详细

说明;
2. 试验样品的数量;
3. 详细说明包装容器的名称、尺寸、结构和材料的规格、附件、缓冲衬垫、支撑物、固定方法、封口、捆扎状态及其他防护措施;
4. 试验样品和内装物的质量,以千克计;
5. 试验设备的说明;
6. 固定措施,是否使用了低围框或高围框;
7. 是否添加载荷,如果加有载荷说明所加载荷的质量(以千克计),及试验样品承受载荷的持续时间;
8. 试验时试验样品放置的状态;
9. 试验场所的温度和相对湿度;
10. 振动台的振动方向、振幅、频率以及试验的持续时间;
11. 试验结果的详细记录以及观察到的任何可以帮助正确解释试验结果的现象;
12. 使用的试验方法(方法 A 或方法 B),试验结果分析;
13. 试验日期、试验人员签字。

第四节 运输包装件堆码试验

在运输、装卸和存储过程中,包装件都是以堆码形式存在,因而在包装件之间产生静载荷,即堆码载荷。堆码试验的目的在于测试包装件在堆码时所能承受的耐压强度及对包装物的保护性能。

一、静态堆码试验

国标 GB/T 4857.3—1992 "包装运输包装件静载荷堆码试验方法" 规定了对运输包装件在进行堆码试验的试验设备和试验步骤等,适用于评定运输包装件在堆码时的耐压强度或者对内装物的保护能力。

1. 试验原理

将试验样品放在一个水平平面上,并在其上均匀施加载荷。
首先确定堆码载荷 P_s:

$$P_s = \frac{G \cdot (H_0 - h)}{h} \tag{6-1}$$

式中:G——包装件的重量,N;
　　　H_0——堆码高度,m(由表 6-4 确定);
　　　h——包装件高度,m。

表 6-4 堆码高度及持续时间

储运方式	基本持续时间及高度	适用范围持续时间及高度
公路	1d, 2.5m	1~7d, 1.5~3.5m
铁路	1d, 2.5m	1~7d, 1.5~3.5m
水运	1~7d, 3.5m	1~28d, 3.5~7m
储存	1~7d, 3.5m	1~28d, 1.5~7m

则堆码层数为：

$$N_{max} = \frac{P_s}{G} + 1 \qquad (6-2)$$

考虑到包装件的储存期和储存条件，实际试验时所加的压力为：

$$P_s = \frac{K \cdot G \cdot (H_0 - h)}{h} \qquad (6-3)$$

式中：K——强度安全系数（由表 6-5 确定）。

表 6-5 强度安全系数

储存期	<30d	30~100d	>100d
强度安全系数	1.6	1.65	2

2. 试验样品准备

试验样品的数量一般不少于 3 件。根据本章第一节的内容对样品进行部位标示和温湿度的调节处理。

3. 试验设备

（1）水平台面

水平台面应平整坚硬。任意两点的高度差不超过 2mm，如为混凝土地面，其厚度不应少于 150mm。

（2）加载装置

加载装置有三种形式，分别是：

①包装件组

该组包装件的每一件都应与试验中的试样完全相同。包装件的数目则以其总量达到合适的载荷量而定。可以根据公式（6-1）、公式（6-2）、公式（6-3）计算得到。

②自由加载平板

该平板应能连同适当的载荷一起，在试验样品上自由地调整达到平衡。载荷与加载平板也可以是一个整体。加载平板置于包装件试样顶部的中心时，其尺寸至少应较包装件的顶面各边 100mm 以上。该板应足够坚硬以保证完全能承受载荷而不变形。

③导向加载平板

采用导向措施使该平板的下表面连同适当的载荷一起始终保持水平，所采用的措施不应该产生摩擦而影响试验结果。加载平板置于包装件试样顶部的中心时，其尺寸至少应较包装件的顶面各边大出 100mm。该板应足够坚硬以保证完全能承受载荷而不变形。

4. 试验步骤

（1）记录试验场所的温湿度；

（2）确定施加于包装件上的压力；

（3）试验方法 A：

①按运输状态将实验样品放置在水平平面上，在试验样品顶部放上加载平板，加载平板的中心应位于试验样品顶面中心位置。

②将负荷平稳地加在平板板面上。

（4）试验方法 B：

①将实验样品按预定状态置于下压板中心部位；

②使两块压板做相对移动或上压板移动，使上压板和实验样品接触。负荷量值一般由小到大逐级增大，每增载一级检验一次包装件受压状况并详细记录，负荷量值最大不应超过预定值。如果未达到预定值，受压包装件已变形、压坏或出现危险时，应中止试验。也可以按预定值作一次性下压或直至破坏为止。负荷达到预定值时，持续到预定时间，观察包装件的变化。

（5）移动压板，除去负荷，对包装件进行检查。

5. 试验报告

试验报告应包括下列内容：

（1）试验样品的数量、放置状态；

（2）详细说明包装容器的尺寸、结构和材料规格、衬垫、支撑物、固定方法、封口、捆扎状态以及其他防护措施；

（3）内装物的名称、规格、型号、数量等；

（4）试验样品和内装物的质量按千克计；

（5）预处理的温度、相对湿度和时间；

（6）总负荷（以牛顿计，包括加负荷平板重力）及持续时间；

（7）所用设备的类型和操作方式；

（8）所用仿模块类型和放置位置；

（9）包装件上偏离测量点的位置以及在什么试验程序中进行这些偏离测量；

（10）试验结果记录以及观察到的任何有助于正确解释试验结果的现象；

（11）使用的试验方法（方法 A 或方法 B），试验结果分析；

（12）试验日期、试验人员签字。

二、采用压力试验机堆码试验

由于静态堆码试验较为烦琐，目前对包装件进行堆码试验时，采用较多的方法是直接使用电力驱动的压力试验机进行试验。国标 GB/T 4857.16—1990 "运输包装件基本试验采用压力试验机的堆码试验方法"规定了采用压力试验机进行堆码试验的方法，适用于评定运输包装件在堆码时的耐压强度，以及包装件受压的变形、蠕变、压坏或破裂等。

1. 试验原理

将包装件置于压力实验机的下压板上，然后将上压板下降，对包装件施加压力。所加压力、大气条件、持续时间、承受压力的情况以及包装件的放置状态，按预定方案进行。

2. 试验样品准备

试验样品的数量一般不少于3件。根据本章第一节的内容对样品进行部位标示和温湿度的调节处理。

3. 试验仪器

根据国标对压力试验机及压板等的要求，试验可以选用XYD-15K纸箱抗压试验机进行试验。该机器其中的一项功能就是测试堆码强度。具体的机器结构、工作原理、技术指标和校准等，参考第五章第一节内容。

4. 试验步骤

（1）选择试验速度，即将速度挡位选择在10mm/min挡，打开试验机电源。

【注意】试验进行中严禁转换速度挡位。

（2）调节上压板的高度，将手轮向外拉出，使其脱离与电动机的啮合。顺时针旋转使上压板上升，将试样纸箱水平放置在下压板的中心部位，然后逆时针旋转手轮使上压板下降，让上压板离试样最高点接近但是试样不要接触上压板，调整好上压板位置后将手轮向里推至复位。上压板位置的调节也可以采用另一种方法：按控制面板上的"上升"键，上压板自动上升，当达到要求高度时按"停止"键，放入试样。

（3）根据国标规定"试验前先加220N的初始载荷，以使试样与上下压板接触良好"设定预压值，按"预置"键，预置灯亮，按"+"或者"-"键，调整预压值为22daN，完成压力设置之后，按"监控"键，推出预压值设置状态，系统回到待机状态。

（4）确定进行堆码试验，在待机状态下选择"A"键，A功能指示灯亮，然后设定压力参数、试样的高度参数和试验序号，按"监控"键，将设定的压力值、试样的高度值和试验序号在控制面板上显示出来。

（5）开始试验，完成参数设置后，按"标定"键，则系统自动运行堆码试验状态。试验时，上压板开始缓慢向下移动，力值和变形量逐渐增加，当试样受力达到预压值22daN时，蜂鸣器鸣叫一声，位移量自动清零，然后随着上压板继续下移，力值继续增加，变形量重新开始逐渐增加，当力值达到设定的压力值时，系统暂停运行，蜂鸣2次，面板显示设定压力值和相应的变形量。接下来设定堆码力值，按"标定"键开始设置，通过按"+"或"-"键设定下次将对试样施加的压力值，设定完毕按"A"键，继续对试样加载直至达到设定的堆码力值。

（6）完成试验，检查包装件受压状况。

第五节 运输包装件耐候试验

一、喷淋试验

喷淋试验也称防水试验,是模拟包装件流通时露天存放有遭雨淋的可能而设计的。在水运途中,货物也常因浪花飞溅而喷上水。国标 GB/T 4857.9—1992 "包装运输包装件喷淋试验方法"规定了对运输包装件进行喷淋试验时的试验设备和试验步骤等,适用于评定运输包装件对淋雨的抗御性能及包装对内装物的保护能力。

1. 试验原理

将试验样品放在试验场地上,在一定温度下用水按预定的时间及速率进行喷淋。

2. 试验样品准备

试验样品的数量一般不少于 3 件。根据本章第一节的内容对样品进行部位标示和温湿度的调节处理。

3. 试验设备

(1) 试验场地

试验场地面积至少要比试样底部面积大 50%,使试样处于喷淋面积之内。如果有必要对试验场地温度进行控制时,可对场地进行隔热或加热。场地地面应设置格条地板和足够容量的排水口,使喷淋的水能自动排泄出去,不至于使试样浸泡在水里。实验场地高度要适当,使喷水嘴与试样顶部之间的距离至少为 2m,可保证水能垂直滴落。

(2) 喷淋装置

喷淋装置应满足 (100 ± 20) L/$(m^2 \cdot h)$ 速率的喷水量,喷出的水要求充分均匀,喷头高度应能调节,使喷嘴与试样顶部之间能够至少保持 2m 的距离。

4. 试验步骤

(1) 调整喷头的高度,使喷嘴与试验包装件顶部最近点之间的距离至少为 2m。开启喷头直至整个系统达到均衡状态。除非另有规定否则喷水的温度和试验场地温度均应在 5℃ 至 30℃ 之间。

(2) 在整个系统喷出的水达到稳定后,再放置试验样品。

(3) 将试验样品放在试验场地中心位置,使水能够按照校准时的标准落到试验样品上,在预定的时间内持续地进行喷淋。

(4) 检查被试包装件及其内装物,是否出现防水性能下降或渗水现象。

5. 试验报告

试验报告应包括下列内容:

(1) 包装件内装物的名称、规格、型号、数量等;

(2) 试验样品的数量;

(3) 详细说明包装容器的名称、尺寸、结构和材料的规格、附件、缓冲衬垫、支撑物、固定方法、封口、捆扎状态及其他防护措施。

（4）试验样品和内装物的质量，以千克计；

（5）温、湿度调节处理时的温度、相对湿度和时间，试验场所的温度和水的温度；

（6）包装件在试验场地上的位置；

（7）试验时所用设备、仪器的名称和型号；

（8）试验持续时间；

（9）试验结果的记录以及观察到可以帮助正确解释试验结果的任何现象；

（10）试验日期、试验人员签字。

二、浸水试验

国标 GB/T 4857.12—1992 "包装运输包装件浸水试验方法"规定了对运输包装件进行浸水试验的设备和步骤等，适用于评定运输包装件承受水浸害的能力及包装对内装物的保护能力。

1. 试验原理

将试验样品完全浸于水中，保持一定的时间后取出。在预定的大气条件下和时间内进行沥水和干燥。

2. 试验样品准备

一般用正常运输包装件作为被试包装件。考虑到包装件内装物特性和价值时，如：产品价值较高或者产品对环境和人体造成一定危害，可以采用模拟内装物，模拟内装物尺寸及物理性质均应接近预定内装物的尺寸及物理性质，并按发运前的正常程序对包装件进行封口。试验样品的数量一般不少于 3 件。根据本章第一节的内容对样品进行部位标示和温湿度的调节处理。

3. 试验设备

（1）水箱

水箱应具有足够的容积，试验时应使样品全部浸入水中，样品顶面沉入水面以下的距离不小于 100mm。水箱具有给水、排水装置，不应有渗漏现象。

（2）浸水装置

装置应有足够的尺寸，可以宽松地盛装样品，并能提升或者下降。

（3）刚性格栅

具有一定的强度和刚度、支撑湿的样品时格栅不变形，能使空气自由地流经样品底面。格栅与样品的接触面积不大于样品底部面积的 10%。

4. 试验步骤

（1）在水箱内充以一定深度的水，水温在 5~40℃ 范围内选择，浸水过程中水温变化在 ±20℃ 以内。

（2）将试验样品放入浸水装置内，连同浸水装置一同浸入水中，浸水下放速度不大于 300 mm/min 直至试验样品的顶面沉入水面 100 mm 以下，并保持一定的时间。保持时间从 5min，15min，30 min 或 1h，2h，4 h 中选择。

（3）达到预定时间后，以不大于 300 mm/min 的速度将试验样品提出水面。

（4）将试验样品按预定状态放在格栅上，使其暴露在预定的大气条件下。暴露时间从 4h、8h、16h、24h、48h、72h 或 1 周、2 周、3 周、4 周中选择。

（5）记录试验样品浸水、沥水、干燥引起的任何明显的损坏或任何其他变化。检查包装及内装物的损坏情况，并分析试验结果。

5. 试验报告

试验报告应包括下列内容：
（1）内装物的名称、规格、型号、数量等；
（2）试验样品的数量；
（3）详细说明包装容器的尺寸、结构和材料规格、附件、缓冲衬垫、支撑物、固定方法、封口、捆扎状态及其他防护措施；
（4）试验样品的质量和内装物的质量，以千克计；
（5）试验场地的温度和相对湿度；
（6）试验时试验样品的预定状态；
（7）浸水时水的温度及浸水时间；
（8）沥水和干燥时间；
（9）试验结果记录，以及在试验中观察到的任何有助于正确解释试验结果的现象；
（10）试验日期，试验人员签字。

三、低气压试验

低压可能导致包装容器失去密封性能，产生漏气、渗漏，甚至包装容器被压破。在高空条件下，低气压和低温的共同作用，可能导致某些包装材料理化特性发生变化，使材料变脆，在某些机械力的作用下包装容器以及内装物很容易发生破损。国标 GB/T 4857.13—2005 "包装运输包装件基本试验第 13 部分：低气压试验方法"规定了对运输包装件和单元货物进行低气压试验时的试验设备及试验步骤等，适用于评定在空运时增压仓和飞行高度不超过 3500m 的非增压仓飞机内的运输包装件和单元货物耐低气压影响的能力及包装对内装物的保护能力。对于海拔较高的地面运输包装件和单元货物可参照本部分进行低气压试验。

1. 试验原理

将试验样品置于气压试验箱（室）内，然后将试验箱（室）内气压降低到相当于 3500m 高度时的气压。将此气压保持预定的时间后，使其恢复到常压。如有必要，在此期间也可将温度控制在相同高度时所具有的温度。

2. 试验样品准备

试验样品的数量一般不少于 3 件。根据本章第一节的内容对样品进行部位标示和温湿度的调节处理。

3. 试验设备

气压试验箱（室），具有足够的空间以容纳试验样品，并能进行气压和温度控制。

4. 试验步骤

（1）将试验样品放置在气压试验箱（室）内，以不超过 150×10^5 mPa/min 的速率将气压降至 650×10^5 mPa（±5%），在预定的时间内保持该气压，保持时间可在 2h、4h、

8h，16h 内选取。

（2）以不超过 $150 \times 10^5 \mathrm{mPa/min}$ 的增压速率，充入符合实验室温度的干燥空气，使气压恢复到初始状态。

（3）试验后按检查包装及内装物的损坏情况，分析试验结果。

被试包装件的验收准则，应根据包装件或其内装物质量的降低程度、内装物的减少程度、包装件或其内装物变质的程度、或者根据已损坏包装件是否代表在随后的流通系统中的一种危害或潜在的危害等来确定。这些因素可用定量数值表示，包装件或其内装物损坏程度可以定量如下：

①内装物在数量、体积、质量上的损失。
②用适当的试验方法测量内装物的损坏。
③包装件及其内装物在其他方面的损坏：

a. 尺寸改变；

b. 损坏尺寸；

c. 修理时间或成本。

可以用积分法来作定量评价。在这个方法中用计分值表示不同类型内装物损坏的程度和不同类型内装物损坏的相对重要性。

5. 试验报告

试验报告应包括下列内容：

（1）内装物名称、规格、型号、数量等；
（2）试验样品的数量；
（3）详细说明包装容器的名称、尺寸、结构和材料规格、附件、缓冲衬垫、支撑物、固定方式、封口、捆扎状态及其他防护措施；
（4）试验样品的质量和内装物的质量，以千克计；
（5）气压试验箱（室）内的温度、湿度、压力、增（减）压速率和气压保持时间；
（6）试验设备及仪器的说明；
（7）记录试验结果及任何有助于正确解释试验结果的现象；
（8）试验日期、试验人员签字。

小　结

包装件的试验项目比较多，但对于每一件具体的包装件，并不要求经历全部的试验，只需要选择其中的若干项，并按特定的顺序组合。这是因为，一方面不同类型的产品流通渠道与环境负荷是不同的；另一方面客观环境对产品的某些影响是相同或相似的，模拟这些环境也必然会出现某些重复。

正确的选择试验项目和规定的试验强度，需要把包装件的产品特性、流通特性和试验特性作为一个互相制约的系统来考虑，从系统因素的对比分析中做出合理的选择。

本章未对大型运输包装件性能测试和危险货物包装件性能测试进行讲述，如果需要读者可自行查阅相关资料。

思考与练习

简答题

1. 某一包装件重量120kg，高度为320mm，最大堆码层数为10层，计算该包装件所承受的抗压载荷？
2. 堆码试验有哪几种？
3. 冲击试验有哪几种？需要对包装件哪几个部位进行冲击试验？
4. 振动试验有哪几种？
5. 某运输包装件从山东用铁路运输至四川，后自四川用公路运输至西藏，请问做振动试验选择振动多长时间？若包装件重量为36kg，做跌落试验选择跌落高度是多少？

第七章　包装工艺实验

本章主要介绍简单的包装拉伸、收缩、真空工艺实验的相关理论内容，如拉伸、收缩、真空工艺的材料、特点及应用。重点介绍包装拉伸、收缩、真空工艺实验测试仪器、实验原理及目的、实验操作流程等，通过对实验内容的讲解，巩固课堂教学的理论知识与实际相结合的教学环节，达到实践教学的目的，从而提高学生实践操作的能力。

第一节　收缩和拉伸包装工艺实验

收缩包装是指用可收缩的塑料薄膜包裹产品或包装件，然后加热使薄膜收缩而包紧产品或包装件的一种包装方法，又称为热收缩包装。其作用主要是包裹产品，同时还具有一定的密封作用。拉伸包装则是用可拉伸的塑料薄膜，在常温和张力下对产品或包装件进行包裹的一种包装方法。这两种包装方法虽然原理不同，但包装效果基本一样。在实际应用中，应当根据产品特点和包装要求进行选择。

一、收缩包装工艺实验

1. 热收缩包装的特点及应用

收缩包装始于20世纪60年代，目前已成为应用最为普遍的包装技术之一。收缩包装不仅可以用于销售包装，还可以用于运输包装。热收缩包装就是把热收缩薄膜宽松地包裹住包装件，然后加热使薄膜收缩而形成紧裹着被包装物的保护层，热收缩包装是目前国际市场上较先进的包装方法之一。

（1）热收缩包装的特点

①能包装一般包装工艺无法包装的异型产品。如蔬菜、水果、肉类等食品以及玩具等。

②将收缩薄膜作为封缄材料，无须黏合剂和贴合剂，就能紧贴在被包装物上。此种封缄材料还可在里面印刷，兼作商标。由于薄膜紧紧地包裹着商品，可免受外部冲击，具有一定的缓冲性，用于脆性容器的包装时，还能防止容器破碎时飞散。

③热收缩包装除具有一般塑料薄膜包装的特点外还有其独特的长处，由热收缩薄膜包裹的物件经加热后，薄膜便产生25%～70%的收缩，薄膜贴紧物品，由于薄膜透明，经热收缩后，紧贴于商品，可充分显示物品的外观，提高展销效果。

④收缩薄膜的抗撕裂强度大，一般不小于40kN/m，当收缩薄膜上出现孔洞时，不会扩大和撕开，有利于保护被包装物。

⑤薄膜收缩能产生一定的拉力，一般可达 300kg/cm² 左右。利用此拉力可把一组要包装的物品裹紧，因而能起到好的捆扎作用，它特别适用于多件物品的集合及托盘包装，如市场上已采用的电池、易拉罐、陶瓷等的包装。省去了中包装，节省包装费用，便于运输与销售。

⑥可以延长食品的保质期，适用于食品的储存、低温储藏，防止冷冻食品的过分干燥等。

⑦可使包装物密封、防潮、防污染，可在露天堆放，节省仓库面积。

⑧体积庞大的产品可以采用现场包装法，包装工艺和设备较简单，有通用性，便于实现机械化，节省劳力和包装费用，并能部分地代替瓦楞纸箱和木箱。

当然，收缩包装的应用也有一定的局限。如：在包装颗粒、粉末或形状不规则的商品时，不如装箱、装盒方便；此外，收缩包装能源消耗较多，占用投资和车间面积均较大，实现连续、高速化生产也比较困难。

（2）热收缩包装的应用

鉴于热收缩包装的上述特点，收缩包装在下列各类商品中获得了广泛的应用。

①文教用品类，如书籍、相册等的包装。

②工艺品类，如石膏像、花瓶等的包装。

③电器类，如电池、仪表、开关等的包装。

④五金类，如机械零件、机器、工具的包装。

⑤军械类，如军械零部件、器材的包装。

⑥其他商品类，如医药、卷烟以及陶瓷、纸张、水泥、玻璃制品等的包装。

总之，除了弹药、油、胶片等具有极高热敏感性的物品外，收缩包装几乎适用于一切物品的包装。

2. 热收缩薄膜包装材料

热收缩薄膜是一种在生产过程中被拉伸，而在使用过程中受热收缩的塑料薄膜。热收缩薄膜包装是商品包装中广泛使用的一种包装方法，可用于包装各种类型的产品，具有透明、密封、防潮等特点，其工艺设备简单、包装成本低、包装方式多样，备受商家和消费者的喜爱。随着制造商日益追求产品的差异化竞争，用于包装饮料及其他消费食品的热收缩薄膜标签市场得到了快速的发展。

（1）收缩薄膜的优点

①外形美观，紧贴商品，所以又叫贴体包装，适宜各种不同形状的商品包装。

②保护性好，可以把多种商品包装在一个热收缩包装袋内，防止个别小商品的丢失，也便于顾客携带。

③保洁性好，尤其适合精密仪器、高精尖的电子元器件包装。

④选用不同的树脂及配方，可以生产出不同机械强度及功能的热收缩薄膜，既可用于强度较低、商品重量较小的内包装，也可用于对强度要求较高的集装箱用机械制品、建筑材料等的运输包装（外包装）。

⑤防窃性好，多种食品可以用一个大的收缩薄膜包装在一起，避免丢失。

⑥稳定性好，商品在包装膜中不会东倒西歪。

⑦透明性好,可以让顾客直接看到被包装的商品,便于顾客挑选商品。

⑧经济性好,热收缩薄膜包装往往价廉物美。

(2) 热收缩薄膜的种类

一般的塑料薄膜通常采用熔融挤出法、压延法、溶液流延法制得。而热收缩薄膜是将这种制得的片状或筒状薄膜,再进行纵向或横向的数倍延伸处理,使得薄膜的分子链或特定的结晶面与薄膜表面平行定向,从而增加薄膜的强度和透明度;同时在薄膜延伸时给予一定的温度,使薄膜在凝固前被延伸的比例增加到 1:4～1:7 的延伸率(普通薄膜延伸率为 1:2),这就使该薄膜在包装时具有所需的热收缩性能。

收缩薄膜按其制造方式及使用范围不同,大致分为:一种是二轴型延伸热收缩薄膜,薄膜在加工时纵横两轴向的延伸量几乎相等;另一种是一轴型延伸热收缩薄膜,薄膜制造时只向一个方向延伸。二轴型薄膜的适用范围很广,可用于包装新鲜食品或食品的托盘包装等;一轴型薄膜常用于管状收缩包装和标签包装,如酒类容器的标签包装,矿泉水、饮料瓶上的标签包装,塑料瓶和玻璃瓶盖的密封包装及新鲜果蔬等的套管包装等。

适用于热收缩包装的薄膜有 PE(聚乙烯)、PVC(聚氯乙烯)、PVDC(聚偏二氯乙烯)、PP(聚丙烯)、PS(聚苯乙烯)、EVA(乙烯—醋酸乙烯酯)和离子聚合物薄膜等。

(3) 收缩薄膜的性能

收缩薄膜之所以在加热时能够收缩,是因为在由塑料原料制成薄膜的过程中受到了拉伸处理。经拉伸处理后,薄膜分子形成定向排列,当薄膜再受热时,其分子又回缩到原来的排列和形状。在制膜过程中,塑料薄膜可同时进行纵向和横向拉伸,根据纵横向拉力的大小,薄膜的纵横向收缩率可以相同或不同。

衡量收缩薄膜的主要性能指标有:

①收缩率与收缩比

包括纵向和横向收缩率。收缩率决定了收缩包装的包裹密封质量和可靠性。收缩率的测试方法是先测量薄膜的长度,然后将薄膜放在 120℃ 的甘油中浸泡 1～2 秒钟,取出后用冷水冷却,再测量其长度,两次长度差占原始长度的百分率即为收缩率。一般要求薄膜的纵向和横向收缩率均为 50%。但在特殊情况下,也有单向收缩的为 25%～50%,还有收缩率不等的偏延伸薄膜。纵横两个方向收缩率的比值为收缩比。

②收缩张力

收缩张力是指薄膜收缩后施加给包装物的张力。在收缩温度下产生收缩张力的大小,对产品的保护性至关重要。金属罐等刚性物品需要较大的收缩张力,而一些易碎或褶皱的商品收缩张力过大,就会损坏商品。因此,薄膜的收缩张力必须选择恰当。

③收缩温度

收缩薄膜加热到一定温度后开始收缩,温度升到一定高度停止收缩。在此范围内的温度为收缩温度。对包装作业来讲,包装件在热收缩通道内被加热,薄膜收缩产生预定张力时所需要的温度称为收缩温度。在收缩包装中,收缩温度越低,对包装产品的不良影响越小,这一点在包装蔬菜、水果等新鲜商品时尤为重要。

④热封性

在进行加热收缩之前,包装件一般要进行两面或三面热封,而且要达到一定的封口强度,这要求收缩薄膜有较好的热封性。

表7-1 几种收缩薄膜的性能

项目 种类	薄膜厚度/ μm	收缩张力/ (kg/cm²)	最大收缩率/ %	烘道温度/ ℃	收缩温度/ ℃	热封温度/ ℃
PE	15.2~38.1	17.5~35.0	50~80	10.7~30.5	70~145	150~260
PVC	38.1~76.2	10.5~21.0	55	107~155	65~150	135~190
PP	17.2~38.1	21.0~42.0	50~80	150~230	93~172	172~205
PET	—	—	35	~180	~140	130~180
PS	25.4	7.0~42.0	40~70	132~160	100~132	120~150
PVDC	50~80	—	45	100~180	30~140	120~180
PVDC+PVC	10.2~25.4	3.5~14.0	15~60	95~150	60~145	120~150
PB	12.7~50.8	7.0~24.5	40~80	120~205	88~172	150~205
EVA	25.4~56.2	2.8~6.3	20~70	95~160	65~120	95~172
离子型	25.4~76.2	10.5~17.5	20~40	120~172	90~132	120~205

3. 收缩包装工艺实验

(1) 收缩包装工艺过程

收缩包装有手工收缩和机械收缩包装两种方法。手工收缩通常是用手工对被包装物品进行包裹,然后用热风喷枪等工具对被包装物吹热风,完成热收缩包装。这种方法简单迅速,主要是对不适合机械包装的包装件,如大型托盘集装的产品或体积较大的单件异型产品的热收缩包装。这种方法方便经济,值得在国内推广。

机械收缩包装工艺基本过程(见图7-1),机械收缩包装作业工序一般分两步进行。首先是预包装,用收缩膜将产品包装起来,热封必要的口与缝;然后是热收缩,将预包装的产品放在热收缩设备中加热,这种方法是最常用的。

①预包装作业

裹包是指把收缩薄膜包在被包装物的外面。预包装时,薄膜尺寸应比器材尺寸大10%~20%。如果尺寸过小则充填物品不便,收缩张力过大,可能将薄膜拉破;尺寸过大,则收缩张力不够,包不紧或不整齐。收缩膜的厚度可视情况而定。收缩包装方法主要有三种,即两端开放式(包装后两端敞开,用于单一产品的大批量包装、对两端密封性要求不高的场合)、四面密封式(用于要求密封的场合)和一端开放式(用于一端敞开包装)等。所用收缩薄膜厚度可根据器材大小、重量以及所要求的收缩张力来决定。如PE热收缩薄膜一般选用厚度为80~100μm,对大托盘收缩包装厚度可增加到500μm。对被包装物的包裹,可用人工或机械将被包装物置于两层薄膜之间,再用纵、横封器将薄膜的边缘封口;也可将被包装物置于事先准备好的袋包中,再将袋口封合。裹包

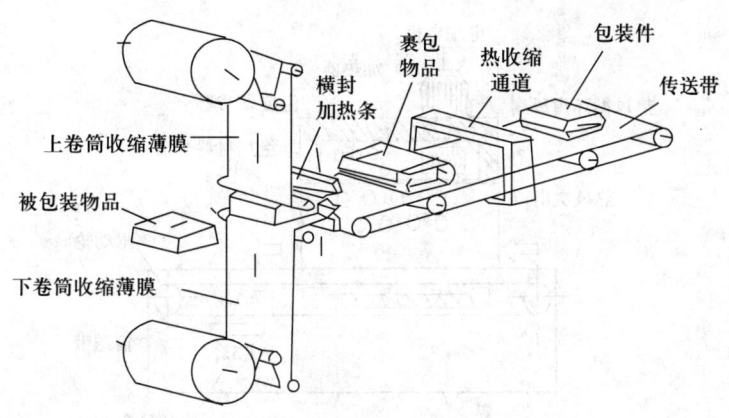

图 7-1 收缩包装工艺过程

机的设计可借鉴卧式成型充填封口机。裹包物品的传送是指将裹包后的物品传送至加热装置与从加热装置中送出。传送一般是采用输送带或滚筒进行。对裹包物品的加热是利用加热装置进行的，对裹包物品的加热温度决定于收缩材料的性能，且加热时间不宜长，以免引起被包装物温度的升高。裹包物品的冷却视收缩薄膜种类的不同可采用自然冷却与强制冷却，如聚乙烯的收缩温度比聚苯乙烯约高 20~30℃，聚乙烯在加热后，一般采用鼓风冷却。薄膜冷却后就紧紧地包裹住物品。

②热收缩作业

加热装置主要有 3 种形式：热风喷枪、热收缩烘道、热收缩烘箱。

热风喷枪以电或液化石油气为热源，用人工提着对套有收缩薄膜的被包装物吹热风，完成收缩包装。前者的电功率较小，约为 2kW，适用于中、小物品的包装，后者发热量较大，约为 125.6mJ/h，用于大型物品的包装，但两者的生产率都不高。

热收缩所用设备称为热收缩通道（也称热收缩隧道），由传送带和加热室组成（见图 7-2），是以电为能源，由电动机带动风机将经过发热元件加热的热气流吹到裹包的物品上，也可采用红外灯作为热源，直接照射在裹包的物品上，薄膜吸收辐射热而收缩。加热室中有加热通风装置、恒温控制装置。加热器的加热方式可以是电热、燃油、煤气和远红外线等。要恰当地配置吹风口，并合理选择风速，使包装件各部分大致同时收缩。为加速收缩过程和均匀收缩，热风采用强制循环。由于各种收缩薄膜特性不同，所以应根据包装作业的薄膜特性合理地选择热收缩通道。

热收缩烘箱既可用电池也可用煤、油、液化石油气作为产生热气流的热源。用煤、油、液化石油气作热源时往往要通过热交换器间接加热，以免用它们直接加热时，产生水蒸气并形成水滴附着在薄膜的内侧而影响包装质量。

收缩薄膜不论采用何种加热装置，为保证薄膜收缩良好，加热装置内的温度要均匀且使薄膜加热时温度上升要快，迅速达到薄膜的收缩温度。

热收缩的过程是：将预包装件放到传送带上，传送带以规定速度运行，将其送进加热室，利用热空气或其他加热方法对包装件进行加热，热收缩完毕离开收缩室，自然冷却后，从传送带上取下。在体积较大、热收缩温度较高时，可用冷风扇加速冷却。

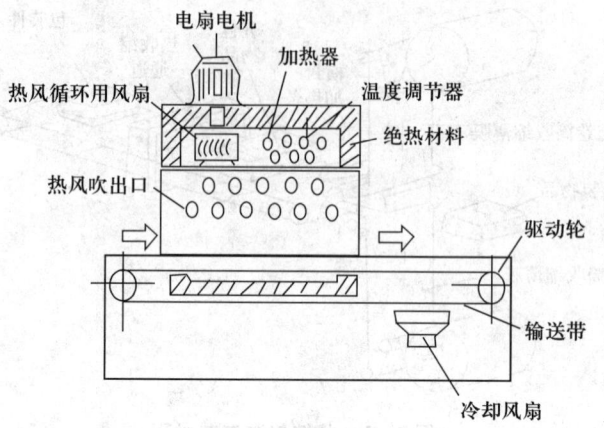

图7-2 热收缩通道

另外,除采用上述热收缩方法外,还可用手提式热封喷枪对大型的物品进行现场作业。这种方法迅速简单,而且方便经济。

(2) 收缩包装设备

收缩包装机一般由两部分组成:对物品进行裹包与封口的包装机与对裹包有收缩薄膜的物品进行加热的收缩机。根据包装机的自动化程度又分为自动收缩包装机与半自动收缩包装机。前者收缩包装的四步工艺即裹包、裹包物品的传送、加热与冷却,这四步工艺全部由机器自动进行,操作者只要把物品放置在输送装置上面即可。后者是要将物品放置于两层薄膜之间,物品的裹包借助于人工操纵。

尽管国内外收缩包装机械种类较多,但收缩包装设备主要有四种。

①小型收缩包装机:主要用于超市使用的水果和蔬菜包装等,一般都用纸浆模塑浅盘或塑料浅盘包装,如苹果、橘子、西红柿等,也可不用浅盘,如黄瓜、胡萝卜、香蕉等,因包装件尺寸小,多采用枕型袋式包装。配套的热收缩通道温度因包装材料而异。

②L型封口包装机:一般使用卷筒对折薄膜,可手工送料,也可机械送料。包装能力取决于包装件尺寸的大小和操作者的熟练程度。包装能力取决于包装件尺寸的大小和操作者的熟练程度,一般为10～15包/分。

③板式热封包装机:用于两端开放式和四面密封式包装,如包装多件纸盒或食品瓶、罐装产品。包装能力决定于包装件尺寸、产品重量和薄膜厚度。

④大型收缩包装机:用于瓦楞纸箱或大袋的集合包装,包装件长宽高一般在1m以上,有的用托盘,有的不用托盘。

目前,国内生产的收缩包装多为后者,且收缩机大多采用远红外加热管进行加热。如江苏泰兴仪器厂生产的收缩包装机。此外,桂林、洛阳、沈阳、宁波等地生产的热收缩包装机,结构与其大致相同。上述收缩包装机均属中、小型。手提式的热风喷枪及采用热风循环加热形式的大型收缩包装机目前已由江苏工学院设计,有关单位已试制成功,样机已投入试用。

热收缩系列包装机在国内外占有一定的市场和拥有量。由于各行业包装材料的不断变化,给热收缩包装机更增添了新的活力,促使其用途更加广泛,如食品、饮品、调味品、杂货、电气用品、电子零件、药品及其大小盒（箱）物品的包装等。

二、拉伸包装工艺实验

拉伸包装于1940年始于美国，拉伸包装起初主要是应用于销售包装，是满足超级市场销售肉、禽、海鲜产品、新鲜水果和蔬菜的包装。自从比较理想的拉伸薄膜如聚氯乙烯薄膜用于拉伸包装后，拉伸包装因节省了设备投资、材料和能源方面的费用，从而迅速地从销售包装的领域扩展到运输包装的领域。

拉伸包装技术是用具有弹性（可拉伸）的塑料薄膜，在常温和张力下，裹包单件或多件商品，在张力方向上拉伸薄膜，使商品紧裹并密封的技术。它不仅方便销售，而且用于运输包装可以节省设备投资、材料和能源方面的费用，在许多场合已经取代热收缩包装，是一种很有前途的包装技术。

拉伸包装是通过机械张力的作用，将薄膜围绕商品进行拉伸，由于薄膜经拉伸后具有自粘性和弹性，牢牢将商品裹紧，然后进行热合的包装方法。薄膜由于要经受连续张力的作用，所以必须具有较高的强度。

1. 拉伸包装的特点

（1）由于不需要热收缩设备，所以能够节省设备投资和能源费用。

（2）由于不需加热，很适合包装怕加热的产品，如鲜肉、冷冻食品等。

（3）可以准确地控制裹包力以防止产品被挤碎。

（4）薄膜是透明的，商品透视性高，特别是运输包装时，比木箱和瓦楞纸箱更容易认识和清点商品。

（5）可以防窃、防火、防冲击和振动等。

（6）防潮性比收缩包装差，在运输包装中堆积的商品的顶部需要另外加一块薄膜，操作不便。

（7）因为拉伸薄膜有自粘性，当许多包装件堆在一起，搬运时，会因黏结而损伤。

2. 拉伸薄膜包装材料

拉伸薄膜具有较高的拉伸强度、抗撕裂强度，并具有良好的回缩记忆和特有的自粘性，能使物体紧裹成一个整体，防止运输时散落倒塌。该膜具有高透明性、防水性、减少人工、提高效率，达到保护产品及降低包装成本的目的。拉伸薄膜在生产过程中并不拉伸，只需使用普通的挤出流延法或挤出吹胀法生产出薄膜，经分切成一定宽度后就可作为产品供包装厂使用。拉伸薄膜采用的主要设备为挤出机及相应的辅助设备，如配料、混料、加料系统、测厚系统和卷取系统等。主要生产工艺有两种，即流延工艺和吹塑工艺，其各有优缺点。

薄膜的拉伸可分为主动拉伸和被动拉伸两种方式。先前采用的被动拉伸是靠被包装物品的拉紧力将薄膜拉伸并缠绕在物品上，这种方式因薄膜被动拉伸，受到包装物品的拉力作用，存在易拉断、出膜不均匀和包装效果差等缺点。为解决这一问题，最直接的办法就是改被动拉伸为主动拉伸。预先通过薄膜拉伸机构将薄膜拉伸，然后由托盘物品的运动，将拉伸后的薄膜缠绕在物品上。这样包装出来的物品外观清新，适用性好，而且成本低，效率高，也不会出现物品被拉斜或被拉倒的现象。

常用的拉伸薄膜有聚氯乙烯、低密度聚乙烯、乙烯—醋酸乙烯共聚物薄膜及线型低密度聚乙烯等。聚氯乙烯薄膜成本最低，使用最早，自粘性较好，拉伸性和韧性均好，但应力滞留性差。低密度聚乙烯拉伸率较低，自粘性和抗戳穿强度较差。乙烯—醋酸乙烯共聚物薄膜自粘性、拉伸性和韧性、应力滞留性均好。线型低密度聚乙烯薄膜综合特性最好。

3. 衡量拉伸包装的性能指标

（1）自粘性

薄膜之间接触后的黏附性，在拉伸缠绕过程中和包裹之后，能使包装产品紧固而不会松散。自粘性受外界多种因素影响，如湿度、灰尘和污染物等。获得自粘性薄膜的方法主要有两种，一是加工表面光滑且具有光泽的薄膜；二是使用增加黏附性的添加剂，使薄膜的表面产生湿润的效果，从而提高黏附性。

（2）韧性

韧性是薄膜抗戳穿和抗撕裂的综合性质。抗撕裂能力是指薄膜在受张力后被戳穿时的抗撕裂程度。抗撕裂程度的危险值必须取横向的，即与机器操作方向垂直，因为在这个方向撕裂将使包装件松散，但纵向发生撕裂，包装件仍能保持牢固。

（3）拉伸

拉伸是薄膜受拉力后产生弹性伸长的能力。纵向拉伸增加，最终将使薄膜变薄，宽度缩短。虽然纵向拉伸是有益的，但过度拉伸常常是不可取的。因为这将使薄膜变薄，易撕裂。同时，增加了施加于包装件的张力。

（4）应力滞留

应力滞留是指在拉伸包裹过程中，对薄膜施加张力的保持程度。

（5）许用拉伸

许用拉伸是指在一定用途的情况下，保持各种必须的特性所能施加的最大拉伸。许用拉伸随不同用途而变化。许用拉伸越大所用薄膜越少，包装成本也越低。

除上述指标外，薄膜的光学性能和热封性能，对某些特殊包装件是比较重要的因素。

4. 拉伸包装工艺

拉伸包装方法按照其用途可分为销售包装用途拉伸包装和运输包装用途拉伸包装两类。不同类型的产品，所用的包装机械也不同，因而，又有多种不同的包装方法。

（1）销售包装用途的拉伸包装

根据自动化程度可分为手工拉伸包装、半自动拉伸包装和全自动化拉伸包装三种方法。

①手工操作方法

一般是把包装物放在浅盘内，特别是脆而软的产品，如不用浅盘则容易损坏。也用于多件包装的零散产品；但有些产品本身具有一定的刚性和牢固程度，如小工具等可不用浅盘。

手工操作包装流程：首先从卷筒拉出薄膜，将产品放置其上并卷起来，向热封板移动，用电热丝将薄膜切断，再移到热封板上进行封合；接着用手抓住薄膜卷的两端进行拉伸；最后拉伸到所需程度,将两端的薄膜向下折至卷的底面,压在热封板上封合(见图7-3)。

②半自动操作

将包装工作中的一部分工序机械化或自动化,可节省人力,提高生产效率。包装形态主要是带浅盘的包装。

包装的重要环节是卷包和拉伸,要使这些工序机械化,机器构造的复杂程度必须增加,价格也必然同时提高,而通用性却有所削弱。虽然能节省一部分人力,产量有所提高(生产率一般为

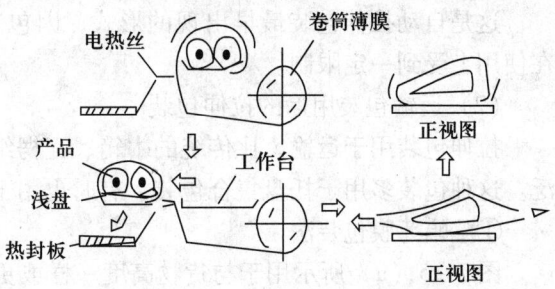

图7-3 拉伸包装手工操作过程

15~20件/分),但从总体上测算不一定合算。如果仅将供给、输出和热封部分自动化,包装速度也不会提高多少。所以,半自动操作在实际应用中使用得较少。

③全自动操作

手工操作虽然有很多优点,但工人劳动强度大,动作单一而频繁,而且生产率低,成本高。因此,全自动包装发展迅速。目前,全自动拉伸包装机所采用的包装工艺大致可分为两种:上推式操作法和连续直线操作法。

a. 上推式操作法

它是拉伸包装用于销售方面的主要包装方法。其操作流程为:

首先将产品放入浅盘内,由供给装置推至供给传送带,运送到上推装置;同时预先按产品所需长度切断薄膜,送到上推部位上方,用夹子夹住薄膜四周;上推装置将物品上推并顶着薄膜,薄膜被拉伸,然后松开左、右和后面的三个夹子,同时将三边的薄膜折入浅盘底下;启动带有软泡沫塑料的输出传送带,浅盘向前移动,同时前边的薄膜被拉伸,此时松开前薄膜夹,将前边薄膜折入浅盘底,将包装件送至热封板封合,从而完成包装流程(见图7-4)。

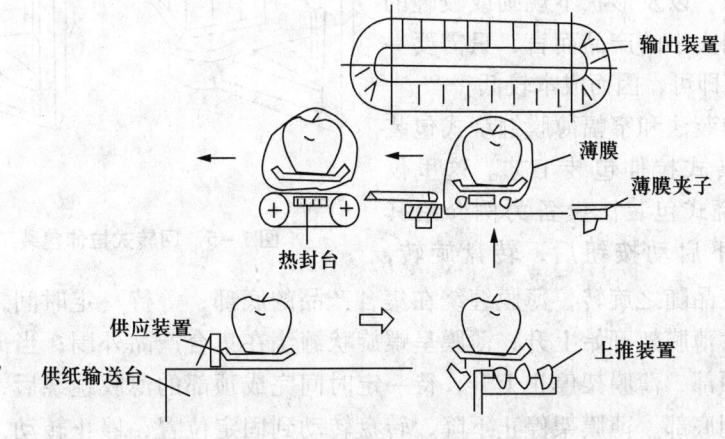

图7-4 拉伸包装上推式工艺过程

b. 连续直线操作法

这是自动拉伸包装最早出现的形式，因包装产品体积较大、产品较高时不够稳定，在使用上受到一定限制。

(2) 运输包装用途的拉伸包装

拉伸包装用于运输，比传统的木箱、瓦楞纸箱等包装重量轻、成本低，因此应用广泛。这种包装多用于托盘集合包装，有时也用于无托盘集合包装。其基本方法有两种。

①整幅薄膜包装法

图7-5 (a) 所示用于与货物高度一样或更宽一些的整幅薄膜包装。这种方法适合包装形状方正的货物，优点是效率高而且经济。例如用普通船装载出口货物的包装，对沉重而不稳定的货物的包装，以及单位时间内要求包装效率高的产品包装。缺点是要使用多种幅宽的薄膜。

常用设备的操作方法有以下两种。

回转式操作法：将货物放在一个可回转的平台上，把薄膜端部粘在货物上，然后旋转平台，边旋转边拉伸薄膜进行缠绕包裹，转几周后切断薄膜，将末端粘在货物上。这种方法所用设备有半自动的，即在开始时粘上薄膜，结束时切断薄膜，有手工操作的，也有全自动的。

通过式操作法：将货物放在输送带上，向前移动，在包装位置有一个龙门式的架子，两个薄膜卷筒直立于输送带两侧，并装有摩擦拉伸辊。当货物向前移动时，将薄膜包在其上，同时将薄膜拉伸，到达一定位置，将薄膜切断，端部粘于货物背后。这种方法所用的设备与回转式一样，也分半自动和全自动两种。

②窄幅薄膜缠绕式包装法

图7-5 (b) 所示薄膜幅宽一般为50~70cm，包装时薄膜自上而下以螺旋线形式缠绕货物，直至裹包完成，两圈之间约有三分之一部分重叠。这种方法适用于包装堆积较高或高度不一致，以及形状不规则或较轻的货物。对于不同大小的产品而言，只需要一种规格的拉伸膜即可，因而成本较低。

整幅薄膜包装法和窄幅薄膜缠绕式包装法均可采用回转式拉伸包装工艺。这里仅以窄幅薄膜缠绕式包装法设备为例介绍其运行过程：按下启动按钮后，转盘旋转，

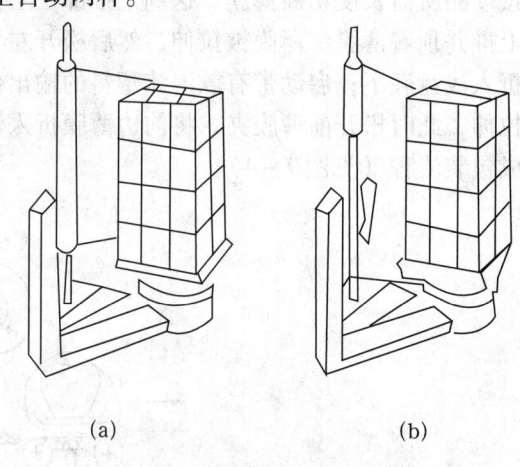

图7-5 回转式拉伸包装工艺

转盘上的集合产品随之旋转，薄膜缠绕在集合产品的底部；等待一定时间，完成底部的薄膜缠绕后，薄膜架开始上升，薄膜呈螺旋状缠绕在集合产品外围；当薄膜架上升到集合产品的顶部，薄膜架停止上升，待一定时间完成顶部的薄膜缠绕后，薄膜架开始下降，下降到底部，薄膜架停止下降，转盘转动到固定位置，停止转动，将薄膜切断，用叉车将产品取下，完成整个包装过程。转盘在固定位置停止的位置是叉车放入产品的位置，也是卸下产品的位置，这样便于叉车卸货。

由于拉伸缠绕膜包装托盘的经济性、方便性及其对包装商品的有效防护，使拉伸缠绕膜包装成为近20年来世界小吨位包装业的主要发展方向之一，并获得迅速发展。

第二节 真空包装工艺实验

一、真空包装的概念及作用机理

1. 真空包装定义

真空充气包装：将食品装入包装袋，抽出包装袋内空气达到预定真空度后，再充入氮气或其他混合气体，然后完成封口工序。

真空包装（vacuum packaging）也称减压包装，是将包装容器内的空气全部抽出密封，维持袋内处于高度减压状态，空气稀少相当于低氧效果，使微生物没有生存条件，以达到果品新鲜、无病腐发生的目的。目前应用的有塑料袋内真空包装、铝箔包装、玻璃器皿、塑料及其复合材料包装等。可根据物品种类选择包装材料。由于果品属鲜活食品，尚在进行呼吸作用，高度缺氧会造成生理病害，因此，果品类使用真空包装的较少。

真空包装是保护产品不受环境污染与延长食物保存期限的包装，能提高产品的价值和品质。真空包装技术起源于20世纪40年代。自1950年聚酯、聚乙烯塑料薄膜成功应用于商品包装以来，真空包装机便得到迅速发展。

在人们生活和工作领域，各种各样的塑料真空包装比比皆是。轻便、密封、保鲜、防腐、防锈的塑料真空包装遍及从食品到药品、针织品，从精密产品制造到金属加工厂及实验室等诸多领域。塑料真空包装应用日益广泛，推动了塑料真空包装机的发展，也对其提出了更高的要求。

2. 真空包装的作用机理

真空包装的主要作用是除氧，以防止食品变质，其原理也比较简单，因食品霉腐变质主要由微生物的活动造成，而大多数微生物（如霉菌和酵母菌）的生存是需要氧气的，而真空包装就是运用这个原理，把包装袋内和食品细胞内的氧气抽掉，使微生物失去"生存的环境"，实验证明：当包装袋内的氧气浓度≤1%时，微生物的生长和繁殖速度就急剧下降；氧气浓度≤0.5%时，大多数微生物将受到抑制而停止繁殖。

【注意】真空包装不能抑制厌氧菌的繁殖和酶反应引起的食品变质和变色，因此还须与其他辅助方法结合，如冷藏、速冻、脱水、高温杀菌、辐照灭菌、微波杀菌、盐腌制等。

真空除氧除了抑制微生物的生长和繁殖外，另一个重要功能是防止食品氧化，因油脂类食品中含有大量不饱和脂肪酸，受氧的作用而氧化，使食品变味、变质。此外，氧化还使维生素A和维生素C损失，食品色素中的不稳定物质受氧的作用，使颜色变暗。所以，除氧能有效地防止食品变质，保持其色、香、味及营养价值。

真空充气包装的主要作用除真空包装所具备的除氧保质功能外，主要还有抗压、阻气、保鲜等作用，能更有效地使食品长期保持原有的色、香、味、形及营养价值。另外有许多食品不适宜采用真空包装而必须采用真空充气包装。如松脆易碎食品、易结块食品、易变形走油食品、有尖锐棱角或硬度较高会刺破包装袋的食品等。食品经真空充气包装后，包装袋内充气压强大于包装袋外大气压强，能有效地防止食品受压破碎变形而不影响包装袋外观及印刷装潢。

二、真空包装机的工作模式

真空包装机由真空系统、充气系统、电器控制系统、气动控制系统组成，有三种不同的工作模式。

1. 真空模式

将包装物品放入加热棒下并将抽气嘴套入袋中→踏一次脚踏开关→加热棒在汽缸作用下下滑到海绵条压住袋口→袋口停顿→抽真空（可根据要求预先设定抽真空时间）→气嘴后退→加热棒继续下滑压住袋口，加热、封合、冷却→成品→加热棒恢复至最高位（完成了一个工作循环）。

2. 充气模式

将包装物放入加热棒下并将抽气嘴套入袋中→踏一次脚踏开关→加热棒在汽缸作用下下滑到海绵条压住袋口→袋口停顿→抽真空→充气→气嘴在汽缸作用下后退，加热棒继续下滑压住袋口，加热、封口、冷却→成品→加热棒复位（完成一个工作循环）。

3. 封口模式

（可当作一般封口机使用）将包装物放入加热棒下→踏一次脚踏开关→加热棒在汽缸作用下下滑到海绵条压住袋口，加热、封口、冷却→成品→加热棒复位（完成一个工作循环）。

三、真空包装机的主要零部件

1. 上、下真空室与密封圈

目前通常所称的真空包装机均为腔式结构，由上真空室、下真空室及置于上、下真空室之间的密封圈组成。上、下真空室一般采用铝合金铸造后经铣刨加工或不锈钢薄板经折边或模压后焊接平整加工，也有上、下真空室分别采用铝合金及不锈钢两种材料组合。铝合金有普通合金和铝镁合金，后者耐酸碱、耐腐蚀，但成本较高，铝合金真空室经铣刨加工，其密封平面及密封槽平面非常平整，真空室密封性能好。不锈钢薄板常用厚度为 2~4mm，厚度薄真空受压后容易变形造成焊缝开裂，真空室泄漏。另外，一般在不锈钢上真空室四周平面上开设密封槽，因受加工工艺影响，其密封槽平整度较差，真空室密封性能相应降低。故目前有些机型上真空室采用铝合金铸造后铣刨加工密封槽，下真空室采用厚不锈钢板加工成平板式，取其所长，补其所短。选购时，包装固体、颗粒等比较干燥及无腐蚀性物料的，可选用铝合金材质，而包装带汤汁、含盐、酸成分较高的物料，则可选用不锈钢材质或铝镁合金材质。密封圈一般采用硅橡胶、黑橡胶，少数低档产品采用发泡橡胶，硅橡胶耐高温、耐腐蚀、密封性好、使用寿命长，发泡橡胶密封性差、易脱落，使用寿命短。

2. 上真空室开启、位移和平衡装置

常用真空包装机有单室与双室两种，单室为翻板式，在上、下真空室后部有两组支架，中间有一根穿有双扭簧的长轴，由双扭簧平衡作用力，开启角度 45~75°。双室为往复式，下真空室分为左右两个工作室，上真空室由四根连杆支撑左右位移，四根连杆固定在两根长轴上，长轴上有拉簧拨叉，两根拉伸弹簧下部定位于机架上，上部定位于拉簧拨叉上，起到平衡操作重力的作用，两根长轴由两组轴承座定位，四根连杆上部也镶有微型轴承，故左右位移非常轻松，真空启动时稍加压力，回气结束后能自动开启。支撑位移上真空室的四根连杆，每根长轴上的前后两根，必须保持平行，左右两组连杆也必须相对保持平行，以确保上真空室在左右任何位置均同下真空室保持平行。否则，造成上、下真空室不能保持平行，则操作压力明显加大，严重时甚至不能正常建立真空。

3. 热压封口装置与印字装置

该装置安装在真空室内，通常有两组，也有一组的，一般单室翻板式的活动部分安装在下真空室，而双室往复式的活动部分安装在上真空室，活动部分装置主要由以下零部件组成，热封气室框固定在上真空室，两头有导柱、弹簧组成复位装置，热压架座两头有导套，套在导柱上，热封气室框及热压架座之间有热封气室（也有称真空室为大气室，称热封气室为小气室的），热封气室有采用塑胶水管，二头用夹管夹住，也有用自行车或人力车内胎的橡胶水胶粘加工，中部都有一个气嘴，热压架座上固定有环氧板加工的热压架体，二头有卷带轴，镍铬合金带由卷带轴卷紧定位，外面包有热封漆布。固定部分装置主要由印字胶条框及印字胶条组成，印字胶条采用耐热硅橡胶加工，一平面带有斜纹或直纹，另一平面设有圆孔或方孔，用硅橡胶加工的圆字或方字嵌入其中，在封口同时印上凹凸透明的生产日期，如需要有色印字，则需另外采用色带打印机。

4. 真空泵、真空表和真空电磁阀

真空泵安装方式有两种，一种为内置式，通常采用 XD—020、XD—040 型单级旋片式真空泵，一般 400 型包装机采用 XD—020 泵，500 型包装机采用 XD—040 泵，也有部分厂家采用两只 XD—020 泵代替一只 XD—040 泵以降低成本，但 XD—020 泵为 2880 转/分，转速高，磨损快，使用寿命短，而 XD—040 泵为 1440 转/分，转速低，力矩大，使用寿命相对延长。另一种为外接式，通常采用 2X—15 双级旋片式真空泵，该泵抽气速率快，真空度比单级泵高，一般适用于生产批量较大，真空度要求较高，或要求安装在室外以减少排气污染。

真空电磁阀通常用两只，一只为 $\phi 5$ 二位三通电磁阀，主要作用为控制热压封口装置上、下位移工作。另一只为 $\phi 15$ 二位二通电磁阀，主要作用为真空、热封结束后，打开通路，使大气回到真空室，否则真空室就不能开启。

5. 时间继电器、变压器和交流接触器等

时间继电器通常用两只，一只控制真空时间，常用 30s 或 60s；另一只为控制热封时间，常用 5s 或 6s。常用型有三种，一种为 JS14A—y 型外接式，本体安装在电气线路板上，调节旋钮安装在操作面板上；另一种为转盘式，本体安装在操作面板上，本体上带有一大转盘；另外还有一种数显式，安装在操作面板上，真空用 0~99s，热封用 0~9.9s。

变压器通常用两只,小一些的为控制变压器,输入380V,输出220V提供控制回路工作电源,输出6.3V提供指示灯电源。大一些的为热封变压器,一般400型包装机用400W,500型包装机用600W,输入为380V(少量单相电源包装机用220V),输出一般为20~36V,分五挡,一挡20V热封电流最小,五挡36V热封电流最大。

交流接触器通常也有两只,一只控制真空泵工作,另一只控制热封变压器工作,一般工作电压为220V,工作电流为10A。

因为控制回路工作电压为220V,所以时间继电器,真空电磁阀,交流接触器,计数器等线圈工作电压均为220V。

四、真空包装材料

真空包装或真空充气包装常用双层复合薄膜或三层铝薄复合薄膜制成的三边封口包装袋,复合薄膜厚度一般在60~96μm之间,其中内层为热封层,需有良好的热封性,厚度在50~80μm之间,外层为密封层,需有良好的气密性及可印刷性,一定的强度,厚度在10~16μm之间,复合薄膜内层基材常用聚乙烯(PE),如高温蒸煮袋则用耐高温聚丙烯(CPP),外层基材常用拉伸聚丙烯(OPP)、聚酯(PET)、尼龙(PA)等。有些食品如茶叶、奶粉等一些高油脂食品需要采用阻光包装,以防止食品受光的影响而改变色、香、味,其方法是在内外两层基材之间复合一层极薄的铝箔(AL),其气密性也得到加强。

五、真空包装实验

1. 实验设备

本实验采用中山市小榄镇丰兴包装机械厂生产的双室真空包装机。

(1) 实验设备的工作原理及结构

该机是一种实用快速抽气的真空包装机。它在包装内抽成低真空后,当即自动封口,由于袋内真空度高,残留空气极少,抑制细菌等微生物的繁殖,避免了物品氧化、霉变和腐烂,同时对某些松软的物品真空包装后,可缩小包装体积,便于运输储存,结构见图7-6、图7-7、图7-8。

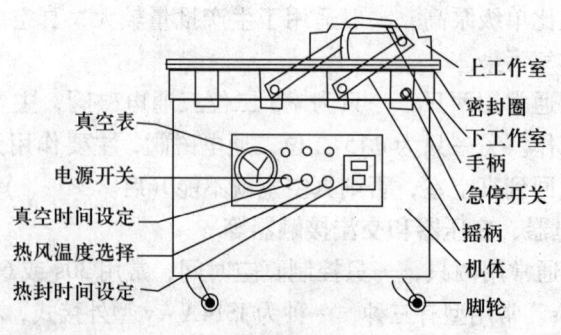

图7-6 真空包装机侧面图

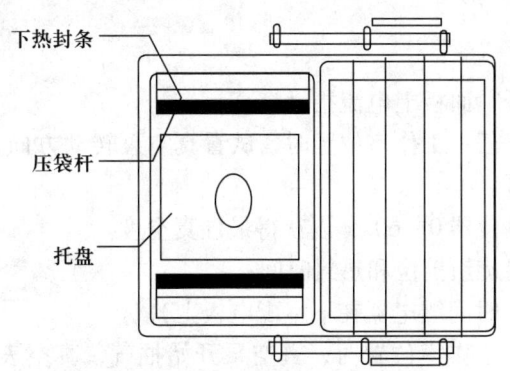

图7-7 真空包装机俯视图

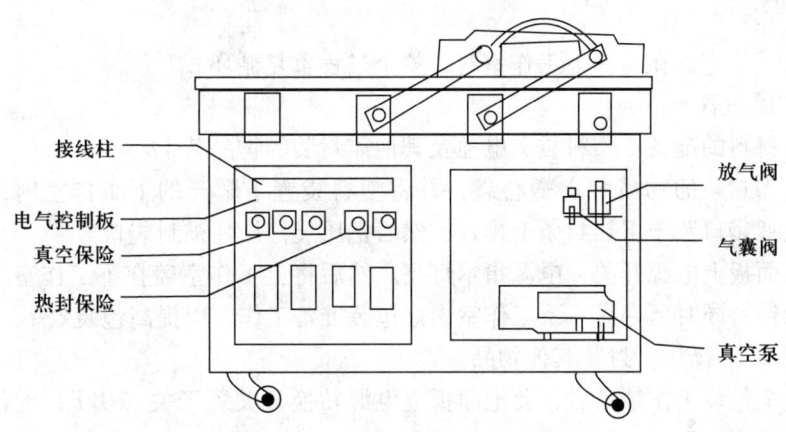

图7-8 真空包装机侧剖图

本机有两个真空室轮流工作，上、下工作室全部采用不锈钢材料制成，结构合理，气密性好，美观耐用，并符合食品卫生与防腐要求，上工作室装有一组热压封口装置，并采用平衡结构，可在任何位置停留，并有缓冲保护。

本机具有真空抽气、封口一次完成功能，真空度由时间电位器设定开关调节，封口温度分五挡调节，以变压器加热电压的高低来达到不同的封口温度，热封时间采用数字显示时间继电器来控制。

(2) 实验设备的主要技术参数

①室内最低绝对压强：≤1.332kPa；

②包装能力：≥0-25秒/次；

③热封条总数：单热封2条；

④电源：380V（或220V）±10%，50Hz；

⑤热封功率：0.8~1.1kW；

⑥泵电机功率：0.75~2.2kW；

⑦真空室尺寸：440×440×130（mm^3）；

⑧重量：120kg。

2. 实验步骤

（1）调整使用

①将电源开关打开，面板上电流指示灯亮。

②将上工作室置于任一工作室位置时，试看真空泵转动方向是否正常，否则只需把电源插头两相对调即可。

③调整旋钮时间电位器 0~60s，以获得最佳真空度。

④设定面板上热封旋钮挡位和热封时间。

⑤设定放气时间（时间继电器在下室配电板上）。

⑥当工作室盖在下工作室位置时，真空泵开始抽气，真空表指针开始逆时针移动，时间电位器控制到设定时间后抽气停止。

⑦抽气结束后，开始热封，当到设定时间后热封结束，到设定时间才放气，整个程序结束。

⑧当上工作室盖在另一下工作室时，整个过程重复循环。

（2）实验过程

①实验材料的准备：塑料袋、电池及其他需封装的物品若干。

②把所需封装的物品装入塑料袋，并将塑料袋置于敞开的下工作室内，提起压袋杆，均匀地把袋口置于下热封条上排好，然后把压袋杆压住被封袋口。

③开启面板上电源开关，电源指示灯亮。然后将上工作室盖在下工作室上进行自动程序封口动作，同时可在另一下工作室做好包装准备工作，以提高包装效率。

④重复 b、c 操作，封装其他物品。

⑤当整个包装工作结束后，要把面板上电源转换开关置于关（OFF）的位置，切断总电源。

（3）实验影响因素

影响真空包装实验的因素主要有：产品的性质和形状、包装材料的性能、真空包装机的真空度以及实验时间等。进行真空包装的产品通常有较为规则的形状，而且产品质地也较为柔软，刚性的不规则的产品进行真空包装效果不是好。真空包装机的真空度越高，并且抽真空时间较长，则实验效果好。包装材料的阻隔性能越好，则真空实验的效果也较好。

第三节 产品包装货架寿命测定

在当今商品社会中，货架寿命是个使用频繁的术语。与货架寿命同义的术语有商品保质期、包装有效期等。在食品业和包装业中，这是个十分重要的技术指标，因为它是厂商对流通期内商品质量功效的保证与承诺。具体含义就是：自商品出厂之日起，经过各流通环节到达消费者手中为止，它所能保持质量不变的时间长度。或者说：一件产品从生产包装到流通销售，在规定的环境条件下，维持质量合格与消费安全的时间承诺。

显然，货架寿命对于厂商的信誉，对于消费者健康与安全至关重要。有经验的消费者决定购买一件商品时,特别是食品和药品,必先要了解此商品的质量与功能是否可靠——仔细查看打印在包装物上的生产日期、保质期或失效期,如果家庭储存,则要注意包装上标示的储存条件。货架寿命中包含了食品学、包装学、材料学、市场营销学等多方面的技术知识。货架寿命理论产生于现代食品技术和包装技术,而国际上对货架寿命问题的卓有成效的研究又为食品科学和包装科学的进一步发展注入了活力。

一、对货架寿命的影响因素

产品货架寿命主要取决于产品本身的品质、包装工艺与材料,以及产品流通过程的环境条件等,其影响因素众多,形成机理与相互关系也较为复杂。图7-9为商品货架寿命的形成机理模拟图,它清楚地表示了各种影响因素的相互作用与关系。

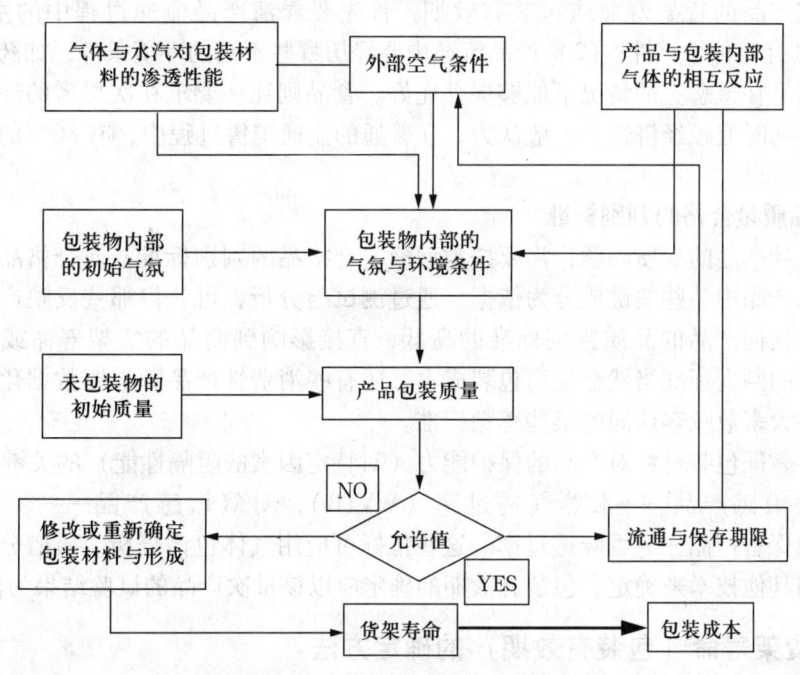

图7-9 货架寿命形成机理模拟图

1. 包装材料

如果产品用非渗透性材料(玻璃、金属等)包装,一般情况下,产品主要因本身的化学变化而引起变质,包装对其货架寿命的影响较小。但也有包装导致变质的特殊情况,如玻璃容器可透光,光照会加速产品的氧化;又如金属罐质量有问题时,产品可能与内涂层材料,甚至与金属本体材料发生反应。

如果用半渗透和渗透性材料包装产品,则包装材料、包装容器结构、包装方式对商品货架寿命的影响较大。

2. 产品敏感性

这里指的是产品因受各种因素影响而变质的特性,各种产品差别很大。例如,松脆食品因湿度过大而失去脆性;烟草因湿度降低而改变燃烧性;肉脂品和油炸食品因氧化而变哈喇味；快餐食品因温度变化而变味变质等。

产品敏感性与包装材料的保护性能之间的科学匹配，在保证商品包装有效期方面起到了关键作用。

3. 包装尺寸

产品与包装的尺寸对货架寿命也有一定的影响。

包装尺寸越大，包装的表面积与容积之比就越小。物质成分透过包装材料的渗透量是以尺寸的平方数（面积）而增大，而与吸收渗透物量有关的产品体积则是以尺寸的立方数增加。所以，在其他条件相同情况下，对包装材料阻隔性的要求随着产品与包装尺寸的增大而降低。

4. 环境条件

要确定产品的货架寿命或包装有效期，首先要弄清产品流通过程中的主要问题：（1）产品具有何种敏感性；（2）产品流通中要经历哪些不利的环境条件，如药品制造商必须保证药品在最恶劣的情况下能够保存完好。食品则往往要求在次恶劣的环境下考虑包装，需要同时兼顾经济性。一般认为，在普通的流通销售过程中，有80%的食品保持完好，即算可以。

5. 产品质量合格的判别标准

对于各种产品的变质问题，需要按类型确定合格品的判别标准。而合格品的判别标准又必须以产品中某些关键成分为依据。通过测试与分析，可获得那些反映产品质量的理化指标。任何产品的品质判别标准的高低，直接影响到商品的货架寿命或包装有效期。但过高的判别标准当然会提高包装成本。还有些消费性产品既需要数据化的合格标准，也需要大多数顾客认同的某些感觉标准。

例如，表征包装材料对产品的保护能力（对特定因素的阻隔性能）的关键指标有：对湿度敏感产品——水蒸气透过率（WVTR）；对氧敏感产品——氧气透过率（OTR）；对保香产品——香味透过率。这些指标可应用气体色谱分析、质谱分析、红外光谱分析和其他技术来确定。包装有效期的确定应以该批次产品的试验结果为依据。

二、货架寿命（包装有效期）的确定方法

1. 储存试验法

这是在静止条件下保存产品并评估其质量情况随时间而变化的一项试验。储存条件分为可控制型和非控制型。所谓可控制型，即可人为控制试验的速度，如温度、湿度可以调节的仓库。

典型的环境条件（如美国）为：温度23℃，湿度RH50%。还可以应用"加速试验方法"——加快包装材料渗透速率试验，即在不改变产品经受条件的情况下，有目的地引进已知量的关键介质，促使产品变质过程加快。如果产品的变化比渗透慢，加速试验所测得的包装有效期就比根据合理阻隔材料推算出的包装有效期要长，因为所得到的渗透速率临界值要比产品出现变质的速度要快。"加速试验法"的环境条件为：温度35℃，湿度RH80%。

2. 运输试验法

用运输试验法可检验产品能否经受得住实际运输过程中冲击、振动以及其他环境因

素的考验。运输只是流通全过程中的一个环节，故此方法是作为确定包装有效期的各项合格指标试验中的一项辅助性试验。对于非食品类产品，这项试验就显得更为重要。

3. 计算机模拟试验法

在当前食品与包装技术界，对计算机模拟测定货架寿命的研究，相当活跃且富有成效。

（1）计算机模拟试验法的原理

首先研究常见产品的变质现象，如吸潮、变干、氧化、二氧化碳含量减少、失去香味、失去营养物质、化学性变质等及其关键原因，建立产品的变质模型。然后对产品变质模型中影响包装有效期因素的变化情况和包装材料对上述影响的阻隔性能作平衡分析，最后利用计算机模拟实际流通关键因素的变化或模拟改变储存条件，就包装材料对敏感产品所起的保护作用及其效果进行综合评估。对产品的评估指标项目：含水量、吸氧性、温变性、失 CO_2 性等；对包装的评估指标项目：阻隔性，包括水汽透过率、氧气透过率和其他渗透率等。

（2）建立变质模型的基本原理

包装物内部的环境条件随着透过包装材料或容器的渗透物量而变化。

渗透率表达式为式（7-1）

$$Q = (A \times \delta \times \Delta P)/(S \times T) \tag{7-1}$$

式中：Q——渗透率；

A——渗透量；

δ——材料厚度；

ΔP——渗透物质在包装层内外的分压差；

S——包装表面积；

T——试验时间。

不少学者还提出了物质渗透过程的计算模型。通过描述透过阻隔层的物质传递的典型微分方程，建立了适合对氧敏感产品、饮料产品、特殊产品的各种计算模型。

该微分方程可表为如式（7-2）：

$$dW/dT = (K/\delta) \times S \times (P_{out} - P_{in}) \tag{7-2}$$

式中：W——关键成分质量；

T——时间；

K——包装材料渗透系数；

δ——包装材料厚度；

S——包装表面积；

P_{out}——包装层外部渗透分压；

P_{in}——包装层内部渗透分压。

三、延长食品货架寿命的措施

食品的变质主要是微生物造成的品质恶化，为了消灭作为变质的诱因的微生物或抑制其繁殖，可采用各种物理方法和化学方法。优化使用包装材料和加强改善流通管理皆可以有效延长产品的货架寿命。

1. 真空/控制气氛/调节气氛包装

这是目前应用最为广阔的延长食品货架寿命的包装方法。真空包装、控制气氛包装和调节气氛包装的主要原理就是根据各种食品的品质要求和储存期限,人为地改变或控制产品周围和包装内部的气体环境,抑制或调节某些影响元素对产品的作用,达到延长保质期的目的。

2. 加热灭菌

最常用的为巴氏灭菌法。如鲜牛奶,在中等温度(60℃以下)加热 30min,杀死无芽胞细菌,可显著延长保存期。

另一种为高温杀菌法,主要用来杀死耐热性细菌,如罐头食品、可蒸煮食品的杀菌。

3. 冷藏/冷冻

冷藏法:食品保持在 3~5℃时,既不冻结,又能抑制微生物繁殖和酶的作用。营养质量保持良好,货架寿命达到 1~6 周。

冷冻法:在 -40~-30℃下冻结保存。主要用于肉类、鱼类、部分蔬菜和烹饪加工食品。货架寿命可达 6~12 个月,但冷冻工艺可能破坏食品组织,解冻时会使组织液分离而损害食品质量。

4. 干化

干燥化:将水分降到 5%~15%,因为微生物在低水分下不能繁殖,食品组织中的酶也起不了作用。

熏干:把鱼、肉的加工品同时进行烟熏和干燥处理,再加香味,熏烟里的苯酚起到防氧化作用。这是民间传统方法,但从营养学和卫生学要求来衡量,不值得提倡。

5. 盐渍

即利用食盐进行脱水,抑制除耐盐菌以外的腐败菌繁殖。如需要保持食品风味,可用低盐分加冷藏处理。

6. 其他杀菌法

放射线杀菌;乙烯氧化气体杀菌;抗菌素(碎冰块加抗菌素保存法);添加防腐剂(为保证消费安全,已受限制)等。

小　结

作为近代发展起来的新型包装技术,收缩包装与拉伸包装、真空包装技术有一定的互补性。相比较而言,拉伸、真空包装操作简便,节省能源,优势较明显。在两种方法之间进行选择时,须从材料、设备、工艺、能源和成本等各方面全面考虑,综合研究,视具体情况进行正确选择。

思考与练习

一、简答题
1. PVC 收缩膜有哪些特点和应用？指出其收缩原理。
2. 拉伸膜为什么需要有较好的弹性？简述膜应力松弛现象、实质及影响因素。

二、实训题目
奶饮料包装工艺综合性实验。

要求：1. 阐述综合性实验目的。2. 自行设计给定材料的测试项目；简单说明测试仪器的实验原理及目的。例如：奶饮料纸盒包装复合材料的结构分析；收缩膜的收缩率、收缩比实验；收缩膜、拉伸膜的拉伸等实验的内容及过程都要自行设计。3. 对实验结果进行综合性分析，得出相关结论。

第八章　包装结构设计实验

纸质包装容器是使用最为广泛的包装容器之一。这一类包装容器由于纸及纸板的价格低廉、成型方便、容器可回收再利用、原材料来源广泛、便于印刷精美的装潢图案、展示效果好等优点而得以广泛的使用。随着环保的呼声越来越高，纸包装容器已在很多场合替代了塑料容器，在商业包装中，几乎是纸包装容器与塑料包装容器平分天下。目前常用纸包装容器有纸箱、纸盒、纸袋、纸管等。

第一节　纸包装容器的制造

纸包装容器有纸箱、纸盒、纸管和纸筒、纸袋、纸浆模塑制品，目前，绝大多数纸包装容器均采用机械制造，也有一些容器必须利用手工制造。利用机械制造的容器通常对工艺参数有一定的要求，本节主要对折叠纸盒就这一方面的问题作简单介绍。

一、盒片

目前，折叠纸盒已广泛地采用机械制造，因此，这一类纸盒也常常被称为机制纸盒。机制纸盒除了需要在其表面印刷精美的装潢图案外，还得将最终纸盒展开的形状（叫做盒片，图 8-1 所示）切出来并在需要折叠的位置事先压出折痕线（叫做压痕线，如图 8-1 中虚线所示），这一操作叫做模切。模切工艺需要用一种称为刀版（如图 8-2 所示）的工具来完成纸盒的裁切和压痕。

二、刀版

刀版是用来对印制好的纸板进行压痕、模切以形成纸盒坯（盒片）所必须的工具。刀版多由多层胶合板作为版材，利用锯切或激光切割的方式在胶合板上切出与盒片形状相匹配的刀槽，然后将刀片（俗称钢线）镶入刀槽而形成的。刀片的形状就如同日常使用的钢板尺，其一边被制成圆弧形以制作压痕线用，称为压痕刀；或者磨出刃口以切开纸板用，称为切边刀。常用的刀片宽度通常为 24mm，厚度为 0.74mm。

从形态上，刀版可以分为平刀版与圆刀版两种。平刀版制作简单、价格较低，但由于工作时是采用间歇运动，生产效率低且震动大。圆刀版就相当于将平刀版卷成一个圆桶状，工作时采用连续运动，运动平稳，基本无震动、无噪声，但其制作工艺相当复杂，成本很高，所以目前在纸盒制造中较少使用。

从组版形式上刀版可分为单联刀版和多联刀版。图 8-2 所示即为一种单联平刀版。

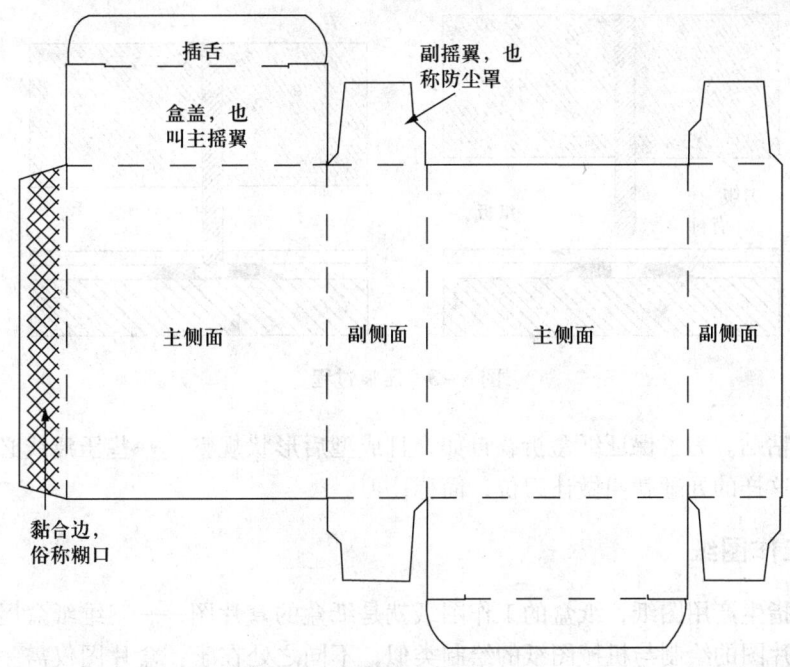

图 8-1 盒片

而多联刀版是在一个版面排出多个盒片，使用这样的刀版生产效率高，且由于多个盒片空白处相互嵌套，大大地节省了材料。

三、压痕线与让刀位

图 8-1 中盒片图上的虚线就是压痕线，它是在模切过程中形成的。如图 8-3 所示，在模切过程中，模切刀片自上而下地将纸板压入背衬上预先制作好的缝隙（也叫做压痕线）中，从而形成盒片上的折痕。由于纸张属于非塑性材料，经压痕后，盒片的尺寸将会在垂直压痕线方向上产生收缩，导致最终生成的纸盒尺寸变小。因此在绘制盒片工作图时，

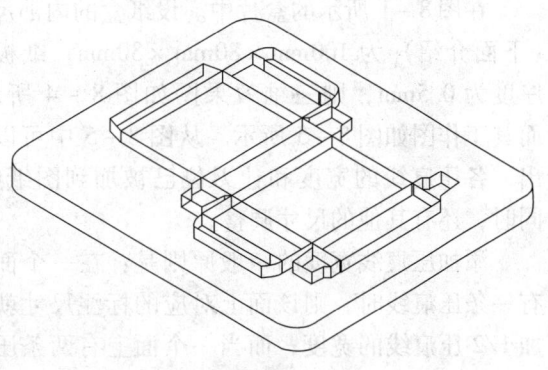

图 8-2 单联平刀版

必须考虑到这些收缩量，并适当放大盒片尺寸予以补偿。一般原则是，对于厚度较小的纸板（比如小于1mm），每条压痕线的补偿量为一个压痕刀片的厚度（0.74mm，习惯上取 0.7mm）；而对于厚度较大的纸板，如瓦楞纸板，则每条压痕线的补偿量为 1.5~2 倍的纸板厚度。这一补偿量就叫做压痕线宽度。实际上，压痕线宽度的选取是一个比较复杂的问题，对于一般纸盒，上述一般原则基本可以满足实用要求，而在一些特殊场合——比如硬壳香烟盒，则需要精确的计算。目前，压痕线宽度尚无一种统一的标准算法，各印刷厂通常都是采用各自总结出来的经验数据作为压痕线的宽度。

在最终成型的纸盒上，常常有一些部分被另一些部分所叠压。另外，一般总有一些

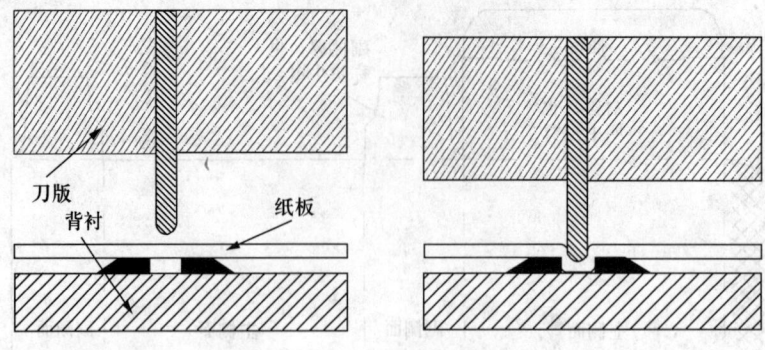

图 8-3 压痕过程

面需要互相粘贴。为了保证纸盒折叠自如，且成型后形状规整，一些压痕线必须偏离其理论位置。这样的处理就叫做让刀位，简称让刀。

四、工作图纸

工作图指生产用图纸，纸盒的工作图纸就是纸盒的盒片图——三维纸盒展开后的平面图形。盒片图的绘制与机械图纸的绘制类似，不同之处在于：盒片图仅需一个视图且图中的非关键尺寸可以不标注。目前，国家已制定了纸箱的制图标准，但对于纸盒制图，尚无标准推出。本书中的盒片图参照纸箱制图标准并根据行业习惯，采用实线作为盒片的裁切线，短画虚线作为压痕线，网格线作为涂胶区。

在图 8-1 所示的盒片中。设纸盒的内部尺寸（下面介绍）为 100mm×80mm×30mm；纸板的厚度为 0.5mm，则三维效果图如图 8-4 所示，而其工作图如图 8-5 所示。从图 8-5 中可以看出，各压痕线的宽度和让刀位已被加到图纸中。同时，还有其他的尺寸调整。

添加压痕线宽度的一般原则是：在一个面上有一条压痕线时，则该面上对应的标注尺寸就增加 1/2 压痕线的宽度；而当一个面上有两条压痕线时，则该面上对应的标注尺寸就增加一个压痕线的宽度。例如，图 8-5 中右主侧面的制造尺寸为 80mm，由于该面左右两侧均有一条压痕线，于是其标注尺寸为 80.7mm。而图 8-5 中右副侧面的制造尺寸应为 30mm，但在图中标注的尺寸却为 29.3mm，这是因为该面上只在左边有一条压痕线，应当加 1/2 压痕线的宽度，即 0.35mm（这里取 0.3mm），该面的宽度还减去了 1mm。从图 8-4 中可以看出，该面与黏合边黏结在一起。若该面的宽度不减去一定的量，则在黏结后其一端将与纸盒后表面平齐。这不仅在造型

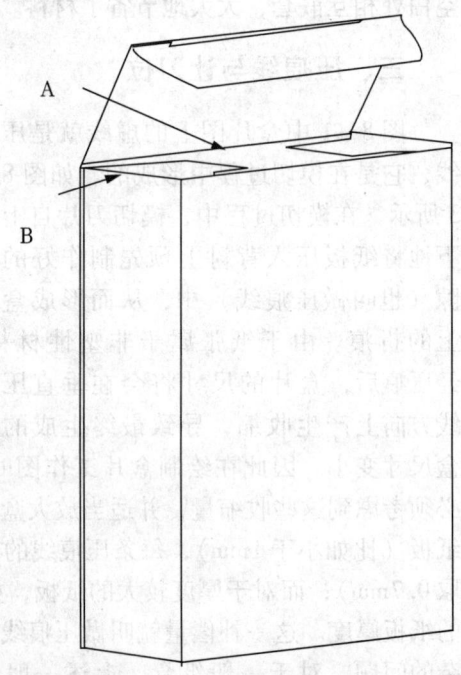

图 8-4 纸盒三维效果图

上不美观，而且纸盒的黏结面容易从这里被撕开（伸出的部分无胶）。最为严重的是，当利用自动糊盒机糊盒时，糊盒过程将难以进行。

在图8-5中盒盖与防尘罩水平压痕线间0.5mm的距离就是典型的让刀。从图8-4中可以看出，纸盒成型后，盒盖将要包住防尘罩。由于防尘罩在折叠90°后，纸盒在这个位置上将高出一个纸板的厚度。为了让盒盖能够顺利地折下，其折叠位置（图8-4中的线A）就必须比防尘罩的折叠位置（图8-4中的线B）高出一个纸板厚度。若无此让刀，则在纸盒成型时这两条压痕线的交点处将有可能被撕裂。

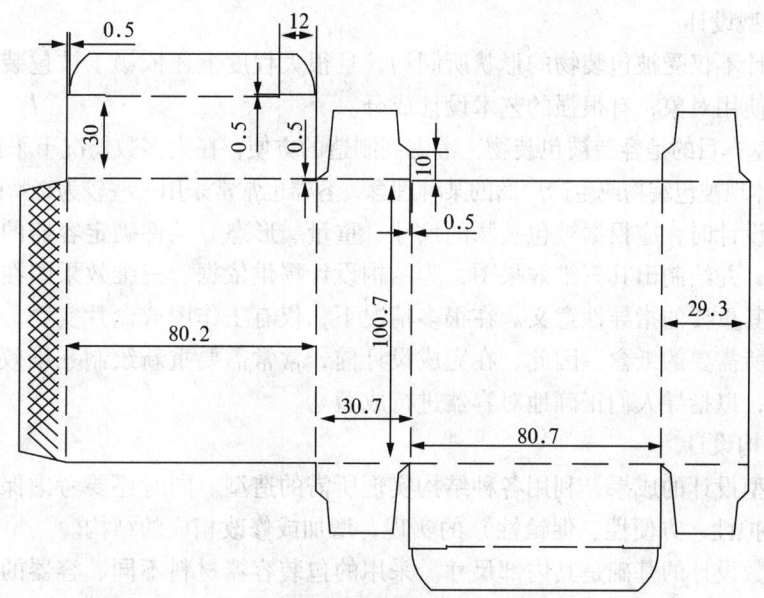

图8-5　纸盒工作图

另外，注意图8-5中左主侧面的尺寸。该尺寸似乎应为80.7mm，与右主侧面相同。但由于该面与黏合边相邻，而黏合边是要被包在纸盒中的。因此该面的宽度应当小于一个纸板的厚度，否则成型后纸盒的截面将是梯形而不是矩形，这实际上也是一种让刀。

一般情况下，纸板的纹向应垂直于主压痕线（折叠纸盒长、宽、高中，数目最多的那组压痕线）。特别说明的是：纸板纹向不得与主压痕线有任意的夹角，否则成型后的纸盒将会产生扭曲，站立不稳。

按行业习惯，盒片图中非关键尺寸可以不标注。非关键尺寸是指盒片中一些结构的尺寸，其变化不会影响纸盒的外观、成型以及功能。比如，插舌、糊口的宽度，副摇翼的高度和宽度，不重要的角度等。

五、管式折叠纸盒设计实验

1. 实验目的

通过对产品进行包装纸盒结构设计，掌握包装结构设计的步骤及纸盒盒盖和盒底的具体结构。

2. 实验工具

计算机、包装纸盒结构设计专用软件（如邦友纸盒包装CAD系统的结构设计软件Box-

Vellum、方正 CAD、艾思科软件）或者 AutoCAD 软件，盒型打样机，纸盒三维成型软件（如邦友纸盒包装 CAD 系统的三维装潢/折叠演示软件 FoldUp! 3D），彩色打印机，扫描仪等。

3. 实验材料

白板纸、灰纸板、E 型瓦楞纸板、F 型瓦楞纸板等。

4. 实验步骤

设计一个纸包装容器的一般步骤为：确定容器造型及其三维效果、设计容器结构、确定工艺参数。

（1）造型设计

造型设计不仅受被包装物的形状所制约，且很大程度上还依赖于被包装物的特性及被包装物的使用对象，有很强的艺术设计成分。

容器的基本目的是容装被包装物，考虑到制造的方便，在大多数情况下采用矩形造型。但有时为了体现被包装物或生产厂商的某种理念，容器也常常采用一些较为奇特的造型。

在造型设计时，应根据被包装物的尺寸、重量、形态等条件确定容器的外部形状以及制造材料，并绘制出其三维效果图，为结构设计提供依据。三维效果图在包装容器设计中占有极其重要的指导性意义。在很多情况下，仅有工作图或盒片实物，人们可能根本无法折出所需要的纸盒。因此，在完成设计前，常常需要重新绘制三维效果图，突出其结构特点，以指导人们正确地对容器进行成型。

（2）结构设计

根据造型设计的成果，利用各种结构实现所需的造型。同时还要考虑保证包装的三大功能（保护性、方便性、促销性）的实现，增加或修改相应的结构。

容器参数设计的基础是其内部尺寸。采用的包装容器材料不同、容器的制造工艺不同，其内、外部尺寸亦不相同。对于一般的平纸板和细瓦楞纸板，通常采用刀版模切的工艺制造其盒片，压痕线是从正面（印刷有图文的一面）压入，成型后压痕线向容器内部凹入，如图 8-6（a）所示。对于瓦楞纸箱，常采用开槽压痕机制造其箱坯，压痕线是从反面压入，成型后压痕线向容器外部凸出，如图 8-26（b）所示。另外，由于平纸板和细瓦楞纸板厚度较小，在角隅处对容器内部尺寸的影响不大。因此，利用内部尺寸作为结构参数设计的基础不仅可以保证容器的容装性，还将各种容器的设计流程统一了起来。实践证明，利用内部尺寸作基础，还大大地方便了容器的结构参数设计。

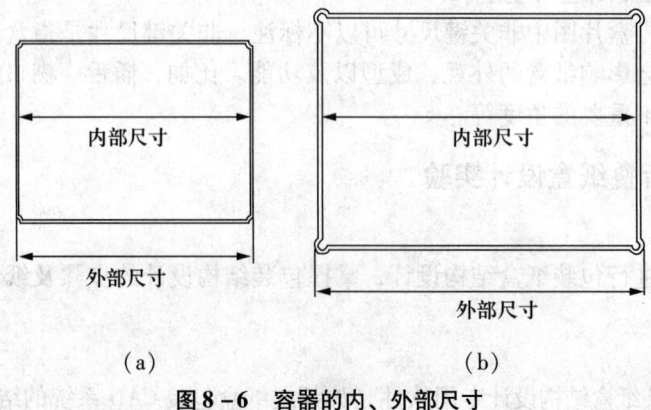

(a)   (b)

图 8-6 容器的内、外部尺寸

一般情况下，容器的内部尺寸应比被包装物的对应尺寸大 1~5mm，以便于被包装物的取放。对于形状比较规矩的被包装物，应取小一些的值，反之则取大一些的值。这里所讲的被包装物尺寸，还包括容器中的填充物的尺寸（如果有填充的话）。

当内部尺寸和容器的结构确定后，利用内部尺寸绘制出容器的工作草图，而暂不考虑压痕线、让刀位等参数，甚至可以不考虑某些结构细节，而在确定工艺参数时再绘出这些细部结构。

（3）确定工艺参数

在根据容器内部尺寸绘出工作草图后，在该草图上添加工艺参数是一个很方便的过程。因为草图上的尺寸是容器内部尺寸，应当添加工艺参数处的结构只需向使尺寸增大的方向移动即可，不大可能出现工艺参数反向添加的现象。必要时应当重新绘制容器的三维效果图，以指导纸盒的折叠。

5. 白酒包装纸盒结构设计实例

设需要设计一个白酒的包装纸盒。被包装物为玻璃瓶，并附有发泡聚苯乙烯缓冲衬垫，其矩形尺寸为 148mm × 148mm × 315mm，重量约为 1.3kg。

纸盒的三维效果图如图 8-7 所示。纸盒材料选择 E 型（或 F 型）瓦楞纸板，纸板厚度为 1mm。考虑到酒瓶的特点，纸盒在靠近顶部处设置一隔板，在隔板上开一圆孔，以"扶住"较细的瓶口，防止酒瓶在运输中发生晃动现象。另外，为了美观，使成型后的纸盒顶部不至于"露白"，在纸盒的两个副侧面上设置对折面。被包装物的重量较大，故采用自锁底式的盒底结构。

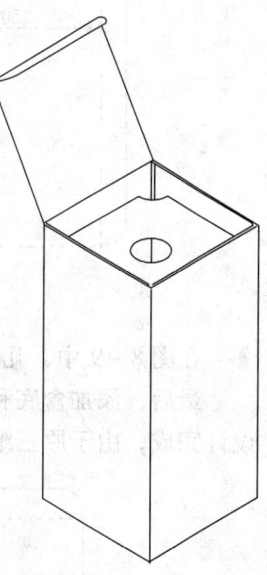

图 8-7 白酒包装盒

根据被包装物的尺寸确定纸盒的内部尺寸为 150mm × 150mm × 320mm，比被包装物的尺寸略大一些。根据该尺寸绘出纸盒几个主要面，如图 8-8 所示。

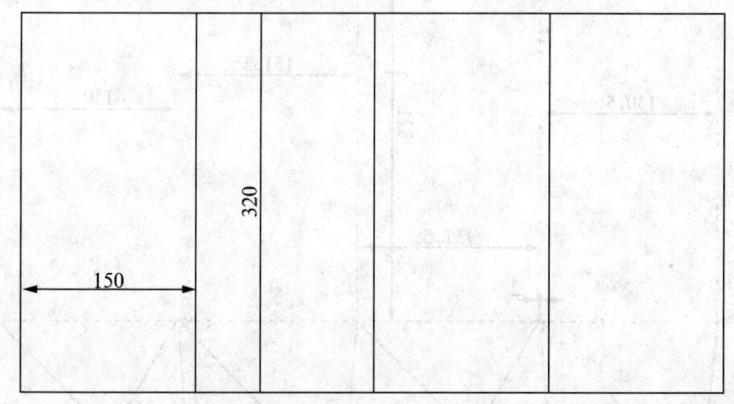

图 8-8 白酒盒的几个主要面

在图8-8的基础上，对各条线段的位置、尺寸、线型进行适当的调整，就可以绘出纸盒的主体结构，如图8-9所示。

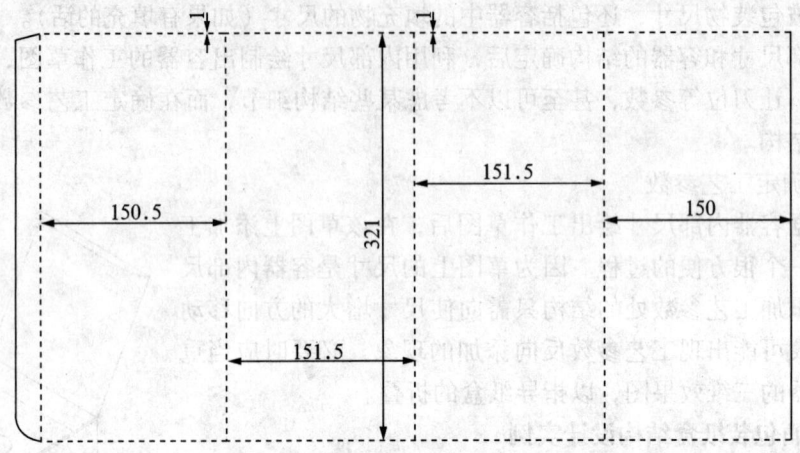

图8-9 白酒盒的主体结构

在图8-9中，几条主要压痕线的宽度与几个主要的让刀位尺寸已经被加上。

最后，添加盒底和盒盖结构。最终完成的纸盒工作图如图8-10所示。至此，纸盒设计完成，由于原三维效果图基本上清晰地显示出纸盒的折叠方式，因此无须重绘。

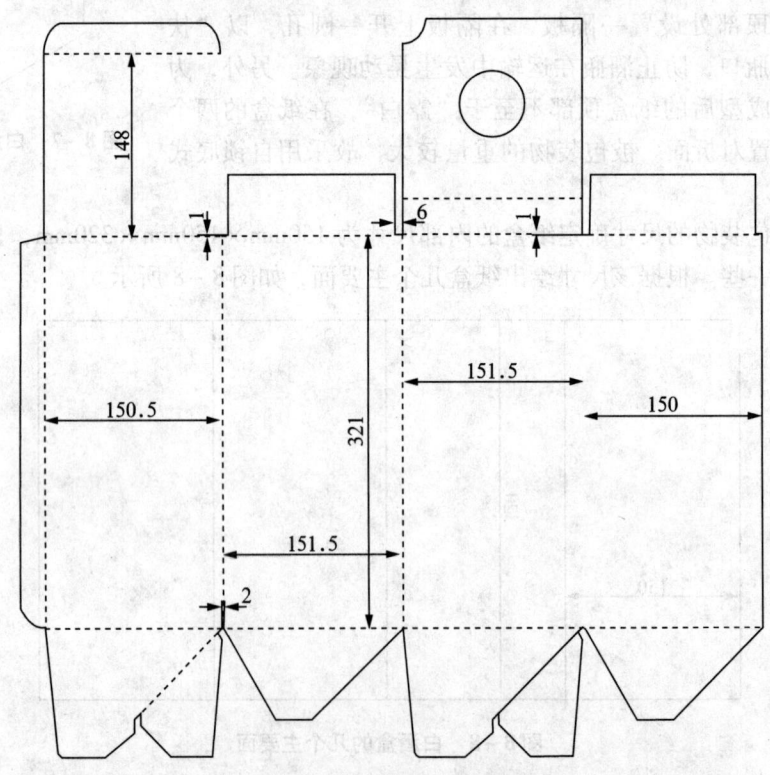

图8-10 白酒盒工作图

对图 8-10 有五点必须说明：

（1）图中仅标出了一些重要尺寸，不太重要的尺寸没有标出。但是，盒底的尺寸对纸盒的成型有相当大的影响。

（2）盒片图中的两个副摇翼在成型时需首先对折折下，在被包装物填充后，再将中间的主摇翼先沿其上边的压痕线反折 90°，再沿其根部的压痕线对折折下，并将其中间的圆孔套住酒瓶的瓶口。这时，该摇翼也就将两个副摇翼压住了。

（3）图中主、副摇翼设置了 6mm 的空隙完全是出于工艺上的要求。由于纸板较厚，主、副摇翼间至少应当有一个纸板厚度的间隙，而间隙部分必须分别用两片刀片才能切出来，即所谓的排双刀。纸板的厚度仅为 1mm，在如此小的距离下根本无法排双刀，因此将此间隙放大为 6mm。一般情况下，排双刀时，两个刀片间的距离不得小于 5mm。

（4）盒底各摇翼间留有 2mm 的间隙，这是为了方便糊盒及成型。

（5）盒底主摇翼上 45°压痕线的中部有一段被切开，这是该压痕线常常处于对折状态。

盒片上需要对折的压痕线在不影响美观的前提下，常常设置一些切断的线段，以方便折叠，对较厚的纸板尤其重要。在本例中盒盖的两个副摇翼虽然也需要对折，但出于美观的考虑，加之的尺寸较大，比较好折叠，所以没有切断线。

绘制完盒片图之后，可以利用折叠演示软件对盒片进行折叠成型，以观察纸盒成型过程中各个部位是否有干涉现象、尺寸是否正确及盒型的三维效果。还可以对盒型进行打样输出，然后将盒片进行折叠，观察成型效果，对不满意的部位进行修改（一般情况下，常需要对压痕线宽度和让刀位的位置做一些调整），直至获得完美的设计，并将打印出来的装潢图，粘贴到盒样上，观察最终效果。

第二节 粘贴纸盒结构设计

粘贴纸盒是指用较厚的纸板做成骨架，然后用纸张或其他材料裱糊成型的一类纸盒。这类纸盒由于尺寸可以做得较大，而且其外裱纸又是单独印刷的，因此可以印制幅面较大、图案精美的图案和长篇的说明文字，具有很强的广告宣传作用。

一、粘贴纸盒成型

粘贴纸盒的成型过程大致可分两步：骨架成型和裱糊。

骨架成型时，若纸板厚度较小，已通过模切压痕制成了盒片，则只需将盒片折叠成型即可。应当说明的是，粘贴纸盒的盒片上没有预留的糊口，因此在将盒片折叠成型时需要将接缝处另外用纸片粘上（称粘角），以免在裱糊时纸板张开。对于较厚的纸板，由于其各表面均为分离的部件，所以必须利用粘角工艺来成型。

成型后的骨架必须通过裱糊才能最终成盒。一般而言，为了批量生产，裱糊材料也必须有其工作图纸。裱糊材料的工作图与折叠纸盒的盒片图相似。

二、设计实验

1. 实验目的

通过对已经经过个包装的高档茶叶进行内、外包装,采用粘贴纸盒作为包装容器,以此熟悉和掌握粘贴纸盒的设计、成型过程。

2. 实验工具

计算机、包装纸盒结构设计专用软件(如邦友纸盒包装 CAD 系统的结构设计软件 Box – Vellum、方正 CAD、艾思科软件)或者 AutoCAD 软件,盒型打样机,纸盒三维成型软件(如邦友纸盒包装 CAD 系统的三维装潢/折叠演示软件 FoldUp! 3D),彩色打印机,扫描仪等。

3. 实验材料

骨架材料:主要采用厚度在 1~3mm 之间的厚纸板。

裱糊材料:可以选用道林纸、铜版纸、玻璃卡纸,还可以选用绸缎、丝绒、尼龙布等。

4. 实验步骤

首先绘制粘贴纸盒的盒片图,见图 8 – 11。图 8 – 12 表示出了粘贴纸盒的成型过程。

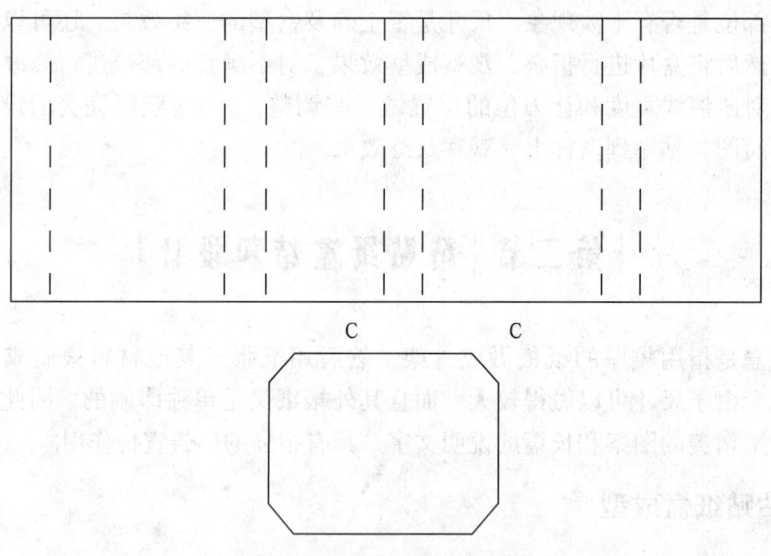

图 8 – 11 粘贴纸盒的盒片图

从图 8 – 11 中可以看出,该纸盒是由两个部件组成的:一个作为盒身,另一个作为盒底。实际上,该纸盒也可以由一个部件构成,将图中标有字母 C 的边重合成一条边(压痕线)即可。但这样做将带来两个问题:其一是盒底成型有一定困难;其二是会导致材料的浪费。

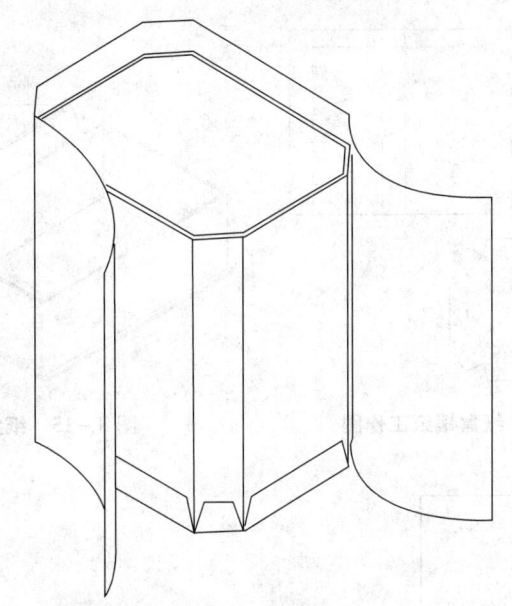

图 8-12 纸盒的成型

从图 8-12 可以看出，这种纸盒的成型过程为：先用全身包裹住盒底（因此，盒底各边的尺寸应比盒身上的对应尺寸小一个纸板厚度），必要时还须粘角；然后用盒底裱纸将盒底粘牢；最后用盒身裱纸裱糊盒身，并粘好裱纸的翻边。

以上两图所示的仅仅是一个粘贴纸盒的盒身，还得加上一个盒盖才能成为一个完整的纸盒。图 8-13 就是最终成型纸盒的三维效果图，该纸盒用来作为茶叶的内包装使用。从图中看出，盒盖的结构与盒身、盒底的组合完全相同，只是其高度小得多。另外，为了保证盒盖与盒身的装配，还须在盒身的上端再附加一个止口。

为了方便批量生产，纸盒的设计还须提供裱纸工作图。图 8-14 就是图 8-11 纸盒的裱纸工作图，图中双点画线示出的为盒片图的范围。

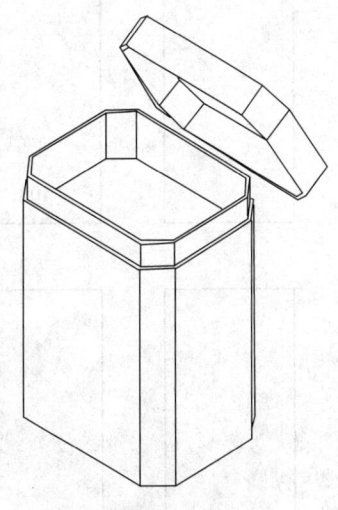

图 8-13 完成的纸盒

图 8-15 为某种粘贴纸盒成型后的三维效果图。这种纸盒形体比较大，通常用来包装中、高档茶叶。在包装茶叶时，该纸盒通常用作外包装，而在其内部常常还分装多个小包装容器。可以把图 8-13 所示的茶叶内包装纸盒，放到该外包装纸盒中。

图 8-16 至图 8-20 给出了这种较厚纸板粘贴纸盒的成型过程。

从图 8-16 中可以看出，该纸盒是由 7 个部件组成的，其中尺寸最小的 4 个部件构成了纸盒的盒身；尺寸最大的两个部件用作盒盖和盒底；尺寸为 305mm×105mm 的部件用作盒盖与盒底的连接边。

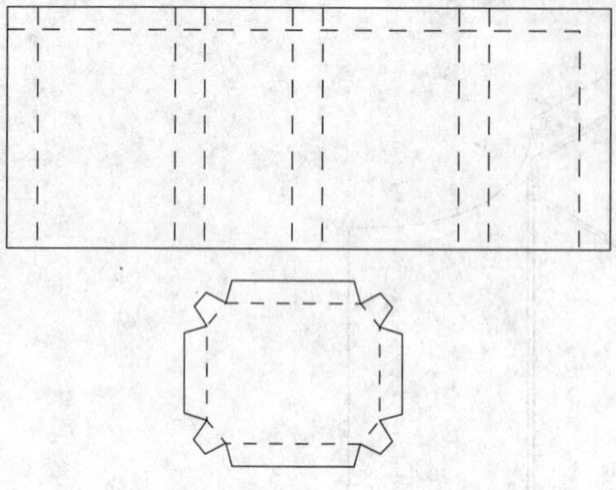

图 8-14　图 8-11 纸盒裱纸工作图 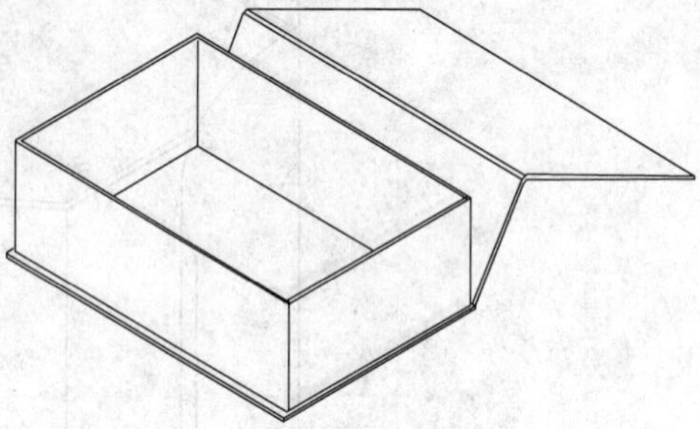　　　　图 8-15　纸盒三维效果图

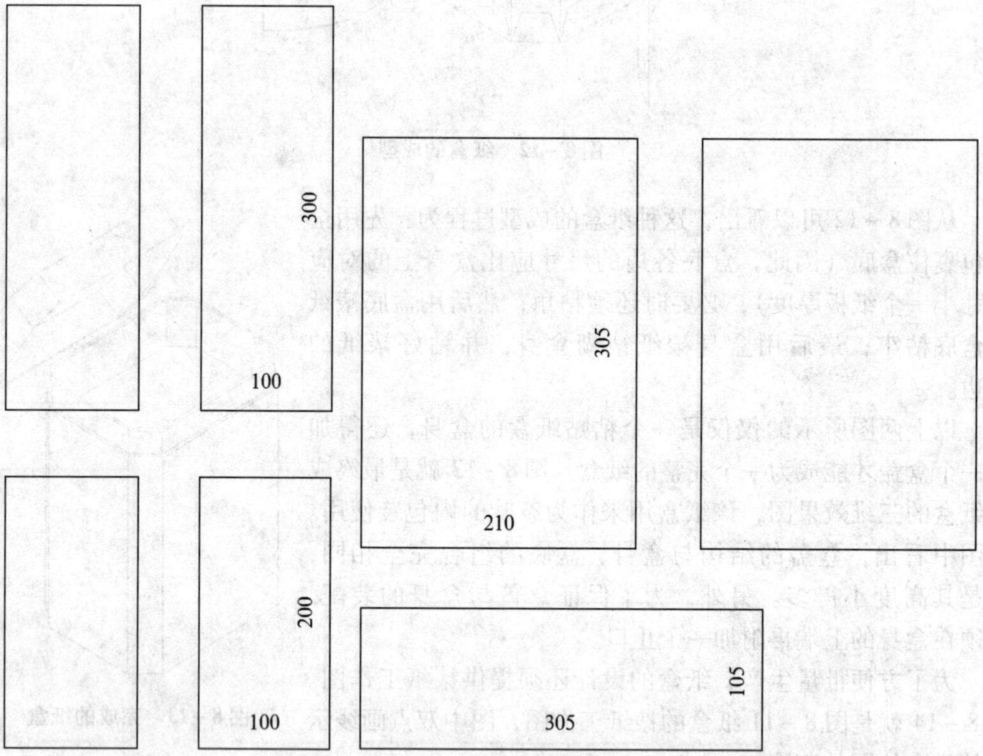

图 8-16　纸盒部件工作图

图 8-17 为盒身组装的第一步，即对组成盒身的各部件进行粘角处理。图 8-18 为盒身组装的第二步，即裱糊盒身。图 8-19 为盒身组装的最后一步，即贴盒底裱纸。贴盒底裱纸的目的有两个：其一是出于美观的考虑，一般采用道林纸；其二是为了方便以后与盒底的黏结。若仅利用外裱纸的 4 个翻边与盒底黏接，其黏结强度较低。而有了盒底裱纸，则大大地增加了涂胶面积，从而提高了黏结强度。

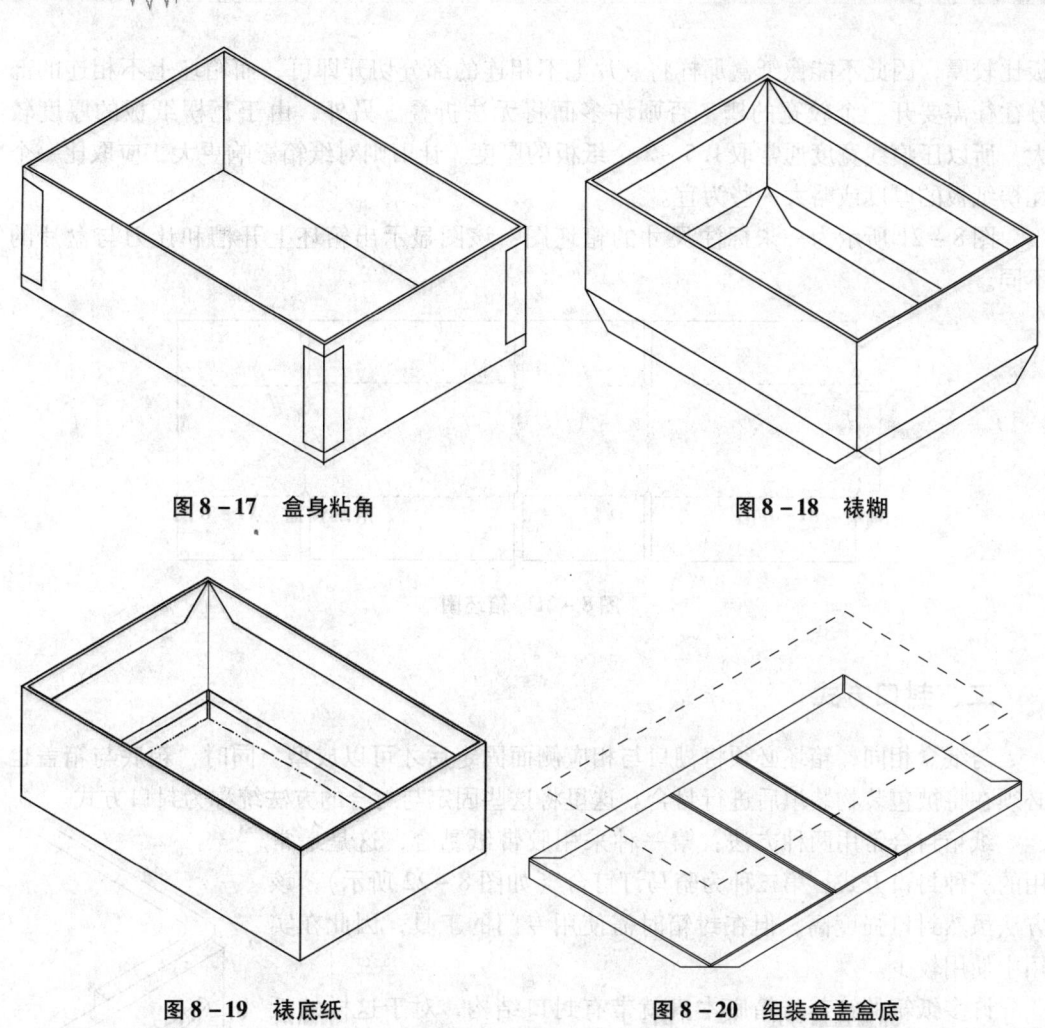

图 8-17 盒身粘角　　　　　图 8-18 裱糊

图 8-19 裱底纸　　　　　图 8-20 组装盒盖盒底

图 8-20 为盒盖盒底的组装。注意，由于这 3 个部件在工作时会相互折叠，因此在组装时应当在它们之间留下 1~1.5 个纸板厚度。在用外裱纸将 3 个部件连接成一体以后，还须在其翻边上再裱一层道林纸或铜版纸（如图 8-20 中双点画线所示），其目的主要是为了美观，其表面可以事先印刷装潢图案或说明文字。

第三节 瓦楞纸箱结构设计

与纸盒相似，瓦楞纸箱是利用瓦楞纸板经过开槽、压痕、折叠后成型。然而，由于瓦楞纸板自身的特点，尤其是其厚度较大，其制作过程与纸盒的制作过程有很大的不同。因此在设计上也有所差异。

一、箱坯

瓦楞纸箱平面展开时不叫盒片，而称为箱坯，其工作图就叫做箱坯图。由于瓦楞纸板比较厚，因此不能像纸盒那样将盒片上不相连的部分切开即可，而箱坯上不相连的部分往往需要开一个较宽的槽，否则许多面将无法折叠。另外，由于瓦楞纸板的厚度较大，所以压痕线宽度通常取 1.5~2 个纸板的厚度。让刀则对纸箱影响更大，应取比一个瓦楞纸板的厚度或略大一些为宜。

图 8-21 所示为一未标注尺寸的箱坯图，该图显示出箱坯上开槽和让刀与盒片的不同。

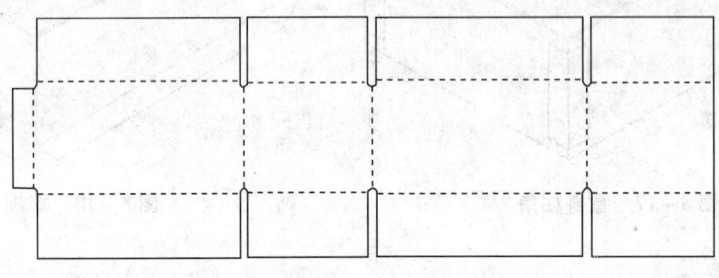

图 8-21 箱坯图

二、封口方式

与纸盒相同，箱坯必须将糊口与相应侧面固定后才可以成型。同时，箱底与箱盖也必须在将被包装物装填后进行封合。这里将这些固定与封合的方法统称为封口方式。

纸箱封合常用两种方法：第一种采用胶带纸黏合，这是最常用的一种封口方式；第二种为骑马订钉合（如图 8-22 所示），该方法虽然封口强度高，但在封箱时需使用专门的工具，因此在实用中使用较少。

许多纸箱的箱盖与箱底本身就带有封口结构，对于这样的纸箱，一般只需使用其自身的封口结构进行封口即可，无须再进行封口。应当说明的是，在实践中发现有些设计中的封口结构不尽合理，利用这些结构进行封口时，或者封合不严，或者封口强度不足，封合后还须采用胶带封口。在设计中应尽量避免这种现象。

三、国际标准箱型

瓦楞纸箱已经形成了国际标准。在国际标准中，纸箱的类型采用 4 位数字表示。其中，前两位表示纸箱的类别；后两位表示纸箱在该类别中的式样，如 0201、0325 等。

国际标准纸箱一共有 7 个类别，分别为：02 类，开槽型纸箱；03 类，套合型纸箱；04 类，折叠型纸箱；05 类，滑盖型纸箱；06 类，固定型纸箱；07 类，自动型纸箱；09 类，内衬件。本章设计实例中仅介绍其中最常用的 02~04 类纸箱以及 09 类内衬件。

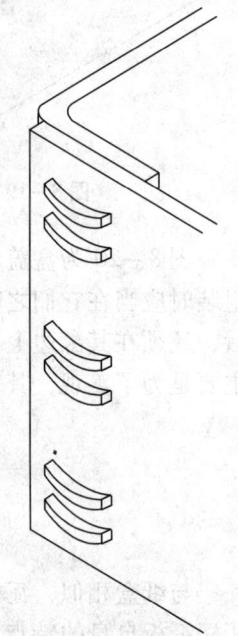

图 8-22 骑马订钉合

在国际标准中，给出了数百个国际标准纸箱的箱坯图，但均没有标注尺寸。这些箱坯图所对应的纸箱大多为矩形箱。在实用中，只需选择一种箱型，然后根据实际需要给出其长、宽、高三维尺寸，其他的工作就交给制箱厂来完成，用户只需按标准或合同验收即可。

四、设计实验

1. 实验目的

通过对国际标准纸箱的箱型进行绘制，掌握瓦楞纸箱的不同箱型的具体结构。

2. 实验工具

计算机，包装纸盒，纸箱结构设计专用软件（如邦友纸盒包装 CAD 系统的结构设计软件 Box-Vellum、方正 CAD、艾思科）或者 AutoCAD 软件，盒型打样机（适用于瓦楞纸板），纸盒三维成型软件（如邦友纸盒包装 CAD 系统的三维装潢/折叠演示软件 FoldUp! 3D），彩色打印机，扫描仪等。

3. 实验材料

A 型瓦楞纸板、B 型瓦楞纸板、C 型瓦楞纸板、E 型瓦楞纸板、F 型瓦楞纸板等。

4. 实验内容

与普通纸板的纹向相比，瓦楞纸板的楞向对纸箱的力学性能影响更大。一般原则是，纸箱在正常放置时，瓦楞纸板的楞向应呈垂直状态。这是由于瓦楞纸板的垂直承压能力最高，只有当楞向垂直时，纸板才可能具有较高的堆码强度。

堆码强度也叫纸箱的抗压强度，是瓦楞纸箱最主要的技术指标之一，设计时必须校核该强度。原则上，堆码强度应当利用堆码实验机，通过实测得到的。对于要求不高的场合，也可以利用式（8-1）所示的凯氏（K. O. Kellicutt）公式来计算：

$$P = P_x \times \left(\frac{4 \times a_{x2}}{Z}\right) \times Z \times J \tag{8-1}$$

式中：P——纸箱的堆码强度，单位为牛（N）；

P_x——纸箱的综合环压强度，利用式（8-2）或式（8-3）计算得出，单位为每毫米牛（N/mm）；

a_{x2}——瓦楞常数，由纸箱制造厂提供；

Z——纸箱横截面周长，$Z = 2 \times$（长×宽），单位为毫米（mm）；

J——瓦楞纸箱常数，由纸箱制造厂提供。

对于单瓦楞纸板。P_x 的值可以式（8-2）计算得到：

$$P_x = \frac{R_1 + R_2 + C_x \times R_m}{6} \tag{8-2}$$

而对于双瓦楞纸板。P_x 的值可以式（8-3）计算得到：

$$P_x = \frac{R_1 + R_2 + R_3 + C_1 \times R_{m1} + C_2 \times R_{m2}}{10} \tag{8-3}$$

式中：R_i——里纸、面纸、衬纸的环压强度，单位为每毫米牛（N/mm），由纸箱制造厂提供；

R_{mi}——各层芯纸的环压强度，单位为每毫米牛（N/mm），由纸箱制造厂提供；

C_i——瓦楞折放系数，由纸箱制造厂提供。

另外，纸箱上的印刷面积（彩箱除外）、开槽开孔（如手孔等），均会对纸箱的堆码强度产生不利的影响。这一点在设计时应予以注意。

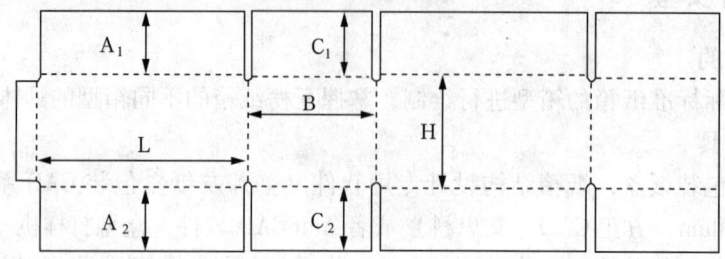

图 8-23　0201 箱

图 8-23 所示为国际标准箱型中的 0201 箱的箱坯图，其三维效果如图 8-24 所示。其中：字母 L、B 和 H 分别表示纸箱的长、宽和高。而字母 A_1 和 C_1 分别表示箱盖上主摇翼和副摇翼的宽度；A_2 和 C_2 分别表示箱底上主摇翼和副摇翼的宽度。对于 0201 箱而言，这四个宽度均为纸箱宽度的一半，即 B/2。

国际标准箱型中的 0200 箱、0202 箱、0203 箱、0204 箱、0205 箱、0206 箱及 0207 箱的结构与 0201 箱基本相同，其差别仅在摇翼的宽度有些变化。表 8-1 给出了这些参数。

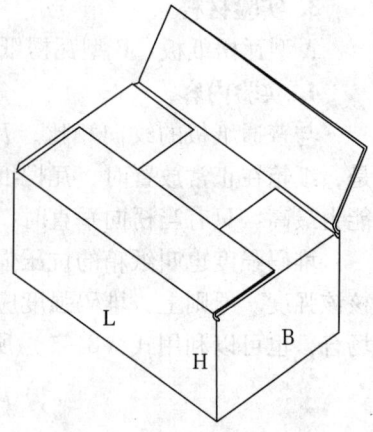

图 8-24　0201 箱三维效果图

表 8-1　部分 02 箱的摇翼宽度

	A_1	C_1	A_2	C_2
0200	0	0	B/2	B/2
0201	B/2	B/2	B/2	B/2
0202	2/3 B	2/3 B	2/3 B	2/3 B
0203	B	B	B	B
0204	B/2	L/2	B/2	L/2
0205	L/2	L/2	L/2	L/2
0206	B	L/2	B	L/2

从表 8-1 可以看出，02 箱的长宽比一般是有一定规格的。例如，0205 箱宽度就不能小于长度的一半，否则其主摇翼将无法折下。特别应当注意的是 0200 箱，其箱盖主、副摇翼的宽度均为 0。

小 结

本章主要介绍了纸盒及纸箱的设计，大家要重点掌握纸盒设计的重要工艺参数，如压痕线和让刀位等；各种瓦楞纸箱国际标准箱型。在实际的纸盒设计过程中，要正确的标注盒片图尺寸；纸箱设计过程中，要进行瓦楞纸箱抗压强度的测定。

思考与练习

一、简答题

1. 简述纸包装容器设计的步骤。
2. 在进行纸盒结构设计时，有哪些重要的工艺参数需要考虑？
3. 国际标准中瓦楞纸箱有哪些类别？分别是什么纸箱？
4. 什么是纸箱抗压强度？如何得到纸箱的抗压强度？

二、实际操作题

纸盒设计与打样

熟悉了各种纸盒的基本结构和设计方法之后，还必须进行纸盒的设计与制作实训，才能真正熟悉对产品进行纸包装容器设计的过程，加深对包装纸盒结构的理解和掌握，同时获得包装纸盒制造方面的工艺知识。

（1）设计的基本要求

①适合于内装物的形态和规格；

②其结构足以承受内装物品重量，确保在流通中不破裂、不散落，实现对商品的保护功能；

③结构形式新颖别致，兼有制作方便、打开方便的优点，有一定促进商品销售的作用；

④符合对本包装的特别要求（指装箱、分组、流通、携带、销售、使用等方面）；

⑤设计出来的纸盒结构在实际批量生产时，能够满足生产工艺要求（如刀板的制作）；

⑥选择的包装尽可能进行绿色环保、废弃后易于回收利用。

（2）设计与制作步骤

①根据内装物商品的规格形态，确定内装物或内包装的外尺寸，制定纸盒大概尺寸和形状。

②依据包装要求，进行纸盒结构构思，设计出合理、新颖的盒型；

③选定适合本商品质量与形态的包装纸板厚度（定量）与纸板品种，对酒、杯子、糕点、器皿等有相当重量的商品特别注意盒底结构与提手强度；

④制作中应该注意控制各关键部位尺寸误差，如内外尺寸，插口插舌、压痕线等；

⑤纸盒结构设计完成之后，进行纸盒装潢设计（有产品名称、生产厂家、成分、条形码等内容）；

⑥结构设计和装潢设计之后，利用专业软件进行三维折叠，观察纸盒三维效果，如

果有不当和不满意的地方则可以进行再次修改；

⑦确定最终结构设计后，可以进行盒型打样；

⑧撰写设计说明书，有功能叙述、尺寸计算、材料选择、装潢设计说明等内容。

（3）设计题目

序号	内装物	规格	包装要求	设计提示
1	酒	250ml×2瓶	底部承重，携带安全	适合于容器外形，盒型新颖
2	糖果	250g	折叠成型、富有儿童情趣	一纸成型，形象生动
3	糕点	250g	简单、可靠、便捷	罩盖、盒或一纸成型
4	玻璃杯	4或6个	防撞、防碎、安全	间壁封底式或多件包装
5	乒乓球	4个	部分可见，开启方便	折叠纸盒、开窗
6	钢笔	对笔	双层、定位、高档	抽屉式、天地盖式、摇盖式
7	香水	香水瓶外部尺寸6cm×3cm×1cm	可见香水与容器，陈列式	开窗或可打开陈列
8	丝巾	1条	表露花色与质地、避免丝巾褶皱	开窗、内有固定纸板
9	精华素	6ml×4瓶	防震、高档、管式折叠纸盒	开窗、集合、有内衬
10	蚊香	140g×10片	防震、防潮	有展示功能
11	5L压力锅内胆	5L×1个，不锈钢材质	防震、防灰尘	瓦楞纸板为包装材料，盒底强度要大
12	圆柱形陶瓷花瓶	高40cm，直径10cm	防震、方便开启	盒底强度要大，锁底结构
13	手机	手机，包括手机配件	防震，防潮，防静电	细瓦楞纸板为包装材料，有内衬
14	片剂药品	泡罩包装8片×4板	OTC药品	防伪
15	儿童饼干	250g	防潮，防虫害	结构活泼
16	运动鞋	一双	防潮，怕挤压	摇盖或罩盖式
17	茶叶	500g	防潮，防虫	罩盖式
18	月饼	一块	防潮	造型新颖
19	手表	一块	高档，防震，防潮	造型新颖
20	牙膏牙刷	一套	中档	组合，展示
21	挂件饰品	一条	中档，青年人	展示，抽屉式
22	移动硬盘	一块	防震，防潮，防静电	细瓦楞纸板
23	衬衫	一件	防潮	罩盖式

第九章 包装装潢印刷品质量检测

本章主要介绍包装装潢印刷品质量检测实验，通过质量检测实验使学生掌握客观评价印刷品的方法和所使用的工具。加深学生对课堂教学学习的理论知识的理解，提高学生的动手能力和综合素质。

第一节 印刷测试样张质量综合评价实验

一、实验目的与要求

通过本实验使学生掌握客观评价印刷品的方法和所使用的工具，加深学生对课堂教学学习的理论知识的理解，提高学生的动手能力和综合素质。

在本实验过程中要求学生自己设计实验内容和步骤，并能够使用数理统计的方法对实验结果进行分析和处理，用清晰的图表表示。

二、实验基本内容

1. 对印刷品进行主观评价，对印刷品进行打分并列表给出结果。
2. 用放大镜评价印刷品的细微质量。
3. 用密度计进行相关项目的测试。
4. 用色度计进行色度测量和色差评价。
5. 用统计学方法对上述结果进行综合评价。

三、实验设备、工具及材料

密度计、色度计、多光源标准观察箱、测控条、放大镜（20倍）、纸张、油墨、印刷样张。

四、实验原理

印刷品质量是印刷品各种外观特性的综合效果。评价印刷品的质量时，有两种方法可供应用：一种是主观评价的方法，评判者根据自己的主观印象进行评价；另一种是客观评价的方法，评价者使用仪器测量，用恰当的物理量或者说质量特性参数对图像质量进行量化描述。对于彩色图像来说，印刷质量的评价内容主要包括色彩再现、阶调再现、清晰度和分辨力、网点的微观质量和质量稳定性等内容。可使用密度计、分光光度计、测控条、图像处理手段等测得这些质量参数。印刷质量参数很少有独立变量，每个质量因素如何影响图像的评价效果及如何影响其他质量参数对图像评价的影响，涉及各个质量参数对图像影响的"加权值"。这些加权值可以用多变量回归分析方法，也可以采用主观评价法为客观评价方法决定难以解决的变量相关问题，即所谓的综合评价方法。

五、实验步骤

1. 在标准观察箱内对印刷品进行主观评价，打分并列表给出结果。
2. 用放大镜评价印刷品的细微质量。
3. 用密度计对测试样张上的测控条中相关项目进行测试，包括：实地密度、各网点色块密度、网点百分比、叠印色块密度、网点变形块密度。
4. 用色度计进行色度测量和色差评价。包括：各色块 LAB 值、ΔE 值以及色度图。
5. 计算出相应的网点增大值、印刷相对反差值、油墨的色偏、灰度、色效率，并绘制印刷特性曲线、色轮图。
6. 将密度测量结果与色度测量结果进行对比分析，找出其关系。
7. 将测试数据通过计算、做表，得出印刷质量的综合评价分。

六、实验注意事项

1. 在做主观评价的过程中要注意观察环境和观察条件，以保证主观评价的有效性。
2. 不同组评价者对同一印张做评价时，要保证在相同的环境和条件，以保证评价效果的可比性。
3. 使用密度计和色度计测量时，要注意仪器的校准以及仪器的正确选择，特别注意测试背衬的选择。

七、对实验报告的要求

1. 原始测试数据记录。
2. 结果图表完整。
3. 有明确的结论。

第二节 印刷质量综合分析实验

一、实验目的与要求

通过本实验使学生掌握客观评价印版、分色片、印刷品的方法，建立起综合分析产生印刷故障的原因的思路以及方法，学会用数据和图表说明问题。加深学生对课堂教学学习的理论知识的理解，提高学生的动手能力和综合素质。

在本实验过程中要求学生自己设计检测内容和步骤，用清晰的图表表示测试结果，详细分析印刷品、印版、分色片之间的质量关系，说明造成最终印刷品质量故障的原因，并且给出分析报告。

二、实验基本内容

1. 用照相 CCD 显微镜观察分析分色片质量，并用透射密度计进行测量。
2. 用印版测量仪对印版质量进行测试。
3. 对印刷品进行评价，并列出测试结果。
4. 绘制图表对上述结果进行综合分析。

三、实验设备、工具及材料

照相 CCD 显微镜、印版测量仪 CTP15ST、密度计、色度计、晒版质量测控条、印刷质量测控条、放大镜（20 倍）、分色片、印版、印刷样张。

四、实验原理

印刷品的质量是受到整个生产流程中诸多因素影响的，分色片的质量—印版的质量都会影响印刷品的质量。这些影响因素都会反映到印刷品上。从印刷品表现出来的颜色密度、阶调再现特性、网点变形等，都可能是由于分色片或印版上的误差所造成的。因此，检查前期分色片、印版的质量，分析造成印刷品质量缺陷的原因，从而明确印刷质量过程控制的重要意义。

五、实验步骤

1. 使用照相 CCD 显微镜观察分析分色片质量，并使用透射密度计对分色片进行相关项目的测量和评价；
2. 使用印版测量仪对印版质量进行测量和质量评价，并结合步骤 1 中的检测结果分析；
3. 使用密度计、色度计对使用步骤 1、2 中分色片—印版所印刷的印刷品进行质量检测和评价；
4. 将上述各步骤的测试结果结合起来分析，说明造成最终印刷品质量缺陷的原因及其相互关系。

六、实验注意事项

1. 测试数据的确定与数据采集要结合所给分色片、印版以及印刷品的特点来确定，数据的采集以测控条、色标、梯尺等检测工具上的元素为准。
2. 针对不同的印刷品注意选择正确的测试仪器，例如密度计和色度计。

七、对实验报告的要求

1. 原始测试数据记录。
2. 结果图表完整。
3. 有明确的结论。

第三节 印版质量的检测与控制实验

一、实验目的

本实验首先对晒版原版（菲林）的质量进行检测，紧接着进行晒版，然后依照国家标准，用仪器对所晒印版的质量进行检测，如印版质量不合格可对晒版相关参数进行调整，最后要为印刷工序提供质量合格的印版。

二、实验仪器、工具和材料

SB Y920 型晒版机、照度计、X-Rite 341 透射密度计、X-Rite Dot（ccDot）印版测量仪、CROMALIN、Gretaq 信号条等、阳图形 PS 版、调频网 CTP 版（已制好）、放大镜、标准光源、PS 版显影液。

三、检查印刷、晒版用原版质量（连续调）

晒版前对胶片图文的发排质量检测是非常重要的，这是因为菲林发排质量的好坏直接影响着晒版的质量。对菲林质量检测的工具有梯尺、信号条、透射密度计和放大镜等。

1. 网目调胶片质量

除非另有规定，网目调胶片网点中心密度应至少大于空白胶片的透射密度 2.5 倍。空白网点中心部位的透射密度不能大于大块空白部位密度 0.1 倍。空白胶片的透射密度最好不高于 0.15。应使用透射密度计测量，其光谱范围应符合 GB/T 11501 "摄影密度测量的光谱条件"规定的 ISO-1 型印刷密度仪要求。网点边缘宽度不能大于网线宽度的 1/40，网点不能有明显的开裂。

2. 菲林质量检测

用 X-Rite341 透射密度计对菲林片上所带的网点梯尺、信号和灰平衡梯尺进行检测。如所发菲林没有信号条晒版梯尺，就要在晒版时加上标准的信号条。检测的内容主要是各色菲林的实地密度、75% 或 80% 网点区的网点面积、50% 或 40% 网点区的网点面积以及 98% 或 95%、1%~5% 的网点面积。用目测检查菲林片有无划痕，并将四色菲林片进行套合检查。

四、晒版实验步骤

1. 晒版时应注意事项

（1）晒版前检查胶片是否存在脏点、是否内容有误。

（2）确定无误后，准备晒版。放置片基时要使片基的药膜与 PS 版的药膜相接触。对准咬口，除尽脏点，在非印刷的边侧放上晒版梯尺，抽真空，晒版（按上述晒版机的操作进行晒版）。记录好晒版时间，按照晒版梯尺，确定出最佳晒版时间。

（3）晒好版后，进行显影。显影的目的就是去除曝光部分的感光层，使铝板表面接受水分，将图文部分留在铝板上。显影方法采用槽显影方式。在显影槽内，将有图文的感光面朝上，对显影槽下段进行摇晃，并注意进行观察。显影时间控制在几十秒至 2 分钟间，根据 PS 版感光情况与显影液浓度与温度而定。显影至图文清晰、网点饱满后，将 PS 版取出，用水进行冲洗。

（4）进一步检查晒好的 PS 版，并进行整版。用修版液除去版面脏点，用水冲洗，检查 PS 版没有质量问题，进行提墨，用布蘸取一定量油墨在 PS 版表面进行擦涂，再用水冲洗，然后均匀地在 PS 版面上擦上一层封板胶，使 PS 版自然晾干或风干，以供印刷使用。

（5）晒 PS 版时，一定要将版材放在曝光台的中央处，避免光源的光照不匀而影响 PS 版的晒版质量。

（6）严格检查拼好的原版质量，将原版放置在 PS 版表面的中央处，按照印刷机器的要求，测量咬口距离，如有必要可用铅笔在 PS 版上轻轻地画上一条咬口线，放置原版就能保证方正。

2. 晒版操作

（1）按计时键或计量键，选择好曝光方式。

（2）选择通道数，确定通道参数。

（3）开装版玻璃框架，放置好印刷 PS 版，放好原版，测定原版与咬口的位置。当把 PS 版和原版放好后，拉上外围的防紫外光帘布，以防止紫外线对人体皮肤进行伤害。合上玻璃框架，锁紧曝光把手。玻璃框架一旦锁紧，晒版程序便自动执行。

（4）晒版程序由微机自动控制。首先启动真空泵同时真空指示灯亮，显示窗口 2 显示真空延时时间，并不断进行减 1，此时主曝光灯（碘镓灯）自动点燃。当窗口 2 数字减为 0 时，快门自动打开，主光指示灯亮，窗口 2 立即显示主曝光时间，此时曝光灯自动转为全功率工作状态，窗口 2 并自动进行减 1 显示。当窗口 2 显示到 00 时，快门自动关闭，主曝光灯自动转为半功率工作状态，机器自动将蒙布帘放到位。当主光指示灯灭、辅光指示灯亮后，快门打开，窗口 2 显示辅助曝光时间，并以减 1 方式进行显示。当窗口 2 显示到 000 时，快门自动关闭，蒙布帘自动卷回，蜂鸣响起，提示晒版已经结束。

（5）拉开防护帘，打开曝光锁紧把手，取出 PS 版和原版，对 PS 版进行显影。

3. 显影

（1）除了曝光时间以外，对印版质量影响最大的因素还有显影时间、显影液浓度和温度。所以，显影液的配制和显影时间可根据印版供应商提供的配方进行。室温要保持在 20℃。

（2）显影时一定要将 PS 版感光面（图文部分）朝上，并注意观察显影情况，掌握好显影时间。

（3）显影后一定要用水冲洗，冲掉 PS 版表面的显影液，使其停止显影。

（4）印版表面有脏点，可用除脏剂小心除去，千万不要将图文破坏。以免造成废品。印版除完脏点后一定要用水冲洗干净，并用纱布擦干准备检测（如不检测就要给版面均匀擦胶，以防氧化）。

(5) 晒制好的版，如不立即上机印刷，应放置在阴暗处避光，以防继续感光。

4. 阳图型 PS 版晒版检测

(1) 印版检查内容

对 PS 版晒版质量的检查仪器和工具有 ccDot 印版测量仪、信号条和放大镜等。要求：图像分辨率≤10μm；用 60line/cm 网点梯尺晒版，2%~98% 的网点齐全。

(2) X-Rite Dot（ccDot）的结构和测量原理

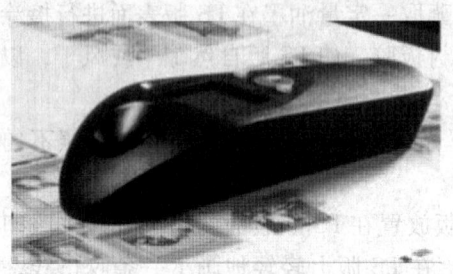 

图 9-1　X-Rite Dot 面板演示　　　　　图 9-2　X-Rite Dot 操作演示

如图 9-1、图 9-2 所示，其面板上的操作键——使用显示屏下面的三个键可执行测量和屏幕/选项定位。

①左侧键

用手在可用选项中定位。每按一次该键，高亮方块（黑底白字）移到下一个选项。定位通常遵循从左到右，从上到下的顺序。在编辑的时候按此键可降低数字值。

②右侧键

用于切换一个选项的状态，或者访问存在其他选项的屏幕。在编辑的时候按此键可增加数字值。

③中间键

用于自动仪器，进行测量。在处于一级或二级屏幕时，按此键可返回主屏幕。

(3) X–RiteDot（ccDot）在测量 PS 版时的操作

本仪器设计使用内部光源在平板上测量百分比值。要获得最佳效果，在首次测量新样本时，必须始终在中间色调区域进行测量。

平板网点百分比测量的步骤：

①按中间键启动仪器。

②设置测量类型（+ 或 -）、反射（度）、百分比（%）和照明（自动、C、M、Y 或 K）测量选项。

③将仪器定位于平版样本之上。确保样本放平，并且仪器接触良好。

④使用查看器窗口，定位于样本所需区域。

⑤拿稳仪器，按中间键进行测量。测量结果会显示在仪器屏幕上的测量结果查看器窗口。

⑥按下右键，观察测量区域的放大视图。再次按下右键，返回主测量屏幕。

第四节 印刷过程的质量和控制实验

一、实验目的

印刷过程的质量检测和控制是十分重要的，本次实验时使用目前世界上最先进的测量仪器之一 X-Rite 分光密度计和分光光度计，通过对印片上的信号条和灰平衡梯尺进行密度或色度测量，以便对印品的质量进行分析。同时，可在印刷现场对印品进行过程测量和控制，对分析客观评价、控制和提高印品质量具有极大的帮助。

二、实验仪器、工具和材料

X-Rite528、530 分光密度计、X-RiteMA68、多角度分光光度计、XTT 体视显微镜、放大镜、印刷样张、acer 计算机。

三、彩色图像复制印刷过程产品质量密度的检测与控制

1. 实地密度

实地密度在印刷过程质量检测与控制中起着十分重要的作用，几乎所有有关密度测量的项目都是以各色实地作为标准进行评价。印品的实地密度值起初是随着墨层的厚度增加而增大，当墨层的厚度增加到一定值时，色彩开始饱和，油墨的密度值就趋向一个定值。图 9-3 为墨层厚度与密度之间的关系，表 9-1 为 CY/T5-91 我国印刷行业关于"平版印刷品质量要求及检验方法"有关实地密度的质量要求，这里需要注意，表中的实地密度值是印品干燥后的值，在印刷过程监测时要考虑印品油墨的"干退"现象的影响。

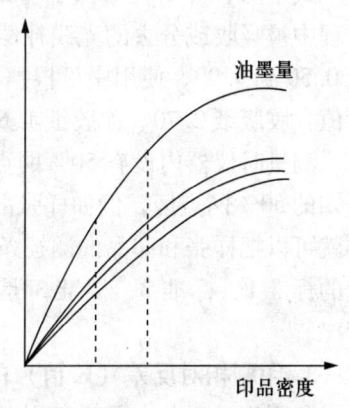

图 9-3 墨层厚度与密度之间的关系

表 9-1 各色色版实地密度

色别	精细产品实地密度	一般产品实地密度
黄	0.85~1.15	1.80~1.10
品红	1.25~1.55	1.15~1.45
青	1.30~1.60	1.25~1.55
黑	1.40~1.80	1.20~1.60
叠加色	1.50 以上	1.30 以上

2. 网点面积与网点增大

网点是印刷的最小单位，由于以不同程度群集起来的网点，凭借吸收与反射形成的

光学效应，使人们产生视觉上的差异，从而得到印刷图像画面的明暗阶调。

对于反射网点面积我们可用下面 Murray-Davies 公式进行测量：

$$F_D = \frac{1-10^{-D_R}}{1-10^{-D_V}} \times 100\% \qquad (9-1)$$

式中：F_D——印刷品或测控条上被测部位的淡色网点；

D_R——印刷品或测控条上被测部位的实地密度减去纸张密度；

D_V——印刷品或测控条上的实地密度减去纸张密度。

网点增大值 Z_D 是指印刷品某部位的网点面积 F_D 与原版上相对部位的网点面积（F_F）之间的差值。

$$Z_D = F_D - F_F \qquad (9-2)$$

由于实际印刷品油墨的吸收密度，受纸张、加网线数、墨层厚度及颜色等因素的影响，所以直接使用 Murray-Davies 公式会出现较大的测量误差，可选用 Yule-Nielson 公式来测量。

$$F_D = \frac{1-10^{-D_R/n}}{1-10^{-D_V/n}} \times 100\% \qquad (9-3)$$

式中的 F_D、D_R、D_V 均与 Murray–Davies 公式中含义相同，只是多了一个网点测量过程中被吸收或分去的光线补偿值"n"。在 X-Rite528 型分光密度计里 n 值的范围设置从 0.50 到 9.90，使用中可根据不同的材料进行选择，下面是几种常用材料"n"值的参考值：胶版纸 2.70、涂胶纸 1.60~1.70、新闻纸 2.50。

测量时仪器内设有 50% 网点校正功能，在实际操作中使用此功能可很快地确定一个已知的 50% 网点区，例如样张的 50% 网点区，仪器会自动建立一个"n"值并存储。这样就可以把样张和印品的测控条相同区域作比较，以便确定印品网点的变化。仪器内设置的标准 1、标准 2、标准 3 是在测量时分别控制 25%、50%、75% 三段的网点增大情况。

3. 印刷相对反差（K 值）的测量

印刷相对反差也可叫印刷对比度，简称 K 值。在实际操作中，只控制印品的实地和中间调及亮调不行，还要控制图像的暗调层次。在暗调层次的阶调选取上，选择欧洲模式时测量 80% 网点区，选择美国模式时测量 75% 网点区，当然选择何种模式测量与所使用的测控条有关。

$$\text{K 值的计算式为：} K = \frac{D_V - D_R}{D_V} \qquad (9-4)$$

式中：D_V——实地密度；

D_R——75% 或 80% 部位的网点密度。

控制 K 值的作用可以从网点增大机理分：亮调的网点分布稀疏，在印刷中虽有网点扩大，但不易观察出来；在暗调区网点分布密集，当印刷中网点扩大时，由于 K 值太小就会产生暗调并级，造成暗点损失。K 值太大时，调子拉得太开，印张上的墨层太薄，墨色不饱满使印品墨色平淡失去光泽。

为达到理想的印刷效果，测量时要选择合适的 K 值，表 9-2 为我国印刷行业标准

CY/T5—1991 推荐 K 值。

表9-2 我国印刷行业标准 CY/T5—1991 推荐 K 值

色别	精心产品 K 值	一般产品 K 值
黄	0.25~0.35	0.20~0.30
品红	0.35~0.45	0.30~0.40
青	0.35~0.45	0.30~0.40
黑	0.35~0.50	0.30~0.45

在测量 K 值的选择上，铜版纸的 K 值要比胶版纸的大。由表9-2可以看出黄版的阶调短，黑版的阶调长。在实际测量操作中，K 值有两种数据表示形式。

一种是绝对值表示形式所测的数据包含纸张密度。

另一种是不含纸张密度，此时可按菜单提示先测纸张密度值，然后依次测量，得到一个不含纸张密度的 K 值。

4. 油墨叠印率测量

叠印功能描述一种油墨可覆盖另一种油墨的程度，它和印刷色序有密切关系。当油墨印在纸上，或者叠印在已经印有油墨干燥的墨膜上和两色、四色油墨湿压湿叠印时，其印刷质量均有不同。

计算叠印的公式有：

贝雷斯（GATF）的叠印公式 T_P：$T_P = \dfrac{D_{OP} - D_1}{D_2} \times 100\%$ （9-5）

新闻纸叠印公式 T_N：$T_N = \dfrac{\log(1 + \dfrac{D_{OP} - D_1}{D_M - D_{OP}})}{\log(1 + \dfrac{D_2}{D_M - D_2})} \times 100\%$ （9-6）

布鲁那叠印公式：T_B：$T_B = \dfrac{1 - 10^{-D_{OP}}}{1 - 10^{-(D_1 + D_2)}} \times 100\%$ （9-7）

式中：D_{OP}——叠印密度与纸张密度之差；

D_2——第二色油墨密度与纸张密度之差；

D_1——第一色油墨密度与纸张密度之差；

D_M——最大印刷密度。

测量叠印率步骤：

（1）首先根据印刷品活件的印刷色序选择测量叠印公式；

（2）然后按照仪器提示，在印刷控制条上找出叠印段，依纸张密度→套加印→第二色油墨实地密度→第一色密度实地密度顺序测量，仪器自动计算并显示叠印率来。

四、彩色图像复制印刷过程产品质量色度的测量与控制

过去，由于测量仪器的局限性，人们一直将密度测量作为印刷过程质量控制最常用

的测量形式,而色度测量是在成品检验室或实验室进行。随着便携式多功能分光密度计的普及,色度测量已被广泛应用到印刷过程控制中。

色度检测的优点是:可使被复制色跟样本达到客观匹配,跟照明条件的变化和人对色彩的主观感受无关;色度测量在工业上对任何配色工艺都适用,没有任何限制;在印刷过程控制中通过对不同颜色的色空间、色差、灰平衡的测量可使印刷工人快速准确控制印刷质量。

在彩色图像复制中,观察色彩是一码事,印刷这个色彩则是另一码事。选择色彩是一个主观行为,而为要复制的色彩确定公差却要求客观的标准,印刷者应该怎样跟顾客就色彩问题交换意见并同时对他们所看到的色彩做出正确的解释和调整呢?借助于色度测量可以把光谱波长转换成 CIELAB 彩色空间中一个确定的点并可以对色彩进行客观的比较。对任何一张反射图像,如复制原稿,预打样样张,在印刷机上抽取的样张都可以进行测量(只要这些测量的色度值是可以比较的)。这样,操作人员就可以利用印刷机的输墨控制和调节系统进行快速调节,使印刷中的色彩波动保持在公差范围之内。以下以 X – Rite528 分光密度计为例,分别对色空间、色差、灰平衡的测量作以简要叙述。

1. 色空间测量

X-Rite528、530 型分光密度计可测的色空间有 XYZ、Yxy、$L^*a^*b^*$、$L^*c^*h^*$、$L^*u^*v^*$、Yuv。根据我国国家标准 GB7921—1987"平板装潢印刷品质量检测要求",彩色空间采用 CIELAB(CIE1976 $L^*a^*b^*$)均匀色空间的 $L^*a^*b^*$ 值。式中 L^* 称为明度指数,在此轴上没有彩度,只有从黑到白的一个渐变过程,$+a^*$ 表示红色,$-a^*$ 表示绿色,$+b^*$ 表示黄色,$-b^*$ 表示蓝色,如图 9 – 4 所示。在实际测量中可将打样样张设为 $L_1^* a_1^* b_1^*$,印品设为 $L_2^* a_2^* b_2^*$。

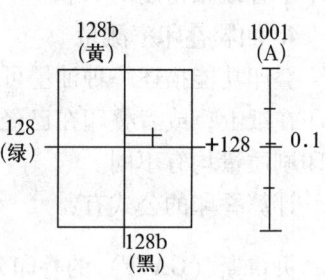

图 9 – 4 样张色空间的测量

当 $\Delta L^* = L_1^* - L_2^* > 0$ 时,说明样张明度比印品高,也就是印品色深;

$\Delta L^* = L_1^* - L_2^* < 0$ 时,说明样张明度比印品低,也就是样品色浅;

$\Delta a^* = a_1^* - a_2^* > 0$ 时,表示印品比样张偏绿;

$\Delta a^* = a_1^* - a_2^* < 0$ 时,表示印品比样张偏红;

$\Delta b^* = b_1^* - b_2^* > 0$ 时,表示印品比样张偏蓝;

$\Delta b^* = b_1^* - b_2^* < 0$ 时,表示印品比样张偏黄。

2. 色差测量

在印刷过程的颜色检测中,我们可以很容易地根据印刷调控条上测得标准样品的色度值 $L_1^* a_1^* b_1^*$ 来调整印品测控条相同区域 $L_2^* a_2^* b_2^*$ 值,使两者的值尽可能一致。但实际上是不可能的,两种测量值始终会存在着一个差值,我们称为色差,用 ΔE^* 表示。

$$\Delta E^* = \sqrt{(\Delta L^*)^2 + (\Delta a^*)^2 + (\Delta b^*)^2} \tag{9-8}$$

3. 灰平衡测量

所谓灰平衡,就是将黄、品红、青三原色叠印或以一定比例的网点面积率套印能够获得的中性灰色。中性灰色没有色相与饱和度，只有明度的变化，因此某个中性灰色如果稍带彩色，便很容易用眼睛识别出来。当然，我们通过色度测量灰平衡梯尺更为简洁准确，如采用 CIELAB 颜色空间进行测量，理想的中性灰度值 $L^* = 0 \sim 100$（沿梯尺由暗到明），$a^* = 0$，$b^* = 0$，如果 a^*、b^* 出现不等于零时，就会出现偏色，操作人员便可以根据测量的偏差值调整机器上相应的颜色墨量，使 a^*、b^* 值始终与 L^* 波动在轴周围，从而达到控制灰平衡的目的。

五、用分光密度计进行密度和色度测量时应注意的事项

1. 密度计在使用前首先要在随机配备的标准白板上校正调零。标准白板是一个较为理想的完全白色的硫酸镁漫反射表面，把密度计调零意味着把密度计调整到正确的低密度值，这类似于在称重时将天平调零以得到正确的测量数据。当密度计在标准的板上校准时就将标准白板所具有的低密度值选定为零。

2. 密度计调零后，有时还需要调节密度计的斜率或高密度值，也称全面校正。全面校正时密度计需要对黑筒或黑暗空间进行测量使其高密度值与黑筒或黑暗空间密度相等。高、低、密度的校正确定了密度计输出值的量程范围。例如 $0 \sim 0.3$ 的范围内。

3. 仪器的校正时间可根据使用情况来确定，一般情况下是每天校正一次。每台机器的校正白板的光谱反射率值均不相同，校正白板的光谱反射率值在仪器出厂时已储存在仪器内。

4. 如果用另一台仪器的校正白板来校正时，就必须将此白板的光谱反射率值手动输入仪器内，以确保仪器的精确度。

5. 在校正前，要确保校正白板的干净清洁，要用干燥、无毛的布轻擦，不要使用任何溶剂或清洁剂。校正完后要将校正白板放在干燥、无尘的地方，并避免阳光照射。

第五节 印刷质量综合分析

一、实验目的

印品墨色控制、印刷质量测量与分析、彩色产品质量评价标准印品墨色控制、印刷质量测量与分析、彩色产品质量评价标准。

二、仪器、设备和材料

放大镜、密度计、色度计。

三、实验步骤

1. 套印精度控制

2. 印品墨色控制

印品相关尺寸符合施工单的要求后，再看一下所开下来的样张和原稿的墨色是否相

符，墨色调节主要通过整体和局部墨量的调节来控制和实现。

步骤：

（1）把开下来的样张和原稿放在同一标准光源下比较，并进行校对。

（2）校对没问题后，看整体墨量是大是小（通过改变墨斗辊转角来实现）。

（3）如墨量大，减小墨斗辊转角，停墨，拿过版纸吸墨后并多放过版纸加速开机后再比较。

（4）如墨量小，增大墨斗辊转角，传墨，多放过版纸加速开机再比较。

（5）局部墨色是否和原稿相符（局部墨量主要是通过墨斗刀片和墨斗辊之间的间隙来改变）。

（6）如过小，根据样张或印版图文所对应的墨区适量增加，然后放过版纸印刷再比较。

（7）如过大，根据样张或印版图文所对应的墨区适量减少，然后放过版纸印刷再比较。

【注意】：先看水墨的平衡程度（水量要适中）；在加墨或是减墨时不要过大或过小。在放吸墨纸时要咬口对咬口放，墨未干的不要放。

3. 印刷质量测量与分析

以往人们都是利用目测的方法对彩色印刷品进行评价，这种主观的评价存在着易受外界条件影响、判断不准、因人而异、重复率低等缺点，所以目前已被仪器测量、印刷质量控制条等相对客观的方法所取代。

常用印刷品测量仪器及其使用方法：

（1）放大镜

放大镜一般用来测量印刷品的套印精度，网点再现情况等其测量方法如图 9-5 所示：

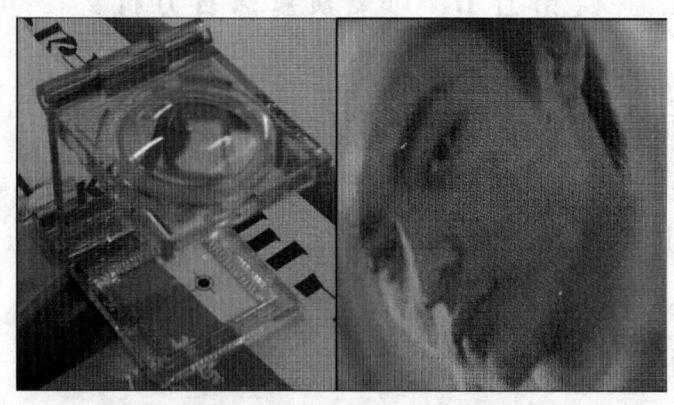

图 9-5　放大镜测量印品套印精度及网点再现情况

不同印刷故障在放大镜下的网点再现情况如图 9-6～图 9-9 所示。

图9-6　合格印刷品及印刷品网点

图9-7　套印不准印刷品及印刷品网点

图9-8　墨大水小（品红版）印刷品及印刷品网点

图9-9　水大小墨（黄版）印刷品及印刷品网点

（2）密度计

密度计可用来测量印品实地密度，通过测量出的实地密度值来衡量各色墨用量的多少（实地密度参考值如图9-10所示）。

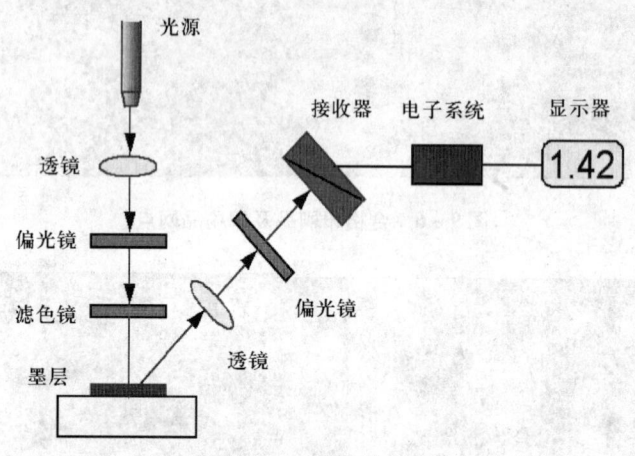

图9-10 反射密度计结构示意图

密度计的使用步骤：

①密度计定标（校零）（如图9-11）

密度计在使用前通常要进行高、低密度的定标，只有定标准了，测试的密度数据才会准确。密度计的低密度定标主要取决于纸张，由于纸张白度不可能完全一样，所以一般操作时定标定在纸张上。

②密度的测量（如图9-12、图9-13）

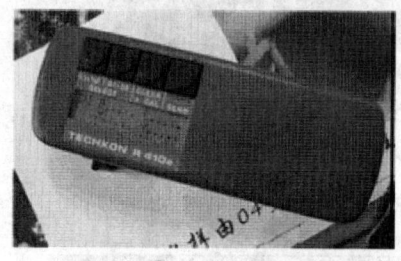

图9-11 密度计校零

图9-12 测量黄版实地密度

图9-13 测量黄版相对反差

在测量时,待测印刷品应该放平,以确保测量头与待测色块精密接触,以减少测量误差。然后按下测量键,在显示器上将显示出密度值。

(3) 色度计

印刷过程中印刷操作者常用色度计对同批同色色块做色度测量,并以同色标准色块的色度值为准,测算出同批同色色块的色差 ΔE,如果控制 ΔE 值在规定的范围内,就可以保证同一产品前后印张,或同一印张相同处的颜色偏差不超过允许范围。

色度计的测量步骤:

①色度计定标

色度计在使用前通常要进行定标,色度计是在标准白板上调零校准,而不是在白纸上调零校准。

②色差的测量

在测量时,待测印刷品应该放平,以确保色度计的测量头与待测块精密接触,以减少测量误差。接着按下测量键,在显示器上显示出色块 2 的色度差,并自动计算出色差值。

4. 彩色产品质量评价标准

(1) 印刷品的层次阶调再现通常要求印刷品亮、中、暗调分明,层次清楚,并且精细印刷品的亮调再现范围要在网点面积率的 2%~4%。一般印刷品的亮调再现范围要在网点面积率的 3%~5%。印刷品暗调区域密度范围见表 9-3。

表 9-3 印刷品暗调区域密度范围

色别	精细印刷品实地密度	一般印刷品实地密度
黄 (Y)	0.85~1.1	0.8~1.05
品红 (M)	1.25~1.5	1.15~1.4
青 (C)	1.3~1.55	1.25~1.5
黑 (B)	1.4~1.7	1.2~1.5

(2) 彩色印刷品的套准

多色版图像轮廓及位置应准确套合,精细印刷品的套印允许误差不大于 0.1mm,一般印刷品的套印允许误差不大于 0.2mm。

(3) 网点再现能力

要求印刷品网点清晰,角度准确,不出现重影现象。精细印刷品 50% 网点的增大值范围为 10%~20%;一般印刷品 50% 网点的增大值范围为 10%~25%。

(4) 印刷相对反差值 (K 值)

印刷相对反差值是控制图像暗调的指标。计算公式 (9-9) 如下:

$$K = (Ds - Dt)/Ds \qquad (9-9)$$

式中:Ds——测出的实地密度值;

Dt——测出的 80% 网区的网点积分密度值。

K 值在 0-1 之间,K 值越大,图像暗调表现质量越高。如果 K 值为 0,则反映该印刷品80%以上的网点已经糊死。彩色印刷品的 K 值应符合表 9-4 规定。

表 9-4　彩色印刷品的 K 值规定

色别	精细印刷品的 K 值	一般印刷品的 K 值
黄	0.25~0.35	0.2~0.3
品红、青、黑	0.35~0.45	0.3~0.4

(5) 颜色再现能力

颜色应符合原稿，真实、自然、协调，同批产品不同印张的实地密度允许误差为：青（C）≤0.15、品红（M）≤0.15、黑（BK）≤0.2、黄（Y）≤0.1。

(6) 印刷品版面

版面干净，无明显的脏迹。印刷接版色调应基本一致，精细产品的尺寸允许误差为小于 0.5mm，一般产品的尺寸允许误差为小于 1mm。文字完整、清楚，位置准确。

第六节　包装装潢印刷品耐磨性测定

在包装印刷业中，印刷品的抗磨性实验是一项基本实验，许多时候，测量印刷品的耐磨性就是测量光油膜层的耐磨性。而且不能仅凭一次实验就对上光油的抗磨效果做出最终的判断，应从印刷品中抽取多个样品进行实验，取其最后的综合值。每次实验的仪器、分析方法及实验条件（包括湿度、温度、油墨、纸张等）应相同，以便进行对比分析。

一、抗磨性实验方法

有些纸盒厂家仅用一张白纸条轻擦刚印好的印刷品表面，以油墨是否转移到白纸上来判断抗磨性的优劣。其实，这种做法是不科学的，建议采用以下抗磨性实验方法。

1. Sutherland Rub 检测仪

印刷品试样应在恒重下做特定次数的往复运动，观察其表面的磨损程度。由于没有一个可以作为标准的磨损值，实验时需要以一些参考样品做参照物。

2. 抗回黏性实验

在有些情况下，如果纸盒在包装箱中堆放不紧密，运输过程中发生互相摩擦，纸盒表面会产生磨损。由于光油具有亲水性，在潮湿条件下其抗磨性也会降低，高热条件下还会出现磨损和回黏。因此，抗回黏性实验为评价上光油的抗回黏性能提供了依据。在温湿度控制室内放两个印刷样品，印刷面相对，在压力为 $500g/cm^2$、温度 55℃ 的条件下放置 24 小时，这种实验分析非常可靠，能为运输中是否出现回黏提供依据。需要强调的是，应选取一系列样品进行实验，取最后的综合值进行分析评价。

3. 震动实验

震动实验是对实际运输过程的模拟实验，通常进行 4~6 小时的震动，要求非常苛刻,实验分析也耗时费力,但能帮助客户确定适合的包装印刷材料。建议在上光油固化24h、达到最优性能之后再进行抗磨性实验,并与参考样品的实验结果进行对照分析。

二、耐磨检测实验

在纸箱、烟包印刷中,墨层耐磨性的控制尤其重要,如果控制不得当,产品会由于储运、搬移等造成墨层脱落,严重影响印品外观,最终影响用户利益。

1. 墨层耐磨性进行控制方法

印刷生产中对墨层耐磨性进行控制的方法有如下几种:

(1)采用摩擦试验机和分光密度仪,严格执行国标。此类厂家大多是有实力的大厂,对墨层耐磨性可进行很好的控制。

(2)使用摩擦试验机进行耐磨性试验,依据摩擦前后试样的变化判断,但不能具体量化耐磨性。目前,此类厂家占大多数,而且他们的大多数客户也能接受。

(3)不用测试仪器,在生产中靠经验来掌握耐磨性,即通过目测、手摸,也能使耐磨性控制到规定范围内,但对人的依赖性很大。此类厂家也占一定数量。

为了提倡在印刷质量控制方面更加严谨、量化,应尽量采用专用测试仪器,下面仅就墨层耐磨性的检测技术及测试方法进行简单的介绍。

2. 检测仪器

墨层耐磨性检测需要使用摩擦试验机和彩色密度计。

(1)对摩擦试验机的要求

摩擦体:硬度为50~53Hs、面积为25mm×50mm、厚8mm、相距约45mm的两块橡胶块。

摩擦速度:(43 ± 2)回/分钟,行程60mm。

荷重:(20 ± 0.2)N。

(2)彩色密度计

密度计的测试误差应≤±0.02D,可采用X-rite系列500型分光密度仪,它可测CMYK四色密度,精度可达0.001D。

3. 试验条件

(1)摩擦纸为$80g/m^2$的清洁胶版纸,宽度为50mm。根据经验,办公用A4打印纸也可满足此要求。

(2)摩擦次数标准为来回40次,信立公司的摩擦试验机设定了0~999次,可根据用户要求设置不同的次数。

4. 试验步骤

(1)将剪切成一定尺寸的试样固定在摩擦台上,待测墨层面积要大于摩擦体面积,一般取300mm×55mm,并且尽量取色彩比较均匀的试样,便于测量。

(2)测定试样上待测墨层的彩色密度,测3点取平均值。应取四色中密度值最大的叠色密度作为测定值。

(3)将摩擦纸固定在摩擦体上,再将摩擦体轻放在待摩擦的试样上。

(4)设置摩擦次数(40次),开启摩擦试验机往返摩擦40次,停机取下试样。

（5）在摩擦最严重的墨层上测定彩色密度，也测量3点，取平均值。

5. 试验结果与标准

印刷品墨层耐磨性按式（9-10）计算：

$$墨层耐磨性 = D/DO \times 100\% \qquad (9-10)$$

式中：DO——摩擦前的平均密度值；

D——摩擦后的平均密度值。

国家标准中规定，装潢印刷品墨层耐磨性≥70%。此标准适用于采用柔版印刷工艺印制的纸质装潢印刷品，不适用于塑料薄膜印刷品。此项指标可对印刷厂控制墨层起到有效的指导作用，当耐磨性低时，可及早对生产工艺进行调整，减少不合格品的数量；同时依据此参数可对产品进行质量分色等。

小 结

图像质量的正确评价对于整体图像信息工程的发展具有十分重要的意义，可以相信，随着多媒体信息技术的高速发展，对图像质量评价的研究将越来越受到人们的重视。

在传统的融合图像质量评价方法中，存在诸如主观评价方法过于烦琐和不可重复，客观评价结果与实际图像质量不相吻合甚至相互矛盾等缺陷，且已有的评价方法多适用于相关性较强的图像融合评价，并不适用于娱乐照相领域的融合图像评价。因此，在融合图像计测方法中引入HVS特性，将传统的客观评价方法和主观评价方法有机地结合起来，是解决这一难题的有效途径，也是融合图像质量评价的发展方向。

思考与练习

1. 灰平衡在印刷质量控制中的作用？
2. 网点在印刷流程中传输的特点？
3. 密度测量和色度测量在印刷质量控制中的使用特点？
4. 分析一下在评价实践中综合评价的难点是什么？

实训题目：

印刷质量综合分析实验。

实验要求：

1. 通过本实验使学生掌握客观评价印版、分色片、印刷品的方法，建立起综合分析产生印刷故障的原因、思路及方法，学会数据、图表说明问题，加深学生对课堂理论知识的理解，提高学生的动手能力和综合素质。

2. 本实验中要求学生自己设计实验检测内容和步骤，用清晰的图表说明实验结果，详细分析印版、分色片、印刷品之间的质量关系，说明最终造成印刷故障的原因，并给出分析报告。

参考文献

[1] 郭彦峰，许文才. 包装测试技术. 北京：化学工业出版社. 2006年.
[2] 和克智，曹利杰. 纸包装容器结构设计及应用实例（第一版）. 北京：印刷工业出版社. 2007年.
[3] 王加龙，孙燕清，等. 塑料测试工. 北京：化学工业出版社. 2006年.
[4] 中国包装技术协会信息中心. 中国包装标准汇编塑料包装卷. 北京：中国标准出版社. 2006年.
[5] 中国包装技术协会信息中心. 中国包装标准汇编纸包装卷. 北京：中国标准出版社. 2006年.
[6] 中国包装技术协会信息中心. 中国包装标准汇编运输包装卷. 北京：中国标准出版社. 2006年.
[7] 石淑兰，何福望. 制浆造纸分析与检测. 北京：中国轻工业出版社. 2003年.
[8] 朱达凯. 高职教育实验、实训、实习刍议. 实验技术与管理，2008，25（9）：111-113.
[9] 刘环锋. 高职实验、实训教学改革之探讨. 湖南广播电视大学学报，2007，2：36-37.
[10] 水泗誉，林铭宽，等. 国内外造纸分析检验实用方法. 北京：中国标准出版社. 2007年.
[11] 赵江. 压差法透气性测试的现状与发展. 中国包装工业，2008，58-60.
[12] 赵江. 透湿性测试方法概述. 机电信息，2005，10：32-35.
[13] 赵江. 包装材料的等压法透氧性测试. 中国包装工业，2007，70-71.
[14] 王怀奥，计宏伟. 包装工程测试技术. 北京：化学工业出版社. 2004年.
[15] 陈永常. 复合软包装材料的制作与印刷. 北京：中国轻工业出版社. 2007年.
[16] 和克智. 包装分类设计. 北京：印刷工业出版社. 2008年.
[17] 和克智，孙德强. 包装CAD. 北京：化学工业出版社. 2006年.
[18] 孙诚. 包装结构设计（第二版）. 北京：中国轻工业出版社. 2006年.
[19] 杨瑞丰. 瓦楞纸箱生产实用技术. 北京：化学工业出版社. 2006年.
[20] 陈永常. 瓦楞纸箱的印刷与成型. 北京：化学工业出版社. 2006年.
[21] 全国造纸标准化中心. 纸张检测专用计量器具检定规程汇编. 北京：中国标准出版社. 2001年.
[22] 骆光林. 包装材料学. 北京：印刷工业出版社. 2006年.
[23] 林润惠. 包装材料测试技术. 北京：中国轻工业出版社. 2008年.

[24] 山静民. 包装测试技术. 北京：印刷工业出版社. 1999年.

[25] 刘喜生. 包装材料学. 长春：吉林大学出版社. 1997年.

[26] 谭国民. 纸包装材料与制品. 北京：化学工业出版社. 2002年.

[27] 周殿春，孙振军，侯瑞生. 全封热收缩包装收缩过程分析及质量控制要点. 包装工程，2003，24（2）：34.

[28] 林学翰. 包装技术与方法. 长沙：湖南大学出版社. 1988年.

[29] 赵延伟，彭国勋. 包装技术与机械设备. 北京：中国妇女出版社. 1986年.

[30] 董俊杰. 收缩包装与拉伸包装及其应用. 机电信息，2004，（17）：47.

[31] 潘松年，等. 包装工艺学. 北京：印刷工业出版社. 1999年.

[32] 尹章伟，等. 包装概论. 北京：化学工业出版社. 2006年.

[33] 徐斌. 军械维修器材收缩包装技术研究. 中国包装工业，2003，（7）：40.

[34] 王德茂. 快速发展的中国印刷工业. 印刷世界，2005，（5）：8-9.

[35] M Dennis E，胡晓航. 全球印刷工业现状及发展趋势综述. 中国印刷，2005（3）：29-33.

[36] 刘世昌. 印刷品质量检测与控制. 北京：印刷工业出版社. 2000年.

[37] 韩斌，刘以安，王士同. 基于图像处理的印刷缺陷计算机自动检测. 自动化技术与应用，2002，21（3）：37-38.

[38] 张正修. 基于色度检测的印刷质量控制. 印刷技术，2003，12：38-39.

[39] 骆光林，李永梅. 浅谈密度和色度测量及其在包装印刷中的应用. 中国包装，2005，5：71-73.

[40] 中国包装技术协会信息中心. 中国包装标准汇编通用基础卷. 北京：中国标准出版社. 2006年.

[41] 中国包装技术协会信息中心. 中国包装标准汇编包装印刷卷. 北京：中国标准出版社. 2006年.

[42] 何益壮. 瓦楞纸板耐破度测定影响因素及讨论. 深圳技术监督检测与探讨，1991.3.9-10.

[43] 王玉峰，欧海龙，黎伟波. 瓦楞纸板黏合强度检测标准探讨. 包装工程，2008，(29) 11：102-104.

[44] 彭国勋. 运输包装. 北京：印刷工业出版社. 1999年.

[45] 刘昕. 印刷工艺学. 北京：印刷工业出版社. 2005年.

[46] 李与文，王慧丽. 制浆造纸分析检验. 北京：化学工业出版社. 2005年.

[47] 林润惠. 制浆造纸分析与检验. 北京：中国轻工业出版社. 2008年.

后 记

实验教学是高等院校的实践性教学一个重要环节，有助于培养学生动手能力和独立分析问题、解决问题的能力。

目前国内各高校广泛使用的实验设备是外型美观、便于存放保管的成套设备，这些设备结构的整体封闭性、功能的固定性、实验的程式性在很大程度上阻碍了学生实践能力的培养。因为这些设备的元器件和工作过程全封闭在一个金属外壳做成的暗箱中，学生根本看不到仪器结构，不了解仪器的原理和实验过程，只需要按动按钮就可操作，实验结果直接打印出来或在屏幕上显示出来，学生动手和动脑的机会越来越少。在实验过程，就要求实验指导书内容详细并且实验指导教师尽可能地创造机会让学生对仪器和设备有个详细了解。对实验结果的获得，也尽可能地知道由何公式计算得到。

学生在掌握了基本的实验技能之后，还要加强设计性实验项目的实验方案设计、实验仪器选择等技能的加强，为今后的工作打下坚实基础。由于各学校所使用的实验仪器、设备存在差别，所以实验步骤可能和本书所述有所不同，具体试验步骤可以参阅相应的仪器和设备说明书。

全书共九章内容，第一、二、四、八章由吴敏编写，第三章由田靓编写，第五章由孙博编写，第六章由宋卫编写，第七、九章由范丽娟编写，全书由吴敏统稿。

向本书所引用或参考的所有著者表示敬意和感谢！在编写的过程中得到了和克智、于江、万达等老师的大力支持和帮助，在此表示感谢！全书由和克智主审。

由于编者水平有限，书中难免有疏漏，不足之处敬请读者批评指正。

编 者
2009 年 6 月